DESCRIPTION

DES

CÉPAGES PRINCIPAUX

DE LA

RÉGION MÉDITERRANÉENNE DE LA FRANCE

MONTPELLIER. — TYPOGRAPHIE CHARLES BOEHM.

DESCRIPTION

DES

CÉPAGES PRINCIPAUX

DE LA

RÉGION MÉDITERRANÉENNE DE LA FRANCE

Par H. MARÈS

CORRESPONDANT DE L'INSTITUT
MEMBRE DE LA SOCIÉTÉ NATIONALE D'AGRICULTURE DE FRANCE
SECRÉTAIRE PERPÉTUEL DE LA SOCIÉTÉ CENTRALE D'AGRICULTURE DE L'HÉRAULT

MONTPELLIER
CAMILLE COULET, LIBRAIRE-ÉDITEUR
LIBRAIRE DE L'ÉCOLE NATIONALE D'AGRICULTURE
5, GRAND'RUE, 5

PARIS
GEORGES MASSON, LIBRAIRE-ÉDITEUR
120, BOULEVARD SAINT-GERMAIN, 120

1890

DESCRIPTION

DES

CÉPAGES PRINCIPAUX

DE LA

RÉGION MÉDITERRANÉENNE DE LA FRANCE

INTRODUCTION

Il y a vingt ans que la Viticulture française lutte contre le Phylloxera et qu'elle traverse la crise la plus longue et la plus dangereuse qu'elle ait encore éprouvée. C'est que le Phylloxera, insecte microscopique, se propageant à la fois de près et à distance par sa forme ailée, envahit successivement toutes les vignes, en détruit les racines, et finit par les faire périr.

Cette action de propagation et de destruction est plus ou moins rapide, ainsi que l'expérience l'a prouvé, mais elle paraît fatale. Jusqu'à présent, toutes les vignes de notre ancien vignoble attaquées par cet insecte ont péri ou sont devenues stériles en une, deux ou trois années, quand elles n'ont pas été défendues. Quant à celles qu'on défend et auxquelles on applique les meilleurs traitements culturaux ou insecticides, beaucoup s'affaiblissent ou succombent au bout d'un temps plus ou moins long, après des alternatives variables de résistance.

On peut donc considérer tout l'ancien vignoble méridional français antérieur à l'année 1868, époque de la découverte simultanée du Phylloxera à Roquemaure et à Bordeaux, comme détruit, et les débris qui en restent encore comme condamnés à une destruction prochaine, sauf ceux qui sont plantés dans les sables ou dans les sols submersibles.

Mais les vignes de ces terrains ne formaient que de bien faibles surfaces comparativement à l'ensemble des autres[1]. On se trouve donc en présence d'une immense ruine à réédifier dans toutes ses parties.

Un fléau qui a causé de pareils maux et qui a ruiné en quelques années les plus riches contrées, n'a pas cependant abattu le courage des Propriétaires et des Vignerons. Éclairés par les recherches et les conseils de la Science, ils ont lutté contre lui, l'ont saisi corps à corps, et malgré la ruineuse intensité de la crise phylloxérique, à laquelle sont venues se joindre les maladies cryptogamiques, importées

[1] Dans l'Hérault, département maritime pourvu d'un grand développement de plages et de nombreux cours d'eau, sur 108,300 hectares de Vignes reconstituées ou défendues, on comptait en 1888 :

Étendue replantée en Cépages américains	92.941	hectares.
Vignes françaises plantées dans les Sables	3.543	—
Vignes françaises soumises à la Submersion	5.773	—
Vignes françaises soumises à l'Irrigation	2.030	—
Vignes françaises traitées par le Sulfure de Carbone	3.861	—
Vignes françaises traitées par le Sulfocarbonate de Potassium	152	—
Vignes françaises sans traitement	1.000	—
	108.300	hectares.

On peut considérer la plantation dans les sables et dans les sols à submersion comme terminée, ou à peu près, tandis que la replantation en Cépages américains peut encore doubler d'étendue, dans un temps prochain. La surface de vignes françaises détruite dans l'Hérault par le Phylloxera, en 1888, a été de 4,304 hectares. (Enquête préfectorale résumée par la Commission départementale. Extrait du Rapport au Ministre de l'Agriculture sur la situation du vignoble de l'Hérault à la fin de l'année 1888.)

d'Amérique comme le Phylloxera lui-même, ils ont réussi à créer des méthodes de défense et de reconstitution des vignobles attaqués ou détruits. Ils les appliquent actuellement avec ardeur à la replantation de leurs vignes, sans se laisser arrêter par les difficultés de tous genres qui se sont multipliées aussi bien dans l'ordre naturel que dans celui des lois économiques, pour entraver cette œuvre de régénération.

Dans l'Hérault, qui est à la tête de ce grand mouvement par sa Société d'Agriculture, son École d'Agriculture et sa Commission expérimentale du Phylloxera, la replantation s'étend déjà à plus de cent mille hectares, soit à la moitié environ de l'ancien vignoble. Son exemple est suivi, mais encore d'assez loin, par les autres départements viticoles.

Sans entrer dans les détails des procédés de défense et de reconstitution adoptés par la Viticulture méridionale, et qui s'étendront probablement à toutes les contrées viticoles attaquées par le Phylloxera, nous les énumérerons brièvement.

Ces moyens peuvent se diviser en quatre catégories distinctes :

1° Les moyens par lesquels on s'efforce de détruire le Phylloxera ; ils comprennent les insecticides et la destruction de l'œuf d'hiver de l'insecte.

2° Les moyens culturaux et insecticides tels que la submersion, l'irrigation, l'emploi combiné des engrais, des insecticides et de l'eau.

3° Les moyens qui, par les influences de milieu, empêchent la propagation et la reproduction de l'insecte, par exemple la plantation dans les sables.

4° Les moyens qui tendent à constituer la vigne dans des conditions de résistance aux attaques du Phylloxera et de disparition de cet insecte sur ses racines. C'est le cas de la plantation des vignes américaines avec toutes les modifications que comporte leur emploi, soit par leur culture directe, soit par leur hybridation avec nos vignes européennes, soit en les greffant avec ces dernières.

Insecticides. — Les agents insecticides par lesquels on s'efforce de détruire le Phylloxera sur les racines mêmes de la vigne et dans l'épaisseur du sol où elles s'établissent, ont été essayés en très grand nombre. Jusqu'à présent, le Sulfure de Carbone, proposé par Paul Thénard, et le Sulfocarbonate de Potassium, dû à notre grand chimiste J.-B. Dumas (et qui n'est qu'une modification de l'emploi du Sulfure de Carbone), sont seuls restés dans la pratique. Malgré les échecs très nombreux des insecticides essayés contre le Phylloxera des racines[1], la question de la découverte d'un agent dont l'usage serait à la fois efficace et pratique n'en reste pas moins posée et à l'étude. Un grand-prix de trois cent mille francs est encore offert comme récompense nationale à celui qui l'aurait résolue.

Aux moyens insecticides se joignent les badigeonnages contre l'œuf d'hiver du Phylloxera, proposés par M. Balbiani à la suite de ses belles études sur les mœurs et la biologie de cet insecte.

On peut y comprendre aussi la submersion des vignes, appliquée et étudiée par M. Faucon dans les Bouches du Rhône, à Graveson.

Mais la submersion nous paraît être à la fois un moyen cultural et insecticide qui se classerait de préférence dans la deuxième catégorie.

Moyens culturaux et insecticides.— La submersion exige l'emploi des engrais; elle n'est donc point purement insecticide, et elle a un caractère cultural bien accusé par les propriétés de l'eau qu'on verse en masse sur le sol occupé par la vigne, et par les engrais qui succèdent au séjour prolongé de l'eau.

Les irrigations d'été employées après les irrigations d'hiver dans les saisons sèches, combinées avec l'emploi des engrais et des insecticides, sont un des moyens culturaux les plus efficaces de prolonger l'existence et le produit des vignes attaquées par le Phylloxera.

D'après nos observations, l'eau nous paraît avoir une action directe sur la guérison et la cicatrisation des racines piquées par le Phylloxera, en même temps qu'elle gêne la pullulation de cet insecte. Son intervention dans le traitement des vignes phylloxérées joue donc un rôle important.

Influences de milieu. — La plantation des anciennes vignes dans les sables des bords de la mer et des fleuves a démontré l'immunité phylloxérique de ces terrains; aussi a-t-on planté toutes les plages et tous les bords de rivière sablonneux avec un plein succès. L'influence du milieu sur le Phylloxera ne pouvait être mieux démontrée. Il ne vit pas dans les sables.

Les plages d'Aiguesmortes, celles de Pérols, de Palavas, de Cette et d'Agde, et du littoral de l'Hérault et de l'Aude; les sables du Rhône, du Gard, du Vidourle, de l'Hérault, de l'Orb, et d'une foule de petits cours d'eau, offrent de nombreux exemples de plantations de vignes très réussies et en pleine prospérité.

[1] *Expériences faites à Las Sorrès, près Montpellier.* Commission départementale de l'Hérault, 1877. 1 vol. grand in-8° avec plans. Typ. de Pierre Grollier. Camille Coulet, libraire-éditeur.

La cause de l'immunité phylloxérique des sables paraît tenir, d'après les observations de J.-A. Barral, à leur état particulier d'humidité et au jeu de l'eau, par capillarité, dans la couche où s'étendent les racines. Les mélanges terreux dans les sables y provoquent des apparitions de Phylloxera sur les vignes qu'on y cultive. Les terrains sablonneux qui se rapprochent le plus des sables sont aussi ceux où la vigne résiste le mieux au Phylloxera.

Les sols compactes et fendillés, très sujets aux infiltrations hivernales, les marnes grasses, les tufs, les argiles, à la fois sujets à l'humidité permanente de l'hiver et à la sécheresse de l'été, sont ceux où la vigne résiste le moins aux attaques phylloxériques.

VIGNES RÉSISTANTES AU PHYLLOXERA. — On n'a pas trouvé, parmi les vignes françaises cultivées de nos vignobles, des variétés qui aient pu résister assez longtemps au Phylloxera, tout en donnant un produit rémunérateur; mais elles présentent cependant une échelle de résistance au sommet de laquelle on peut placer le *Colombaud* et au bas de laquelle on pourrait mettre les *Chasselas*. On ne peut donc pas compter sur la résistance des vignes européennes de nos vignobles pour établir une culture d'une durée suffisante, à moins d'avoir recours, soit aux insecticides, soit aux moyens culturaux, soit aux influences de milieu, pour prolonger utilement leur durée.

Dans ce cas, l'échelle de résistance de nos cépages français sera intéressante à consulter, ainsi que celle de leur fertilité, selon le sol et le climat où ils se trouveront.

Parmi les *Lambrusques* ou vignes sauvages de la *V. Vinifera* qui croissent spontanément dans les bois et dans les lieux incultes, on ne connaît pas de variétés entièrement résistantes. Jusqu'à présent, l'expérience des traitements pour reconstituer de jeunes vignes n'a guère été favorable qu'aux submersions bien faites, dans les sols qui retiennent suffisamment l'eau dont on les couvre, et aux plantations dans les sables. Les insecticides (Sulfure de carbone et Sulfocarbonates) donnent, selon les terrains, des résultats très variables. Il faut sans cesse renouveler leur application, ce qui est à la fois coûteux et embarrassant, et on n'est pas toujours sûr de réussir.

On a donc été conduit à chercher des espèces de vignes plus réellement résistantes aux attaques du Phylloxera, et on les a trouvées dans la patrie même de l'insecte dévastateur, parmi les vignes américaines. Ces dernières constituent, par leur plantation et leur emploi, le moyen de reconstitution le plus général et, jusqu'à présent, le plus efficace des vignobles détruits par le Phylloxera. Quoiqu'elles ne se développent pas également bien dans tous les sols, et qu'elles s'étiolent même dans les marnes très calcaires et dans un assez grand nombre de terrains dont s'accommodaient nos variétés françaises, ces vignes sont encore, dans les conditions actuelles, le moyen le plus pratique de refaire les vignobles détruits. Mais elles ne résistent pas toutes également au Phylloxera. Beaucoup périssent attaquées par cet insecte, comme les vignes françaises, avec leurs racines couvertes de chancres et de pourriture phylloxérique; d'autres sont résistantes, quoique très attaquées sur leurs racines : les chevelus sont détruits, mais les racines plus fortes se maintiennent, par exemple le *Jacquez*, le *Cunningham*, le *Taylor*.

D'autres encore sont peu attaquées, comme le *York Madeira*, le *Solonis*; d'autres enfin paraissent en quelque sorte indemnes, car il est très difficile de trouver le Phylloxera sur leurs racines, même quand elles sont plantées dans les foyers phylloxériques les plus favorables à la multiplication de l'insecte; aussi conservent-elles intact leur système radiculaire, chevelus, radicelles, grosses racines : par exemple, les *Riparia*, les *Rupestris*, les *Berlandieri*.

Mais ces vignes exigent un sol siliceux mêlé de calcaire, d'argile, suffisamment ressuyé, et alors ce sont elles qui forment les meilleurs éléments de reconstitution de nos vignobles en servant de porte-greffes à nos cépages français.

On plante en racinés d'un an; selon la force du plantier, on le greffe sur place au bout de la première ou de la seconde année de plantation. On commence à entrer en produit un an après l'opération de la greffe. On pratique généralement la greffe en fente, comme la plus simple et la plus expéditive; elle réussit aussi bien que la greffe Anglaise.

On obtient ainsi de la vigne américaine, dans les terrains d'alluvions qui lui conviennent, des résultats aussi beaux et des produits aussi bons que ceux de nos anciennes vignes plantées directement de boutures, et on rentre dans les conditions normales de la viticulture, sans recourir aux traitements insecticides, toujours coûteux.

L'étude et l'expérience des vignes américaines non greffées ont prouvé que pour les qualités de leurs fruits elles sont fort inférieures à nos vignes françaises. Elles ne paraissent guère susceptibles de produire des vins comparables à ceux que nous obtenions de nos anciens vignobles. Parmi elles, le *Jacquez* est, dans notre région méridionale française, un des rares cépages américains qu'on puisse cultiver pour ses fruits sans le greffer, et encore la qualité du vin qu'on en retire laisse-t-elle bien à désirer.

On a successivement réformé les vignes exotiques dont la production directe donna des résultats très inférieurs à ceux qu'on obtient, au moyen des *Riparia*, des *Rupestris*, du *Solonis*, du *York*, greffés avec nos bons cépages français : ainsi l'*Othello*, sur lequel on a, un moment, fondé de grandes espérances, en est un exemple.

Les praticiens recherchent donc plus spécialement dans les vignes américaines les propriétés qui caractérisent les bons porte-greffes : la vigueur, l'immunité phylloxérique des racines, la reprise régulière des sarments de boutures, la facilité du greffage, une disposition favorable à recevoir et à nourrir nos diverses variétés françaises, une adaptation facile aux diverses natures de terrains qu'on destine à la culture de la vigne.

Les *Riparia*, les *Rupestris*, le *Berlandieri*, le *Solonis*, le *York*, le *Jacquez*, le *Cunningham*, le *Taylor*, etc., peuvent servir de porte-greffes selon les terrains où on les plante, mais les premières espèces (*Riparia*, *Rupestris*, *Berlandieri*), exemptes de Phylloxera sur leurs racines, donnent des résultats bien supérieurs dans les sols qui leur conviennent.

On se trouve donc ramené, par le fait de la reconstitution des vignobles au moyen des vignes américaines servant de porte-greffes, à un nouvel emploi de nos cépages français implantés sur racines américaines.

La greffe transforme la vigne américaine d'une façon réellement merveilleuse au moyen de nos bons cépages français. J'ai réussi avec un plein succès le greffage de 300 variétés de nos vignes françaises sur *Riparia*, sur *York*, sur *Rupestris*. Depuis dix ans et plus qu'elles sont faites, ces greffes augmentent chaque année en force, en vigueur et en fertilité. Le greffon s'empare du porte-greffe américain, c'est lui qui conduit la végétation de la vigne transformée, et ce sont ses exigences (toutefois après celle du porte-greffe) auxquelles il faut satisfaire pour le choix du terrain et le mode de culture à lui appliquer. On retrouve donc dans la vigne transformée par la greffe les aptitudes du cépage greffé. Ainsi, de même qu'on plante l'*Aramon* dans les sols fertiles pour en obtenir des vins de quantité, de même il faut le greffer en terrain fertile pour arriver au même résultat. Les *Carignanes*, les *Morrastels*, les *Mourvèdres*, les *Cinsauts*, les *Clairettes*, les *Piquepouls*, etc., s'accommodent, quand ils sont greffés, de sols plus rocailleux, plus maigres, moins profonds, et ils y donnent de bons produits pourvu que le porte-greffe y végète avec vigueur.

Dans les terrains qui conviennent à la vigne américaine, où la soudure des greffes s'accomplit dans les meilleures conditions, nos variétés françaises prennent une vigueur et une fertilité des plus remarquables, supérieure souvent à celle qu'on leur connaissait par la plantation directe. Dans les sols où l'adaptation se fait imparfaitement, c'est le contraire qu'on observe[1].

De là, la nécessité de revenir à l'étude de ces précieux cépages dont nous devons la possession à une culture séculaire, à une sélection constante et au perfectionnement de toutes les qualités spéciales qui les ont fait préférer dans chaque vignoble.

C'est dans ce but que nous publions ce travail, en nous appliquant plus particulièrement à la connaissance des vignes cultivées dans la région méditerranéenne française.

Quoiqu'on ait, de tout temps, cherché à simplifier et à perfectionner la Viticulture en ne plantant qu'un petit nombre de cépages reconnus les meilleurs, on ne peut cependant se résoudre à perdre la plupart de ceux qui se rencontraient dans nos anciennes vignes sans les avoir de nouveau examinés sur les porte-greffes exotiques qui leur conviennent le mieux.

D'ailleurs, leurs nombreuses variétés, la diversité de leurs propriétés et les ressources qu'ils peuvent nous fournir, constituent une des richesses de notre sol qu'il faut savoir conserver.

A ces anciens cépages viennent se joindre les *Teinturiers* de la série des *Bouschet*, avec les avantages dont ils ont doté notre viticulture. Ces *Teinturiers*, doués de propriétés que ne possédaient pas les anciennes variétés à jus rouge, d'où Henri Bouschet et son père les ont tirées par hybridation avec la plupart de nos bons cépages languedociens, ont pris désormais une place considérable dans nos vignobles, et leur permettront de livrer au commerce et à la consommation des vins de couleur superbe, qu'on recherche de préférence.

La région méridionale méditerranéenne de la France possède un sol et un climat particulièrement propres à la viticulture. Toutes les variétés de vignes cultivées des zones les plus extrêmes, au Nord comme au Midi, s'y développent d'une manière remarquable. Cette région a toutefois ses cépages spéciaux plus particulièrement appropriés à son sol et à son climat, et qui sont aussi les éléments constitutifs de ses vignobles.

Nous avons réussi, par l'emploi du Sulfocarbonate de Potassium, à conserver notre ancienne collection de vignes malgré les ravages du Phylloxera, et avec elle nos excellents cépages méridionaux; de plus, nous les avons greffés sur racines américaines, où nous pouvons les comparer à eux-mêmes quand ils sont plantés directement sans passer par la greffe. Nous pouvons donc en poursuivre l'étude, les décrire, les propager, et, avec le temps, reconstituer et augmenter les ressources de notre viticulture.

[1] C'est M. Laliman, de Bordeaux, qui le premier a proposé la vigne américaine comme le moyen de résister au Phylloxera, au Congrès Viticole de Beaune, en 1869. Dans la même séance, M. G. Bazille proposa de la greffer avec nos cépages français. Les Savants et les Viticulteurs qui ont contribué, malgré des échecs et des tâtonnements, à introduire et à faire adopter la vigne américaine sont très nombreux. MM. Planchon, G. Bazille, Sahut, Lichtenstein, Foex, Millardet, de Grasset, Fabre, Pulliat, Champin, Ganzin, Pierre Viala, etc., et avec eux une foule de praticiens, ont étudié et étudient encore, par les hybridations et les semis, la culture et le perfectionnement de la vigne américaine.

De nombreuses tentatives sont faites pour acquérir des variétés de plantation directe qui permettraient d'éviter les difficultés du greffage. On ne peut qu'encourager ces tentatives et leur souhaiter de doter la viticulture de nouveaux cépages. L'exemple de Henri Bouschet, qui a réussi à créer la série des Hybrides très remarquables qui portent son nom, est bien fait pour exciter le zèle et l'émulation des chercheurs. Aussi les nouveautés sont-elles offertes, chaque année, aux viticulteurs. Mais le temps et l'expérience sont nécessaires pour consacrer la valeur des acquisitions nouvelles et leur supériorité sur les éléments dont nous sommes actuellement en possession. C'est aux Vignerons et aux Propriétaires à apprécier les limites dans lesquelles la prudence leur commande de rester, lorsqu'il s'agit de la plantation et de la multiplication de cépages nouveaux.

CHAPITRE PREMIER.

DES ESPÈCES AMÉRICAINES EMPLOYÉES POUR LA RECONSTITUTION DES VIGNOBLES DE LA RÉGION MÉDITERRANÉENNE DE LA FRANCE.

Les vignes américaines étaient plutôt connues des botanistes que des viticulteurs européens, avant l'invasion du Phylloxera dans les vignobles de la France[1]; mais la rapide destruction de ces derniers, ainsi que les observations de M. Laliman sur la résistance des vignes américaines aux attaques de l'insecte destructeur, ramenèrent sur elles l'attention des hommes de science et des praticiens.

Aux travaux de Michaux (1803), de Rafinesque, d'Élias Durand, qui avaient fait connaître les diverses espèces de vignes de l'Amérique du Nord, sont venus se joindre ceux du Dr Engelmann, de J.-É. Planchon après son voyage en Amérique, en 1873, comme délégué du Ministère de l'Agriculture et de la Société d'Agriculture de l'Hérault, de l'entomologiste américain Riley, ceux de M. Millardet, à Bordeaux[2]. Les publications et les recherches de MM. Foëx et Viala, de l'École d'Agriculture de Montpellier; le catalogue de M. Berkmans (1874), celui de MM. Bush et Meissner, traduit par M. Louis Bazille et annoté par M. Planchon; les Vignes américaines de M. F. Sahut; le Rapport de M. Pierre Viala, à la suite de son voyage en Amérique (1887), comme délégué du Ministère de l'Agriculture, et un grand nombre de Mémoires et de Rapports publiés journellement par les Sociétés d'Agriculture, par les Journaux agricoles et viticoles, par les Congrès de viticulture de Montpellier, de Bordeaux, de Lyon, de Mâcon, par la Commission supérieure et les Commissions départementales du Phylloxera, forment un ensemble de documents qui ne date guère que des seize dernières années, mais qui a permis d'étudier et de connaître la valeur réelle des vignes américaines.

De cette série de recherches et d'expériences est résultée une méthode pratique pour la reconstitution des vignobles phylloxérés, méthode qui est appliquée sur une grande échelle dans l'Hérault, où elle a été plus spécialement étudiée.

Ce département compte actuellement plus de 100,000 hectares de vignes replantées sur souches américaines et presque toutes greffées en cépages français languedociens. C'est la résurrection de son ancien vignoble, mais porté sur racines américaines à l'abri du Phylloxera. Comme nous le disions au chapitre précédent, les résultats de la méthode adoptée dans l'Hérault sont tels que les autres vignobles l'adopteront aussi, en y introduisant les modifications culturales qu'exigent dans chaque contrée les habitudes locales, le climat, le sol et les cépages.

Toutes les vignes américaines ne conviennent pas à la reconstitution des vignobles phylloxérés; il importe donc de connaître celles qui, après une expérience déjà longue, ont été employées de préférence et dont la plantation a donné les meilleurs résultats. Un coup d'œil rapide sur l'ensemble des espèces du genre *Vitis*, d'où la culture a tiré les types introduits dans nos vignobles, est nécessaire pour apprécier les vignes américaines.

La vigne fait partie de la famille des Ampélidées et y constitue le genre *Vitis*, qui se divise en plusieurs espèces.

Le genre *Vitis* est caractérisé par un calice à cinq dents peu marquées; par sa corolle à cinq pétales ordinairement réunis par leur sommet et formant capuchon; par cinq étamines (leur nombre varie de 4 à 7); par un ovaire unique; par un stigmate capité, sessile ou porté sur un style court.

[1] A peine en avait-on de rares spécimens dans les collections de vignes les mieux étudiées, comme celle du comte Odart, à la Dorée, près de Tours. Nous devons mentionner cependant que M. F. Sahut possédait à Montpellier même, dans son jardin, une collection de vignes de plus de 300 cépages de tous pays, auxquels venaient se joindre une série spéciale de 32 espèces ou variétés américaines (F. Sahut; *Vignes américaines*, pag. 65-66).

Dans la collection du comte Odart, à la Dorée, je n'ai trouvé que l'Isabelle, le Catawba et le York-Madeira, ce dernier sous le nom de *Petit Noir parfumé*. Ces trois variétés appartiennent au groupe des Labrusca. Transportées, en 1857, dans ma collection de Launac, elles ont végété, les unes avec vigueur, comme l'Isabelle et le York; la troisième, le Catawba, très médiocrement. Ce dernier a fini par périr à l'époque de l'invasion phylloxérique, en 1874. J'ai conservé l'Isabelle, mais affaiblie par le Phylloxera. Quant aux Yorks, ils sont toujours restés très beaux et d'une fertilité soutenue.

[2] J.-É. Planchon; *Les Vignes américaines*, 1875. Coulet, éditeur, Montpellier. — G. Foëx; *Manuel pratique de Viticulture*, 1881. Coulet, édit., Montpellier. — G. Foëx et P. Viala; *Ampélographie américaine*, grand ouvrage avec photographies par Izard, formant un album grand in-4°, 1883-85. — G. Foëx; *Cours complet de Viticulture*, 1886. Coulet, éditeur, Montpellier.

F. Sahut; *Les Vignes américaines*, 2e édit., 1887. Coulet, éditeur. — Millardet; *Histoire des principales variétés et espèces de vignes d'origine américaine qui résistent au Phylloxera*. Paris, 1885. — *Comptes rendus de l'Académie des Sciences*. — *Bulletins de la Société nationale d'Agriculture de France*. — *Bulletins de la Société centrale d'Agriculture de l'Hérault*, 1868-1888. — Dr Frédéric Cazalis; *Messager agricole*. — Bagrully; *Progrès agricole*. — *Journal de l'Agriculture*. — Dr Despetis; *Traité pratique de la culture des vignes américaines*, 2e édit., 1889. — *Journal d'Agriculture pratique*. — Pulliat; *Les Vignes américaines*, etc., etc.

Les vignes sont des végétaux à tiges flexibles, élancées, à écorce se déchirant en lanières caduques, grimpant sur les plus grands arbres et les couvrant d'une végétation puissante; elles peuvent acquérir de très grandes dimensions et parvenir à un âge très avancé.

Leur système radiculaire est très développé, pourvu d'un chevelu fort abondant dans les terrains fertiles, avec grosses et moyennes racines horizontales et verticales, garnies d'une écorce plus ou moins épaisse, dures, raides, longues et filiformes dans quelques espèces sauvages, comme les Riparias, les Rupestris, les Berlandieri; plus charnues et plus tendres dans la *Vitis vinifera*.

Les rameaux sont sarmenteux, garnis de vrilles fortes. Chacun de leurs nœuds est pourvu d'une feuille, à l'aisselle de laquelle se trouve un bourgeon.

Les fleurs, en forme de grappes, sont, comme les vrilles, opposées aux feuilles.

Les feuilles sont alternes, tantôt entières et dentées, tantôt divisées en lobes plus ou moins profonds, garnis de dents; lisses ou tomenteuses, pourvues de nervures palmées, ramifiées, lisses ou plus ou moins garnies de poils.

Les vignes cultivées sont toutes à fleurs hermaphrodites, car on ne multiplie que les rameaux à fleurs fertiles; mais on trouve aussi dans les vignes sauvages des sujets qui ne portent que des fleurs mâles. Certaines vignes cultivées portent à la suite de modifications spontanées auxquelles on donne le nom de *dégénérescence*, des fleurs anormales stériles qu'on nomme coulardes, avalidouires, déflouraires. Nous en reparlerons en traitant des cépages sur lesquels on les rencontre plus particulièrement, comme les Terrets et les Clairettes.

On considère les vignes sauvages d'Europe (Lambrusques), ainsi que les cépages cultivés du même continent, dont les variétés sont si nombreuses, comme appartenant à la même espèce botanique, la *Vitis vinifera* de Linné. Mais il n'en est pas de même des vignes d'Amérique; elles se rattachent à des espèces botaniques différentes assez nombreuses.

Le tableau suivant, dû à M. Planchon et adopté dans l'*Ampélographie américaine* par MM. Foëx et Viala, indique les divisions du genre *Vitis* et les noms des principales espèces américaines et de l'ancien continent[1].

GENRE VIGNE.

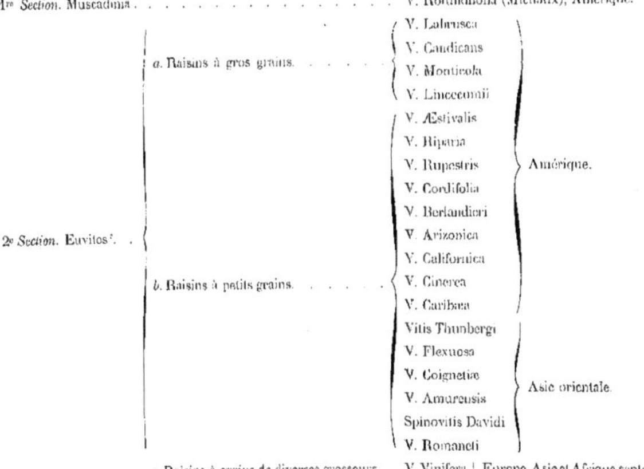

Section	Division	Espèce	Région
1re *Section*. Muscadinia		V. Rotundifolia (Michaux), Amérique.	
2e *Section*. Euvites[2]	*a*. Raisins à gros grains	V. Labrusca	Amérique.
		V. Candicans	
		V. Monticola	
		V. Lincecumii	
	b. Raisins à petits grains	V. Æstivalis	
		V. Riparia	
		V. Rupestris	
		V. Cordifolia	
		V. Berlandieri	
		V. Arizonica	
		V. Californica	
		V. Cinerea	
		V. Caribæa	
		Vitis Thunbergi	Asie orientale.
		V. Flexuosa	
		V. Coignetiæ	
		V. Amurensis	
		Spinovitis Davidi	
		V. Romaneti	
	c. Raisins à grains de diverses grosseurs	V. Vinifera	Europe, Asie et Afrique septentrionale.

Nous énumérerons rapidement ces diverses espèces, parmi lesquelles les vignes américaines tiennent, après le V. vinifera, le rang le plus important, sauf à nous arrêter plus spécialement sur celles qui intéressent nos cultures.

[1] *Ampélographie américaine*, pag. 6.

[2] Euvites : Vignes vraies.

V. Muscadinia (Planchon), *V. rotundifolia* (Michaux), désignée vulgairement en Amérique par les noms de *Muscadine, Bullet, Bullace, Scupernong*. Cette espèce, originaire des États du Sud (Géorgie, Floride, Virginie), a une apparence et des allures particulières. Elle prend un très grand accroissement, mais elle ne se propage pas de bouture, elle ne se greffe qu'avec la plus grande difficulté; ses fruits ne mûrissent pas dans notre région. Elle est à bois très dur, à écorce adhérente et à vrilles discontinues. La feuille est petite et ronde.

Importée sur plusieurs points des environs de Montpellier, d'après les conseils de MM. Borkmans et Le Hardy de Beaulieu, elle n'a fructifié nulle part et ne présente qu'un intérêt de curiosité. Le Scupernong à baies jaunâtres est la variété la plus connue. Les variétés à fruits rouges, Thomas, Mish, Flower, n'ont pas mieux réussi; elles végètent assez vigoureusement dans ma collection de Launac depuis l'année 1874, mais je n'ai pu encore en voir les fruits.

V. Labrusca (Linné, Michaux), vulgairement *Fox-grape* (raisin de renard). Les variétés types seraient : *Concord, Isabelle, Catawba, Ives Seedling*. Originaire de la Pensylvanie et de la Floride, elle se plaît dans les sols frais, granitiques. C'est une des espèces que les Américains ont cultivées de préférence pour leurs jardins et les vignobles qu'ils se sont efforcés de former. A ce groupe se rattachent de très nombreux hybrides, soit spontanés entre les espèces américaines, soit obtenus par hybridation avec diverses variétés de nos vignes européennes.

Les Labrusca se distinguent par un caractère particulier qui est la continuité des vrilles. Dans ce cas, ces organes sont placés sans interruption vis-à-vis des feuilles. Dans les autres espèces de vignes, les vrilles sont intermittentes, c'est-à-dire disposées le long des sarments vis-à-vis des feuilles, en laissant des espaces vides.

Les Labrusca sont les cépages américains qui par leurs racines, la grosseur de leurs fruits, leur feuillage, les allures de leur végétation, se rapprochent le plus de notre *V. vinifera;* aussi ont-ils été soumis, avec elle, à de nombreuses hybridations.

M. Planchon (*Vignes américaines*) décrit plus de 60 variétés de *Labrusca*. — Le *Catalogue* de MM. Bush et Meissner, sur 300 descriptions qu'il contient, donne une centaine de Labrusca. L'*Ampélographie américaine* de MM. Foëx et Viala renferme les figures et les descriptions des 14 Labrusca suivants : Concord, Catawba, Diana, Isabelle, Israella, Perkins, Rentz, Telegraph, Union-Village, Élisabeth, Janesville, Logan, Gamo, Ives-Seedling. On y trouve ensuite, décrits et figurés par leurs photographies, les 16 hybrides suivants comme se rattachant plutôt au *Vitis Labrusca* : York-Madeira, Greinn's, Irving, Delaware, Othello, Secretary, Agawam, Black-Eagle, Massassoit, Merrimac, Salem, Wilder, Senasqua, Noah, Triumph, Iona.

M. Millardet mentionne de nombreuses variétés de Labrusca et en décrit les types avec les plus grands détails.

Les Labrusca sont peu résistants au Phylloxera. Leurs fruits sont généralement foxés; aussi leurs variétés ne peuvent-elles entrer en comparaison avec celles de notre V. vinifera.

Le York-Madeira, autrefois classé parmi les types de Labrusca, est le seul cépage de cette espèce qui nous ait fourni un bon porte-greffe; mais il a été considéré aujourd'hui comme un hybride n'appartenant pas aux Labrusca, quoiqu'il s'en rapproche.

Les caractères du York-Madeira sont les suivants:

York-Madeira : Synonymes d'après l'*Ampélographie américaine* : *Comby's August, Black-German, Wolfe, Lange-German, Monteith, Marionport, German Wine, Tryon, Hyde's Eliza, Vorlington, Raisin de Vorlinton, Petit Noir parfumé* (Cte Odart).

Souche de vigueur moyenne, quelquefois faible, peu volumineuse, rampante, à grosse écorce.

Sarments moyens, assez longs, quelquefois grêles, tomenteux quand ils sont herbacés, roux à l'état ligneux; mérithalles de longueur moyenne à nœuds bien accusés.

Racines longues, fortes, à écorce dure, assez épaisse, peu attaquées par le Phylloxera.

Bourgeons à rameaux d'un vert jaune particulier, à extrémités roses, garnis de grappes très apparentes, couverts d'un duvet cotonneux.

Feuilles moyennes ou petites, presque entières, cordiformes, à dents courtes, à lobes détachés, rugueuses et glabres dessus, tomenteuses dessous, d'un vert foncé bien accusé.

Fleurs petites, assez précoces, résistant à la coulure.

Grappe petite, cylindrique, quelquefois ailée, à grains assez serrés, ronds, sous-moyens, très noirs, pulpeux, à peau épaisse; jus coloré en rouge vineux, à goût foxé prononcé, contenant de un à trois gros pépins.

Fertilité variable selon les années; il porte des grappes assez nombreuses, mais d'un trop petit volume. Il produit à Launac de 500 grammes à 1 kilogr. de raisin par souche et même plus.

Le York est rustique et se greffe bien. Comme il grossit lentement, on peut sans inconvénient attendre plusieurs années avant de le greffer; il s'accommode de tous nos cépages languedociens. Le York préfère, comme toutes les espèces américaines, les sols siliceux, argilo-calcaires, frais et profonds, mais c'est un des cépages qui résistent le mieux à la chlorose dans les sols calcaires marneux; il est moins exigeant pour le terrain que le Riparia et le Rupestris. J'ai remplacé avec succès des Riparias chlorosés par des Yorks qui se sont maintenus verts et ont porté de belles greffes. Il est peu attaqué par le Phylloxera.

Les greffes sur York sont fertiles; celles de Carignane et d'Alicant-Bouschet se maintiennent à Launac depuis dix ans, sans faiblir. Le York n'est sujet à aucune maladie cryptogamique. A Las Sorrès, quelques souches de Yorks francs de pied et quelques greffes sur York ont une végétation moins forte depuis leur neuvième année, mais néanmoins elles se maintiennent. Les Yorks francs de pied de ma collection de Launac, plantés en 1857, continuent à végéter avec une grande vigueur. Comme porte-greffes, ils atteignent des dimensions moindres que les Riparias et les Rupestris, et se prêtent mieux aux plantations dont les sujets doivent être peu espacés.

Vitis Candicans (Engelmann). D'après M. Planchon, synonymes *V. Mustangensis* (Buckley), *V. Caribæa*, *Var. coriacea* (Chapmann). Cette vigne porte en Amérique le nom de *Mustang* (raisin de Cheval sauvage). Elle est originaire du Texas, de l'Arkansas, de la partie orientale du Nouveau-Mexique; c'est une espèce d'une très grande vigueur qui couvre les plus grands arbres. Ses feuilles et ses sarments sont couverts d'un épais duvet blanc qui l'a fait désigner sous le nom de Candicans. Elle reprend difficilement de boutures et ne se greffe pas toujours aisément; aussi n'est-elle pas utilisée dans nos cultures. *L'Ampélographie américaine* cite parmi les hybrides se rattachant au V. rupestris et au V. candicans, les hybrides Champin, dont le type glabre se rapproche du V. rupestris, et le type tomenteux du V. candicans. Ces hybrides peuvent servir de porte-greffes; leurs fruits sont acerbes et de saveur particulière, mais les ceps sont vigoureux et peu attaqués par le Phylloxera.

Vitis Monticola (Buckley). Originaire du Nouveau-Mexique, cette vigne est encore peu connue. M. Millardet a désigné sous le nom de Monticola une espèce différente du *Monticola* de Buckley et qui serait le V. Berlandieri de Planchon.

Vitis Lincecumii (Buckley). C'est la vigne qui porte aux États-Unis le nom de *Post-Oak grape*. Les raisins sont à gros grains, d'un noir pourpre. C'est une espèce encore peu connue, originaire du Texas. Elle n'a pas réussi dans nos cultures.

Vitis Æstivalis (Michaux, Durand, Engelmann). *Summer grape* (raisin d'été). Espèce originaire de la plupart des États de l'Amérique du Nord (Missouri, Kansas, Arkansas, Texas, etc.).

Les types de ce groupe sont: le *Jacquez*, le *Cunningham* ou *Long*, l'*Herbemont* ou *Warren*.

M. Planchon a décrit 16 variétés d'Æstivalis.

L'Ampélographie américaine en a figuré et décrit 14 variétés: Jacquez, Herbemont, Cunningham, Black-July, Baxter, Pauline, Hermann, Harwood, Neosho, Cynthiana, Pulliat, Dunn's Grape, Alvey, Eumelan, Rulander. Les trois derniers cépages sont classés comme des hybrides se rattachant au groupe Æstivalis.

L'Herbemont d'Aurelle, hybride dont la filiation n'est pas déterminée, se rattache à ce groupe. Il présente les caractères d'un cépage très fertile et très vigoureux. Le Saint-Sauveur, hybride de Jacquez et de V. Vinifera, obtenu de semis par M. G. Bazille, est aussi une variété de ce groupe qui se recommande par sa précocité et sa fertilité.

Les Æstivalis, dont les raisins n'ont pas le goût foxé très prononcé des Labrusca, pourraient être cultivés pour leurs fruits; ceux dont les grappes sont à petits grains produisent relativement peu de vin; ils sont inférieurs à nos variétés de la V. vinifera comme fertilité et qualité.

Plusieurs sont résistants, comme le Jacquez et le Cunningham, quoique très phylloxérés sur leurs racines.

L'Herbemont ne végète que dans les terrains siliceux de cailloux roulés suffisamment profonds, mélangés de calcaire et d'argile et bien égouttés. Ce sont d'ailleurs les terrains d'alluvions où sont réunies ces conditions, que préfèrent les variétés de la V. æstivalis. Dans les sols marneux, trop calcaires, compacts, argileux, sujets aux sécheresses d'été, ils végètent mal, sont attaqués par le Phylloxera et la Chlorose, et dépérissent rapidement ou restent infertiles. C'est ce qui a été observé à Las Sorrès, dans les terrains de la Commission, pour l'Herbemont, le Black-July, l'Hermann, le Cynthiana, le Rulander. Dans le même sol, le Jacquez se montre vigoureux, très résistant et fertile, quand il n'est pas greffé. Si on le greffe, il devient souvent médiocre et moins fertile que franc de pied.

Le Cunningham se conduit de même comme porte-greffe; comme producteur direct, il reste insuffisant par le petit volume de ses fruits et leur tardive maturité.

On peut considérer néanmoins le Jacquez comme un des cépages américains dont la plantation a pris une part importante à la reconstitution des vignobles méridionaux, soit comme plant direct, soit comme porte-greffe, à cause de sa résistance à la Chlorose dans une foule de terrains marneux et argileux, où les Riparias sont plus éprouvés que lui. Mais, en pareils sols, il est généralement d'un faible produit et sa végétation n'est pas toujours satisfaisante. Sa vraie place, ainsi que celle du Cunningham, est dans les sols d'alluvion frais et profonds, riches, à la fois, en éléments siliceux et argilo-calcaires. On peut alors les greffer avec nos cépages les plus fertiles, tels que l'Aramon, la Carignane, l'Alicant-Bouschet, et en obtenir de beaux résultats. En pareil terrain, le Jacquez franc de pied peut donner en quantité des produits importants et fournir un vin de coupage instable, mais recherché à cause de l'intensité de sa coloration.

On connaît sous le nom de Lenoir une variété de Jacquez qu'on croit supérieure au Jacquez ordinaire, par sa fructification, la qualité de ses fruits et celle du vin qu'il produit. Cette variété, souvent difficile à distinguer, est conservée dans les terrains de Las Sorrès, par la Commission départementale. M. Sahut en a fait une étude spéciale dans son volume des *Vignes américaines*.

La Commission départementale a fait connaître, en 1888, une variété de Jacquez dérivée d'une modification spontanée observée sur une branche d'un cep de Jacquez, en 1883, et fixée depuis cette époque par la greffe. Cette nouvelle variété donne des fruits sensiblement plus gros que la variété type, ainsi que des sarments et des feuilles modifiées.

Les Æstivalis échouent généralement dans les terrains secs de coteau et dans la garrigue, où ils sont très attaqués par le Phylloxera. Ils ne reprennent pas facilement de bouture; à l'exception du Jacquez, ils ne sont pas employés à la reconstitution de nos vignobles.

Description du **Jacquez**. Synonymie : *Black-Spanish, Lenoir, Jack, Cigar-Box-Grape, Ohio, El paso, Burgundy, Mac-Candless.*

Le Jacquez est originaire de la Caroline du Sud, dans le comté de Lenoir, dont on lui a donné le nom. Ses dispositions à être violemment attaqué par les maladies cryptogamiques en ont fait abandonner la culture en Amérique, où il est devenu très rare.

Souche forte; bourgeons à rameaux érigés et à sarments demi-étalés; tronc de grosseur moyenne.

Sarments vigoureux, de grosseur moyenne, à mérithalles assez allongés, à nœuds forts, rouge bleuâtre à l'état herbacé, d'un beau rouge brun à l'état ligneux, régulièrement striés, de consistance dure et ferme.

Bourgeons à rameaux rose foncé, très cotonneux, précoces, débourrant comme les Aramons, tendres, sujets aux gelées et à l'Anthracnose (charbon), au Peronospora viticola (Mildiou), à l'Oïdium, aux pourritures d'automne.

Feuilles grandes, longues, à cinq lobes bien échancrés, à dents peu profondes, tourmentées, lisses dessus, un peu cotonneuses sur les nervures en dessous, vert foncé très accusé, à pétiole long et fort; sinus pétiolaire recouvert.

Floraison : fleurit en même temps que l'Aramon; sujet à la coulure par le Mildiou et le Charbon.

Grappe grande, allongée, cylindrique, souvent ailée, à longue queue verte, à grains sous-moyens, ronds, noir violacé, à jus rouge ou rose foncé, pulpeux, à peau épaisse et très chargée de matière colorante violette, à saveur fade, garnis de deux ou trois gros pépins, mûrissant du 20 au 25 septembre.

Racines grosses, fortes, longues, à écorce épaisse, très attaquées par le Phylloxera, mais résistant aux piqûres de cet insecte sur ses grosses racines, à chevelu plus ou moins abondant, détruit par les invasions phylloxériques.

Le Jacquez se reproduit de graines avec de grandes variations indiquant qu'il est issu de croisements avec d'autres espèces, et probablement avec la *V. vinifera*. C'est un cépage fertile dans les bons terrains frais et profonds. Dans les coteaux, ses fruits manquent de grosseur; aussi n'y donne-t-il pas un produit suffisant. Il est très sujet à toutes les maladies cryptogamiques; mais il leur résiste, tout en perdant ses feuilles et ses fruits. Il exige un climat chaud et sec comme celui de la région méridionale. Il végète avec une vigueur luxuriante qui lui donne les plus belles apparences : forte souche, longs sarments, grandes feuilles, longs pétioles, longues grappes, mais petits grains. Il a les allures d'un cépage séduisant par sa force et sa vigueur, mais sujet à toutes les maladies cryptogamiques, aux gelées tardives, aux attaques de tous les insectes ampélophages : Phylloxera, Attelabes, Altises, Gribouri. Il produit un vin très riche en couleur, mais dont les qualités et la stabilité laissent beaucoup à désirer. Ces nombreux défauts ont déterminé beaucoup de viticulteurs à greffer leurs Jacquez. Ce cépage supporte d'ailleurs sans difficulté, lorsqu'il est âgé de plusieurs années, l'opération du greffage.

Le Lenoir se distinguerait du Jacquez type par des feuilles moins découpées et d'un vert plus foncé, ainsi que par des fruits plus volumineux dont le vin serait de meilleure qualité. Ces distinctions ne me paraissent pas suffisantes pour caractériser une variété de Jacquez; on les trouve par sélection chez tous les cépages cultivés.

Il n'en est pas de même d'un autre Jacquez trouvé à Las Sorrès par la Commission départementale, et qui forme une variété distincte de ce cépage, sous le nom de *Jacquez à gros grains de Las Sorrès*. Cette variété s'est formée par la modification spontanée du cep sur lequel elle a été observée pour la première fois, en 1883. J'en ai communiqué la découverte dans mon Rapport ministériel du 30 décembre 1887, et j'en ai décrit les caractères, qui ont été fixés à la fois par la greffe et la plantation des sarments. M. L. Rougier en a fait le sujet d'un article dans le *Progrès agricole* du 24 mars 1880, et l'a figuré et décrit sous le nom de *Jacquez de Las Sorrès*. Il diffère du Jacquez ordinaire, dont il a d'ailleurs les caractères généraux et la vigueur, par une plus grande précocité lors du débourrement des bourgeons et lors de la maturité des raisins; par des feuilles moins découpées que celles du Jacquez ordinaire, moins grandes, plus cotonneuses au revers, plus rugueuses à la face supérieure; par une souche plus trapue, plus érigée; par des sarments plus gros et plus courts, dont les mérithalles sont moins longs et les nœuds plus forts. L'aplatissement des sarments, observé sur le cep mère du Jacquez de Las Sorrès, se montre çà et là sur quelques sarments. Il se distingue enfin plus particulièrement par la grosseur de la grappe, dont les grains ont un volume beaucoup plus fort, ce qui la rend plus compacte, plus serrée et plus juteuse. Le grain étant plus gros et la maturité un peu plus précoce que dans le Jacquez ordinaire, la saveur du raisin est plus sucrée et paraît susceptible de donner un vin meilleur et plus stable. — Comme résistance au Phylloxera, le Jacquez à gros grain de Las Sorrès paraît égaler le type duquel il est sorti, et il se plaît dans les mêmes terrains.

V. Riparia (Michaux, Torrey et Gray, Durand).

Les types de cette espèce sont les Riparias de Michaux, vignes sauvages des forêts ou des rives des cours d'eau, vraies lianes couvrant les plus grands arbres de leurs rameaux et donnant lieu spontanément à de nombreuses variétés hybridées avec d'autres espèces américaines; on a augmenté encore le nombre de ces variétés par les hybridations artificielles que leur fait subir la culture. Ainsi, le *Solonis* paraît n'être qu'un Riparia hybridé, possédant la même foliation, mais d'une teinte différente, ayant les mêmes allures, les mêmes dispositions de sarments longs, flexibles, très rampants. Il est moins vigoureux que les Riparias types; ses racines sont moins dures et moins raides et assez fréquemment attaquées par le Phylloxera. M. Millardet considère le *Solonis* comme un Riparia hybridé par le *Mustang* et le *Rupestris*, ce qui expliquerait ainsi ses diverses propriétés de résistance et d'adaptation dans les sols voisins des cours d'eau, ainsi que le duvet et la couleur vert cendré de sa feuille.

Les variétés cultivées du groupe *Riparia* comprennent les cépages désignés sous les noms de Clinton, Taylor, Oporto, Franklin, Marion, etc.

Ce groupe ne possède, comparativement à notre *V. vinifera*, aucune vigne à bons fruits; mais, dans les types sauvages, c'est lui qui a fourni jusqu'à présent les porte-greffes les plus nombreux et les plus répandus dans nos vignobles reconstitués; aussi y joue-t-il, sous ce rapport, un rôle des plus importants.

On rencontre les Riparias sur presque toute la surface de l'Amérique du Nord et Nord-Ouest; son aire de végétation est des plus étendues, partant du 90e degré de latitude au nord de Québec et descendant jusqu'au 28e dans le Sud. Cette vigne résiste aux froids les plus intenses, ainsi qu'à la sécheresse et à la chaleur. Mais elle ne croît pas avec un égal succès dans tous les sols. Elle se plaît dans les terrains siliceux, ferrugineux, argilo-calcaires, bien égouttés. Les marnes qui manquent de silice et qui s'infiltrent d'humidités persistantes ne conviennent pas aux espèces américaines, et aux Riparias plus spécialement. Ils y périssent atteints de Chlorose.

Parmi les variétés cultivées des Riparias, le Clinton et le Taylor occupent le premier rang. Au début de l'emploi des vignes américaines, ils ont été importés des États-Unis sur une très grande échelle et plantés dans tous les sols. Ils se sont maintenus dans les terrains à la fois argilo-calcaires, ferrugineux et siliceux suffisamment profonds, peu exposés aux sécheresses; mais ils ont péri dans les autres, ayant leurs racines couvertes de Phylloxeras, et avec tous les signes qui accompagnent l'invasion phylloxérique : jaunisse caractéristique, feuilles recoquillées, sarments desséchés.

Le Clinton, beaucoup plus faible que le Taylor, a péri le premier. Ces deux cépages sont très attaqués sur leurs racines par le Phylloxera : cet insecte y pullule abondamment et en détruit les chevelus et les radicelles; mais partout où le sol leur convient, ils se maintiennent par leurs grosses racines. Leurs feuilles se couvrent assez fréquemment de galles phylloxériques très nombreuses. Ce sont d'ailleurs, à de rares exceptions près, de médiocres porte-greffes dont la fertilité n'est pas régulière. Ils n'ont toujours paru très inférieurs, sous ce rapport, aux Riparias sauvages glabres ou tomenteux à grandes formes, comme ceux qui ont été plantés à Las Sorrès et ceux que M. Fabre avait introduits en 1875 et 1876 dans son vignoble de Saint-Clément, près Montpellier. Leur grande vigueur, la facilité de reprise et de greffage de leurs sarments et surtout leur immunité phylloxérique mettaient ces Riparias au premier rang des bons porte-greffes américains. C'est pour ce motif que (cherchant depuis plusieurs années un porte-greffe vigoureux, de reprise facile, et *indemne de Phylloxera sur ses racines*) j'avais proposé, au Congrès de 1878 à Montpellier, de les appeler Riparia-Fabre, afin de perpétuer le souvenir de celui qui avait reconnu les propriétés de ces cépages d'élite et les avait introduits dans nos vignobles.

C'est en effet depuis l'introduction des Riparias dans l'Hérault et depuis leur plantation et leur greffage dans les terrains de la

Commission départementale, à Las Sorrès, où ils sont publiquement expérimentés, que les plantations américaines ont pris dans ce département l'essor extraordinaire qui le mettent aujourd'hui au premier rang par ses grands vignobles reconstitués [1].

Les Riparias sont rampants sur le sol quand ils n'ont pas de soutien; ils ne forment qu'une *souche* très basse, mais dont le tronc devient gros dans les espèces vigoureuses, les seules qu'il convienne de propager; leurs *sarments* sont longs, forts, à mérithalles allongés, tantôt gris, tantôt rouges, colorés de bleu à l'état herbacé. Leurs ramifications, très nombreuses, sont minces et grêles; il n'est pas rare de voir une souche de Riparia étendre ses sarments à six mètres autour d'elle, en couvrant de ses rameaux tout ce qui l'entoure. Les feuilles sont grandes, moyennes, quelquefois petites, selon les variétés, aussi larges que longues, ordinairement à trois lobes, garnies de dents aiguës profondément échancrées, à sinus pétiolaire très ouvert; à l'extrémité du bourgeon, elles sont pliées en forme de gouttière, minces, d'une couleur vert clair, glabres ou tomenteuses selon leur variété, faciles à reconnaître par leur denture aiguë, profonde, lancéolée sur le lobe du milieu. Les vrilles sont fortes et discontinues.

Les Riparias débourrent de très bonne heure, quelquefois en février s'il ne gèle pas; ils se couvrent de fleurs très nombreuses qui coulent presque toutes et qui sont d'une odeur suave. La grappe est petite, à grains clairsemés, petits, noirs, très colorés, pulpeux, à petits pépins (un à trois). — La floraison et la maturité sont très précoces; la floraison a lieu en avril, la maturité en juillet. Les racines sont longues, raides, dures, filiformes, garnies d'un chevelu très abondant, à la fois plongeantes et traçantes; elles occupent entièrement le sol dans lequel végète la vigne.

On distingue deux variétés principales de Riparias : les *Glabres* et les *Tomenteux*, qui seraient mieux nommés *Pubescents*, ainsi que l'a fait remarquer M. Millardet. A ces deux caractères se rattachent les modifications très nombreuses qu'on a remarquées dans les Riparias d'importation, et qui proviennent de l'origine par semis de ces vignes sauvages des forêts américaines. Mais la multiplication des Riparias, par les sélections opérées en grand nombre dans les plantations qui sont faites depuis dix ans dans nos vignobles, avec les bois qu'ils produisent, tend à faire disparaître les variétés faibles et à ne laisser que les bonnes.

Les Riparias sont fréquemment attaqués par l'Anthracnose ou charbon de la vigne; leurs tiges et leurs feuilles en sont déformées et ponctuées de noir; ils en souffrent même au point de se rabougrir dans les localités basses et humides exposées aux brouillards suivis de coups de soleil. Ces attaques, qui compromettraient la vigne si elle ne devait pas être greffée, perdent beaucoup de leur gravité quand il s'agit d'un porte-greffe qu'on transforme après un an ou deux de plantation.

Les Riparias ne souffrent pas des autres maladies cryptogamiques : Oïdium, Rot et Mildiou.

Les grands Riparias sauvages sont les vignes les plus employées pour la reconstitution des vignobles méridionaux, malgré les difficultés qu'on éprouve à les cultiver dans les sols tuffacés sans profondeur, dans les marnes grasses très calcaires, sujettes à s'infiltrer, en hiver, d'humidités surabondantes et à se dessécher profondément en été, dans les argiles compactes, sujettes aux mêmes défauts.

Ils croissent généralement bien dans tous les dépôts alluvionnaires suffisamment frais et profonds, dans les sols siliceux, graveleux, assez épais pour résister aux sécheresses, comme les cailloux roulés des plateaux de Saint-Georges, Pérols, Mauguio, etc.

Ils ont bien supporté l'épreuve des sols de Las Sorrès et de l'Aiguelongue, dans les terrains de la Commission départementale de l'Hérault. Dans les garrigues pierreuses de la Cardiole (étages oxfordien et néocomien), ils végètent vigoureusement sans jaunir, et constituent pour tous nos cépages de coteau d'excellents porte-greffes.

On agira sagement en évitant de planter des Riparias dans les sols signalés plus haut, comme ne lui convenant pas, car il finit par y mourir, les racines pourries, mais sans Phylloxera, après avoir contracté pendant plusieurs années la jaunisse constitutionnelle à la suite de laquelle se déclarent le rabougrissement du cep et la pousse en ortille qui caractérisent les altérations du Cottis. En pareil cas, j'ai constamment trouvé du Pourridié sur le tronc et les racines des ceps atteints.

L'humidité surabondante du sol qui constitue les terrains mouilleux amène presque toujours la perte des Riparias. On y remédie par des drainages profonds et l'emploi d'engrais siliceux accompagnés de sels de fer.

Dans son Rapport ministériel, au retour de sa mission en Amérique, M. P. Viala dit, en parlant des Riparias sauvages, qu'ils n'acquièrent un « très grand développement que dans les terrains très riches ». C'est aussi ce qu'on observe dans notre région, dans les

[1] Replantation du vignoble de l'Hérault en vignobles américains, de 1878 à 1888.

ANNÉES.	HECTARES.	AUGMENTATION ANNUELLE	ANNÉES.	HECTARES.	AUGMENTATION ANNUELLE.
1878	500	»	1884	29.689	12.264
1879	900	400	1885	44.654	14.970
1880	2.624	1.724	1886	61.799	17.145
1881	5.160	2.536	1887	76.971	15.172
1882	10.910	5.850	1888	92.941	15.970
1883	17.425	6.515			

sols frais et profonds, d'alluvions limoneuses, et dans les dépôts quaternaires siliceux, argilo-calcaires bien défoncés et richement fumés; mais ils réussissent aussi dans les coteaux secs, siliceux, argilo-calcaires de la garrigue et dans les maigres dépôts de cailloux roulés subalpins.

On trouve dans l'*Ampélographie américaine* les photographies et les descriptions de dix Riparias, dont trois appartiennent aux espèces sauvages et servent de porte-greffes; ce sont : les Riparias Baron Perrier, Martin des Paillères et le Riparia tomenteux. Les autres espèces sont : le *Solonis*, très employé comme les précédents, car sa fructification est insignifiante, et après lui les espèces cultivées, *Taylor Clinton, Blue-Dyer, Uhland, Marion, Oporto*. Parmi ces derniers, dont les racines sont plus ou moins criblées de Phylloxera, le Taylor constitue le meilleur porte-greffe, quoique très inférieur aux espèces sauvages, dans les sols qui leur conviennent; les autres ne sont pas employés ou ont été abandonnés.

V. Rupestris (Scheele). Synonymes d'après l'*Ampélographie américaine : Sand Grape* (raisin de sable) dans le Missouri, *Sugar Grape* (raisin de sucre) au Texas. C'est une vigne sauvage dont l'aire de dispersion est très considérable comme celle des Riparias. On la trouve dans le Missouri, l'Arkansas, le Texas, le Nouveau-Mexique, le Territoire des Indiens.

Les types sauvages de cette vigne, qui s'hybride facilement avec les autres espèces américaines, ont fourni de précieux porte-greffes à nos vignobles et sont probablement appelés à leur rendre de signalés services.

Tous les Rupestris sont sauvages; la culture américaine n'a point encore adopté ce type de vigne, dont les fruits sont petits et d'une production insuffisante pour le vin. Les raisins de Rupestris sont néanmoins droits de goût, sucrés, juteux, très colorés, et donnent un vin qui n'est pas sans mérite. Ils sont plus gros, plus nombreux et bien meilleurs que ceux des Riparias. On trouve parmi eux des variétés fructifères qu'il est facile de sélectionner. Leur maturité est précoce. J'ai vendangé les miens, depuis quelques années, de la fin juillet aux premiers jours d'août, et j'en ai obtenu des moûts de 10 à 12 degrés glucométriques.

On rencontre parmi les Rupestris des variétés dont la vigueur, le développement, sont tantôt moyens, tantôt très considérables; mais une de leurs propriétés les plus importantes, quand ils n'ont pas été dénaturés par des hybridations qui altèrent leur caractère, est l'indemnité phylloxérique de leurs racines, quelles que soient d'ailleurs leur force et leur grosseur. On rencontre des Rupestris hybridés de très forte végétation, à gros sarments et larges feuilles, désignés sous le nom de Rupestris à port de Taylor, dont les racines sont attaquées par le Phylloxera; ils sont inférieurs aux autres, malgré leur grande taille et leur belle apparence.

Les caractères des Rupestris sont les suivants :

Vigne moyenne, pouvant devenir très forte; *souche* à tronc gros, bas et noueux, à sarments principaux rampants sur le sol, pouvant devenir très longs dans certaines variétés, mais ordinairement moyens, se recouvrant de sarments secondaires redressés qui donnent à la plante un aspect buissonneux très spécial.

Sarments gros, à mérithalles moyens lorsqu'ils sont rampants; plus petits et à entre-nœuds courts pour les sarments secondaires ou redressés, rouge clair, lisses, striés, à vrilles intermittentes.

Bourgeons à débourrement précoce, à rameaux d'un vert particulier teinté de rouge orangé, laissant apercevoir, en boutons, de nombreux raisins frappés de rouge brun, d'un aspect tout spécial qui caractérise immédiatement l'espèce; floraison très précoce (avril et premiers jours de mai.

Fleur sujette à couler selon les années.

Feuille presque entière, plus large que longue, terminée en pointe aiguë, de grandeur très variable, petite sur les sarments secondaires redressés, pliée sur la nervure du milieu, peu lobée, régulièrement dentée, à sinus pétiolaire très ouvert, à pétiole moyen, ferme, glabre, lisse et luisante dessus et dessous, d'un vert orangé au printemps, passant en été au vert plus pâle.

Grappe petite, à petits grains, de volume très variable, très colorés, juteux, de bon goût, à maturité très précoce.

Les fruits coulent souvent presque tous, mais retiennent mieux certaines années et ne mûrissent pas tous à la fois. Les pépins sont petits et ronds, assez épais, à pointe courte légèrement recourbée. Par semis, ils reproduisent l'espèce et donnent des plantes qui croissent avec tant de vigueur que j'ai pu les greffer à leur troisième année et obtenir de beaux greffons souvent fructifères.

Les Rupestris ont, comme les Riparias, de longues et vigoureuses racines plongeantes et traçantes, munies d'un chevelu très abondant sur lequel on ne trouve pas de Phylloxera; mais ces racines sont moins filiformes, plus raides et plus dures que celles des Riparias.

Cette espèce constitue un porte-greffe de premier ordre. Partout où je l'ai plantée au milieu des Riparias, elle se distingue par la force et la grosseur des greffes qu'elle nourrit. Elle est un peu moins sujette à la Chlorose que les Riparias.

Les premiers Rupestris que j'ai plantés m'ont été donnés par M. Martin, qui les avait apportés d'Amérique : ils appartiennent à la variété qu'on a désignée sous le nom de Rupestris à bouquet, très buissonnante, portant un très grand nombre de fleurs mâles, et ne donnant, à maturité, que quelques grains assez rares ; à feuilles petites, fermes, cordées, rappelant celles des abricotiers. Cette variété, plantée dans une phylloxérière, n'a pas été attaquée sur ses racines ; je n'ai jamais vu de galles phylloxériques sur ses feuilles ; quoique de vigueur moyenne, elle se montre excellente comme porte-greffe et nourrit des Aramons, des Carignanes, des Bobals, des Alicantes-Bouschet de toute beauté, dans un terrain à sous-sol marneux.

J'ai eu plus tard, en 1880, des Rupestris qui m'ont été remis par M. G. Bourgade, de Montblanc ; il s'est trouvé parmi eux de remarquables variétés, plus fructifères que le Rupestris à bouquet, plus vigoureuses et, comme lui, indemnes de Phylloxera. Ce sont des porte-greffes très remarquables, qui végètent bien dans tous les terrains et particulièrement dans les sols rocailleux et brûlants de la garrigue (terrain jurassique), mais qui se chlorosent, quoique à un moindre degré, comme les Riparias dans les marnes très calcaires, à rognons blancs, infiltrées d'humidité dans les hivers pluvieux.

Les terrains qui paraissent le mieux convenir aux Rupestris sont non seulement les sols secs et rocailleux, à éléments siliceux et argilo-calcaires, mais encore les terrains profonds et frais, et ceux du diluvium alpin, comme les plateaux de Saint-Georges, Pérols, Mauguio, etc. Il y devient très beau et se comporte comme un porte-greffe des meilleurs.

M. P. Viala, dans son Rapport ministériel sur sa mission en Amérique, désigne le Rupestris comme ne croissant en général que dans le lit des torrents ou des ruisseaux desséchés dès le printemps, là où n'existe jamais de végétation arborescente.

Les Rupestris se greffent et se bouturent bien. La reprise des sarments se fait avec la plus grande facilité. Moins grêles que les Riparias et ayant un tronc plus fort, ils se soudent peut-être mieux et sans différence de grosseur, sur nos variétés les plus fortes, telles que l'Aramon, le Grenache, l'Augibi, les Olivettes, les Panses musquées. Il convient de les greffer aussi jeunes que possible, à cause de la quantité de rejetons qui poussent du sujet.

Le grand nombre de variétés de Rupestris d'importation provient, pour les Rupestris comme pour les Riparias d'importation, de l'origine par semis de ces vignes sauvages, recueillies dans les forêts et les lieux incultes, où elles s'hybrident naturellement avec d'autres espèces américaines qui croissent à proximité. Mais les nombreuses hybridations qui en résultent sont ensuite sélectionnées et fournissent à la culture les types qui lui sont les plus avantageux.

Le Rupestris n'est pas sujet aux maladies cryptogamiques : Oïdium, Mildiou, Rot, Charbon (Anthracnose).

Le Rupestris et ses hybridations sont, de la part de MM. Millardet et Grasset, le sujet de recherches dont le but est d'obtenir par hybridation des variétés perfectionnées répondant aux besoins de la viticulture, soit au point de vue des porte-greffes, soit à celui des producteurs directs. La méthode avec laquelle sont conduites ces expériences, ainsi que l'habileté de leurs auteurs, font espérer qu'elles seront couronnées de succès.

V. Cordifolia (Michaux). On trouve cette espèce dans la région qui s'étend de la Nouvelle-Angleterre au Texas et dans les parties boisées de la vallée du Mississipi. Elle est vulgairement désignée sous les noms de *Winter Grape* (raisin d'hiver), *Frost Grape* (raisin des gelées), *Chicken Grape* (raisin des poulets).

Cette vigne est sauvage, assez vigoureuse, mais très difficile à multiplier de bouture ; elle n'est pas utilisée par la culture. On la considère comme un des éléments d'hybridation de divers types de Riparia et de Rupestris.

V. Berlandieri (Planchon). Synonymes, d'après l'*Ampélographie américaine* : *V. monticola* (Millardet), *Vitis coriacea* (Davin), *Sweet mountain* vulgairement.

Cette espèce sauvage est originaire du Texas ; introduite en France par M. Douysset sous le nom de Sweet Mountain, elle est encore peu répandue, à cause de sa difficulté à reprendre de bouture. Elle constitue cependant un excellent porte-greffe dont on peut voir les sujets à Las Sorrès, dans les expériences de la Commission départementale. Elle est signalée à l'attention des praticiens par M. P. Viala comme une des vignes qui croissent le mieux dans les sols blancs très calcaires ; cette vigne prend sous ce rapport une importance spéciale.

Dans mes plantations de Launac, où j'en reçus un assez grand nombre de boutures en 1878, il se comporte, depuis qu'il est greffé (1880), aussi bien que les Riparias, avec nos plus vigoureux cépages languedociens ; mais il est moins développé comme végétation et très difficile à bouturer. C'est par marcottes que j'ai réussi à le multiplier.

Cette vigne est rampante, très étalée, *à sarments grêles* assez longs, dont l'extrémité présente une section polygonale facile à reconnaître. Tantôt lisses, tantôt plus ou moins tomenteux, rougeâtres tant qu'ils sont herbacés, ils prennent une couleur grise à l'état ligneux.

Les *vrilles* sont discontinues, courtes et faibles.

Les *feuilles* sont petites, cordiformes, vert foncé, lisses dessus, assez épaisses et consistantes, cotonneuses et grises dessous, à sinus pétiolaire très ouvert, à larges dents peu profondes.

Les *bourgeons* sont rouge foncé, assez précoces, cotonneux.

Floraison moyenne, avortements très nombreux.

Grappe moyenne, courte, à petits grains serrés, ronds, très colorés, droits de goût.

Cette vigne ne produit pas assez pour être cultivée pour ses fruits; elle est cependant d'une fertilité variable.

V. Arizonica (Engelmann). Vigne sauvage de l'Arizona, en Californie, vigoureuse et rustique, à sarments rampants, longs et grêles, dont l'étude est encore à faire. Elle reprend assez facilement de bouture.

V. Californica (Bentham). Vigne sauvage de Californie. Synonymes, d'après l'*Ampélographie américaine : V. caribæa* (Hook.); diffère du *V. caribæa* de De Candolle.

Peu vigoureuse et difficile à reprendre de bouture, cette espèce n'est pas encore utilisée par la culture.

V. Cinerea (Engelmann). Synonyme, d'après l'*Ampélographie américaine : V. canescens* (Hort. Paris).

Vigne sauvage originaire des bas-fonds, dans le Missouri, dans les alluvions du Mississipi, commune dans l'Illinois, la Louisiane, le Texas. Cette espèce serait voisine du V. Berlandieri et du V. æstivalis. M. Viala l'a rencontrée dans les sols très calcaires : « les seules » espèces, dit-il, que l'observation de leur végétation dans leur milieu naturel me fasse considérer comme pouvant réussir dans les » terrains calcaires et marneux, sont le V. Berlandieri (Planchon), le Vitis cinerea (Engelmann), le V. cordifolia (Michaux[1])».

Le V. cinerea, que j'ai depuis plusieurs années à Launac, s'y montre bien moins vigoureux et moins facile de reprise que les Riparias et les Rupestris. Je ne l'ai pas encore cultivé dans les sols marneux.

V. Caribæa (de Candolle). Espèce sauvage des régions tropicales de l'Amérique; elle est mal connue et n'est pas utilisée par la culture.

VIGNES DE L'ASIE ORIENTALE.

Ces vignes, qui comprennent six espèces désignées sous les noms de *V. Thunbergi, V. flexuosa, V. Coignetiæ, V. Amurensis, Spinovitis Davidi, V. Romaneti*, n'ont guère qu'un intérêt de curiosité; leurs fruits ne peuvent être comparés à ceux de la V. vinifera, tout au plus pourraient-ils être étudiés comme porte-greffes s'ils se montraient d'une vigueur suffisante sous le climat et dans les terrains de la région.

Le rapide examen que nous venons de faire des espèces du genre *Vitis* place celles de l'Amérique au premier rang pour leur nombre et leur diversité; mais aucune parmi elles ne produit des fruits aussi bons que ceux de notre V. vinifera, et la perte de cette dernière pour la formation des vignobles cultivés eût été irréparable. Heureusement il n'en a pas été ainsi.

Il a suffi que les vignes américaines nous aient fourni des sujets résistants au Phylloxera ou, mieux encore, *non attaqués sur leurs racines par cet insecte;*

Que ces vignes végètent vigoureusement en France et en Europe;

Qu'elles reprennent facilement de bouture et qu'elles se greffent de même, pour que le problème de la replantation de nos vignobles ait pu être résolu. Mais ce n'est que par un travail d'ensemble que le résultat a été obtenu.

SOLS QUI CONVIENNENT AUX VIGNES AMÉRICAINES. COMMENT ON PEUT AMENDER CEUX QUI NE LEUR CONVIENNENT PAS.

Il a fallu un temps assez long et des expériences multipliées pour reconnaître que les vignes américaines se plaisent plus spécialement dans les terrains *siliceux* assez riches, comme ceux qui sont mélangés d'éléments argilo-calcaires et fortement teintés par les sels de fer.

En pareil terrain, quand il est suffisamment frais et profond, toutes les vignes américaines deviennent en quelque sorte résistantes,

[1] *Mission viticole en Amérique*, pag. 18.

et les plus faibles parmi elles contre les attaques du Phylloxera, les Labrusca par exemple, leur résistent plus longtemps que les meilleures variétés résistantes de V. vinifera. Ainsi, dans les sols de cette nature, l'Isabelle attaquée par le Phylloxera dure plus longtemps que le Colombaud et l'Augibi. Il semble que les vignes américaines soient, pour la plupart, des végétaux des terrains siliceux, comme le châtaignier ou le chêne liège, et qu'elles craignent un excès de calcaire.

Ces vignes redoutent les terrains marneux, très calcaires, à rognons blancs crayeux, mal ressuyés; elles croissent mal dans les tufs, les argiles compactes, les sols arides, sans profondeur, sujets aux sécheresses, et dans tous ceux qui restent longtemps mouilleux ou infiltrés après la pluie.

Notre V. vinifera est, sous ce rapport, beaucoup moins susceptible que les espèces américaines, et, quoiqu'elle redoute aussi les mauvais terrains arides et mouilleux, elle ne se montre pas aussi exigeante et aussi délicate.

Pour les espèces américaines attaquées par le Phylloxera, comme pour la V. vinifera, c'est dans les sols où elles se plaisent peu qu'elles succombent plus vite.

Il n'est pas prudent de planter en vigne américaine les sols où elle ne résiste pas et ceux où elle ne se plaît que médiocrement : en pareil cas on risque, en pure perte, tout le capital qu'exige la reconstitution; il vaut donc mieux s'abstenir. Ces natures de terrain sont aujourd'hui bien connues. On connaît aussi les sols où cette vigne se plaît, et il n'est pas nécessaire de se livrer à de longues expériences pour prévoir le succès ou l'échec d'une reconstitution selon le terrain dans lequel on l'entreprend.

Mais dans les sols qui sont en quelque sorte à la limite de ceux où les plantations américaines peuvent échouer, et dans ceux qui sont enclavés dans de meilleurs terrains, l'emploi des amendements siliceux et ferrugineux (scories de déphosphoration, sulfate de fer), l'application des défoncements et du drainage, la culture des espèces les plus résistantes à la Chlorose, telles que le Berlandieri, le Cinerea, le York-Madeira, le Jacquez, permettent, dans une certaine mesure, de résoudre ce qu'on a désigné sous le nom de question d'*adaptation au sol* de la vigne américaine.

RÉSISTANCE DES VIGNES AMÉRICAINES.

Selon les terrains, toutes les espèces de vignes sont plus ou moins résistantes au Phylloxera : leur immunité phylloxérique dans les sables en est la démonstration.

Selon que les terrains à planter s'éloignent des sables par leur nature et leur consistance, ou s'en rapprochent, la vigne attaquée par le Phylloxera dépérit plus ou moins vite si elle n'est pas résistante ou si elle ne jouit pas de l'immunité phylloxérique. Aussi les questions de résistance au Phylloxera et d'adaptation de la vigne américaine au sol se présentent-elles sans cesse, l'une et l'autre à la fois, dans une foule de cas.

Les observateurs se sont préoccupés d'abord plus spécialement de la résistance : pour les uns, la dureté de la racine, la constitution des tissus plus ou moins épais et serrés de son écorce, la constitution des cellules à parois plus épaisses, à volume plus petit dans les rayons médullaires (Foëx), expliquent la résistance des racines grosses ou moyennes qui se conservent, quoique les chevelus périssent dès qu'ils se couvrent des *nodosités* caractéristiques provoquées par les piqûres de l'insecte.

Les racines, grosses et moyennes, piquées par le Phylloxera subissent une altération analogue à celle des chevelus et finissent par périr comme eux au bout d'un temps plus ou moins long. C'est pour cette raison que les jeunes plantiers attaqués par le Phylloxera périssent beaucoup plus vite que les vignes plus âgées, dont les racines sont plus grosses, plus dures et plus ligneuses. Quand, par le fait de sa nature et des propriétés inhérentes à son espèce, la racine ne se débarrasse pas des altérations phylloxériques, celles-ci pénètrent dans l'épaisseur des tissus et provoquent la perte de l'organe : c'est le cas de la V. vinifera et des V. labrusca; dans le cas contraire, lorsque l'altération reste superficielle, la racine se débarrasse par simple desquamation et reconstitue ses tissus; elle se répare aussi en poussant de nouvelles radicelles avec chevelus. — Tous ces faits sont fondés; mais selon la violence des attaques phylloxériques, selon leur durée, qui dépend de la sécheresse et de la chaleur du climat, de la nature du sol, la résistance est variable. Ainsi, chaque année, je trouve quelques souches mortes avec leurs racines noires et couvertes de lésions phylloxériques, dans une vigne de Jacquez en très bon sol où réussissent bien les Riparias, le Solonis, les Rupestris, le York. Ces souches de Jacquez ne sont pas greffées. Les mortalités phylloxériques sont encore plus nombreuses sur les Jacquez greffés.

Quant à l'espèce, elle exerce certainement son influence sur la résistance de la vigne à l'insecte (Millardet); mais, dans les variétés de l'espèce, que de nuances!

Les Riparias cultivés : Clinton et Taylor, se couvrent de Phylloxera sur leurs racines, de galles sur leurs feuilles; ils périssent phylloxérés dans les sols qui ne leur conviennent pas complètement (par exemple le Clinton à Las Sorrès), tandis que dans les mêmes sols les Riparias sauvages exempts de Phylloxera sur leurs racines végètent avec la plus grande vigueur.

Il suffit, pour le même cépage, d'une modification culturale comme celle qui est la conséquence du greffage, pour voir se produire dans le même sol des résultats tout différents : ainsi, dans les terrains de Las Sorrès, la Commission départementale du Phylloxera cultive des Jacquez francs de pied très vigoureux et très fertiles malgré les insectes dont leurs racines se couvrent chaque année; si l'on greffe ces Jacquez en Aramons, en Carignane ou tout autre cépage, ils s'affaiblissent et produisent une quantité de fruits bien moindre.

Dans les mêmes terrains, nous voyons les V. labrusca s'affaiblir et périr sous les attaques du Phylloxera, tandis que le York, considéré longtemps comme un Labrusca (et qui s'en rapproche beaucoup malgré la dénomination d'hybride qu'on lui a donnée), résiste et reste productif quand il est greffé.

Les V. æstivalis, comme l'Hermann, le Rulander, l'Herbemont, le Cynthiana, périssent ou restent chétifs, étiolés, infertiles dans les terrains de Las Sorrès, tandis que le Jacquez, autre Æstivalis, reste vigoureux et fertile; le Cunningham, autre Æstivalis, végète moins bien que le Jacquez; il jaunit et se chlorose partiellement; il fructifie peu, mais il résiste et se maintient. Tous ces cépages sont attaqués de Phylloxera à Las Sorrès.

Dans ces mêmes terrains, où depuis quatorze ans sont plantées et éprouvées par la greffe et la culture une nombreuse collection de vignes américaines, nous voyons se produire un fait général : c'est que les *espèces américaines dont les racines ne sont pas attaquées par le Phylloxera ou qui le sont peu*, prennent le premier rang parmi les vignes résistantes et fournissent les meilleurs porte-greffes. Exemple : les Riparias, le Berlandieri, les Rupestris, le Solonis, le York. — Le Taylor, le Jacquez, le Cunningham, dont les racines se couvrent de Phylloxera, ne viennent qu'après, malgré leur vigueur.

Les résultats observés à Las Sorrès sont confirmés par ceux qu'on a constatés dans d'autres localités où les conditions de terrain ne sont pas les mêmes : par exemple, dans mes vignes de Launac, dans les formations jurassiques des garrigues de la Gardiole et dans les alluvions quaternaires mélangées de graviers, d'affleurements de marnes calcaires et de conglomérats calcaires et quartzeux.

Aussi la solution de la question de résistance de la vigne au Phylloxera me paraît-elle pratiquement résolue par les faits d'observation directe qui sont à la portée de tous les viticulteurs.

1° Les vignes les plus résistantes sont celles dont les racines ne sont pas attaquées par le Phylloxera. Celles qui en nourrissent sur leurs racines peuvent être résistantes, mais aux dépens de leur vigueur, de leur fertilité et de leur durée, selon l'intensité des attaques du Phylloxera.

2° Les meilleurs porte-greffes sont ceux qui réunissent les conditions de la plus grande résistance, qui est l'immunité phylloxérique, jointe à une végétation vigoureuse dans la plupart des sols susceptibles d'être cultivés en vigne. Ils doivent être faciles à multiplier par bouture; il doivent être faciles à greffer au moyen des variétés diverses de notre V. vinifera.

Les deux questions d'adaptation et de résistance se trouvent résolues, dans le plus grand nombre de cas :

1° Par le choix du porte-greffe le plus indemne et le plus vigoureux ;

2° Par la préparation du terrain (défoncements et drainages) et par les amendements et les engrais les plus convenables.

Nous sommes, depuis quelques années, en possession d'espèces qui répondent aux conditions des bons porte-greffes. Ce sont, en première ligne, les Riparias et les Rupestris sauvages bien sélectionnés, vignes indemnes dans la plupart des cas.

Ensuite les Berlandieri, qui seront peut-être les porte-greffes des terrains calcaires, marneux, mais qui se reproduisent difficilement de boutures. Vignes indemnes dans la plupart des cas.

Après eux, le Solonis, le York, peu attaqués sur leurs racines, moins exigeants pour les propriétés siliceuses et ferrugineuses du terrain que les Riparias et les Rupestris.

Enfin, au dernier rang, le Jacquez, le Cunningham, le Taylor, très vigoureux, mais très attaqués sur leurs racines et inférieurs comme porte-greffes aux précédentes espèces. Dans la plupart des cas, quand ils sont greffés, le développement et surtout la fructification du greffon qu'on leur donne à nourrir, sont bien moindres sur ces derniers cépages.

Dans les sols où végètent bien les espèces indemnes, — et ces sols sont de beaucoup les plus nombreux, comme le prouve la reconstitution du vignoble de l'Hérault, — elles résolvent par la greffe la question de reconstitution de notre viticulture, sans effort, sans dépense, en mettant à profit les propriétés naturelles inhérentes à la vigne elle-même.

Il y a déjà longtemps (1875 et 1876) que, exprimant mes idées sur la vigne américaine, je disais : « Les meilleures seront celles » sur les racines desquelles le Phylloxera se multipliera le moins ».

J'ai développé la même opinion dans la communication que je fis au Congrès de Montpellier, en 1879, à l'Association française pour l'avancement des Sciences, et plus tard dans mes Rapports annuels au Ministère de l'Agriculture, sur les expériences faites à Las Sorrès par la Commission de l'Hérault[1], ainsi que dans les Communications que j'ai adressées à l'Académie des Sciences.

Dès qu'en 1877 je connus les Riparias de M. Fabre, à Saint Clément, je m'efforçai d'en propager la plantation, considérant cette espèce comme indemne ou à très peu près, et comme devant rendre les plus grands services à notre viticulture pour la reconstitution des vignobles détruits par le Phylloxera.

Aux Riparias viendront se joindre d'autres espèces indemnes, et déjà parmi elles nous comptons les Rupestris et les Berlandieri; leur nombre s'accroîtra probablement par les efforts de ceux qui travaillent à la création de cépages indemnes, mais actuellement nous sommes en possession d'éléments suffisants pour reconstituer notre domaine viticole à mesure qu'il sera envahi par le Phylloxera[2].

[1] Commission supérieure du Phylloxera, année 1880, pag. 71; — année 1883.

[2] L'École d'Agriculture de Montpellier possède une nombreuse et très intéressante collection de vignes américaines, où le genre *Vitis* est étudié avec le plus grand soin au double point de vue de la science et de la pratique.

D'autre part, dans ses terrains d'expérience, foyers phylloxériques des plus intenses, la Commission ministérielle et départementale de l'Hérault a soumis un grand nombre de cépages américains à de nombreuses épreuves pour se rendre compte de leur valeur de résistance.

Les plantations ont été faites, en 1876, sur défoncement à la main, de 50 centimètres de profondeur, immédiatement après l'extirpation d'une vigne d'Aramon mourant par le Phylloxera et âgée de 20 ans environ. Elles ont été disposées en lignes contiguës de 20 à 25 ceps et entremêlées, de cinq en cinq lignes, de rangées de plants français : Aramons, Carignanes, Grenaches, Petits-Bouschet, Clairettes, Colombauds, etc., et en carrés de 25 ceps séparés entre eux par une rangée de plants français. On avait ainsi organisé une école comparée de cépages français et américains.

Les cépages américains compris dans ces deux expériences, dont l'exécution fut confiée à MM. Durand et Jeannenot, professeurs à l'École d'Agriculture et secrétaires de la Commission, sont les suivants :

PRODUCTEURS DIRECTS.			PORTE-GREFFES.
Agawam.	Diana.	Louisiana.	Æstivalis sauvage.
Alvey.	Duchess.	Martha.	Berlandieri
Amber.	Elvira.	Massassoit.	Black-Eagle.
Aminia.	Eumelan.	Missouri-Seedling.	Black-Pearl.
Autuchon.	Goethe.	Neosho.	Blue-Dyer.
Barry.	Hartford-prolific.	Noah.	Blue-Favorite.
Black-Défiance.	Herbemont.	North-Carolina.	Cinerea.
Black-July.	Herbemont d'Aurelles n° 1.	Norton's Virginia.	Clinton.
Brandt.	— — n° 2.	Othello.	Clinton-Vialla.
Bottsi.	Hermann.	Pauline.	Franklin.
Canada.	Humboldt.	Perkins.	Huntingdon.
Catawba.	Isabelle.	Rentz.	Hybrides Champin.
Challenge	Ives Seedling.	Robson.	Marion.
Clinton.	Jacquez.	Rulander.	Mustang.
Concord.	— à gros grains.	Salem.	Oporto.
Conqueror.	— Saint-Sauveur.	Secretary.	Pearl.
Cornucopia.	— d'Aurelles n° 1.	Senasqua.	Riparia, 11 variétés.
Creveling.	— — n° 2.	Telegraph.	Rupestris, 9 variétés.
Croton.	— de semis, 5 variétés.	Tokalon.	Solonis, 2 variétés.
Cunningham.	— Lenoir.	Triumph.	Taylor.
Cynthiana.	Lenoir-Borty.	Union-Village.	York-Madeira.
Delaware.	Lindley.	Wilder.	

En 1877, la Commission a publié le plan de ces expériences, et chaque année un Rapport a été communiqué au Ministère sur leur état.

En 1888, après treize années, les cépages américains restés vigoureux et portant de belles greffes sont les : Riparia, Berlandieri, Solonis, Jacquez, York; viennent ensuite Cunningham, Taylor, Clinton, Mustang, Alvey. Toute la série, très nombreuse, des variétés américaines de production directe, sauf le Jacquez, est plus ou moins rabougrie; beaucoup de ceps sont morts. Les cépages français plantés en même temps sont presque tous morts. — La mortalité parmi les vignes françaises et américaines plantées en 1876 avait commencé dès la troisième année, malgré les soins culturaux les mieux entendus et une fumure renouvelée tous les ans.

Dans mon Rapport sur l'année 1880, je m'exprimais ainsi qu'il suit : « Parmi les cépages américains, beaucoup succombent comme les français, ayant, de même » que ces derniers, leurs racines détruites par le Phylloxera; exemple : Cynthiana, Norton's, Hermann, Eumelan, Creveling, Concord, Cornucopia, Marion, etc.; » d'autres végètent avec plus ou moins de force, mais la plupart présentent les signes de faiblesse qui accompagnent l'invasion phylloxérique (jaunisse caractéristique, » feuilles recoquillées, sarments desséchés et rabougris), et le Phylloxera foisonne sur leurs racines, mais à des degrés différents; exemple : Clinton, Taylor, Herbemont, » Cunningham, etc. Parmi les 80 variétés américaines plantées dans la phylloxérière de Las Sorrès, il en est trois qui se distinguent au milieu des autres par leur » force et leur vigueur, ainsi que par la beauté des greffes françaises que nourrissent les sujets sur lesquels ont été placés nos cépages du pays les plus fertiles; ce » sont le Riparia type de Michaux ou Riparia Fabre, ancien Cordifolia sauvage, le York-Madeira, qui se présentent également beaux et vigoureux, et ensuite le Solonis, le Jacquez. »

Aux cépages cités dans le Rapport de 1880, il faut ajouter Berlandieri et Rupestris, qui ne pouvaient être encore appréciés en 1880, leur plantation étant alors trop récente.

Une expérience longue de treize années dans un sol comme celui de Las Sorrès, conduite et surveillée avec les soins les plus méthodiques, a une valeur toute spéciale.

Le terrain de Las Sorrès présente en effet les caractères des dépôts d'alluvions profonds et fertiles, propres à toutes les cultures, comme on en rencontre dans

PLANTATION DES VIGNES AMÉRICAINES.

Les sols marneux trop calcaires, les argiles sujettes aux humidités de l'hiver et crevassées ensuite par les sécheresses d'été, ne conviennent pas aux vignes américaines. Il en est de même des tufs et des terrains maigres sans profondeur. Autant que possible, on doit rechercher les terrains perméables où les éléments siliceux sont abondants, unis aux éléments argilo-calcaires, ferrugineux. Les dépôts de cailloux roulés siliceux et calcaires, mêlés de terres rouges limoneuses, comme on en rencontre beaucoup sur notre littoral, sont très favorables à leur culture quand ils sont en couche assez profonde et bien ressuyée.

Dans les garrigues, les terrains de calcaires siliceux se prêtent bien à leur culture, malgré les sécheresses auxquelles ils sont exposés. Les vignes américaines végètent généralement bien dans les terrains de plaine traversés par les cours d'eau, et y prennent une force et un développement remarquables.

Les dépôts marins sablonneux, comme les sables tertiaires, leur conviennent lorsqu'ils sont suffisamment engraissés.

Elles redoutent généralement les formations dans lesquelles dominent les marnes grasses très calcaires, à rognons blancs crayeux, les argiles compactes et tous les sols infiltrés, l'hiver, d'humidités permanentes, sujets ensuite aux sécheresses d'été.

Une des conditions essentielles de la réussite des vignes américaines est le défoncement du sol; elle est généralement trop négligée à cause de sa difficulté et des frais qu'elle entraîne, mais elle me paraît indispensable.

Les défoncements établissent à la surface une couche arable, souple, profonde, favorable au prompt développement des racines dans un milieu très perméable aux agents atmosphériques; ils combattent les sécheresses d'été et les excès d'humidité en hiver. Ils sont spécialement recommandés lorsqu'il s'agit de l'établissement d'une vigne ordinaire; à plus forte raison doivent-ils être appliqués lorsqu'il s'agit des espèces américaines à système radiculaire puissant, très développé, mais à consistance plus fibreuse et plus serrée.

Les défoncements doivent atteindre au moins 40 centimètres de profondeur; on les pousse même jusqu'à 75 centimètres quand les difficultés ne sont pas trop grandes.

Ils établissent à la surface du sol une sorte de drainage, mais le tassement qui se produit à la longue en atténue peu à peu les effets. Aussi convient-il de drainer les terrains compacts sujets aux humidités, même lorsqu'ils ont été défoncés. C'est le moyen de leur conserver la souplesse et la perméabilité nécessaires pour une bonne végétation.

les plaines et le long de nos cours d'eau ; mais, comme les éléments siliceux n'y abondent pas, on ne peut le considérer comme un de ceux où réussissent le mieux les cépages américains.

La réussite cependant est suffisante pour y étudier les questions de résistance, d'adaptation et de greffage, ainsi que celle du traitement des vignes phylloxérées par les insecticides (Sulfure de Carbone, Sulfocarbonate de Potassium, etc.).

Les résultats obtenus à Las Sorrès sont confirmés, depuis l'année 1883, par les expériences faites par la Commission dans les terrains secs et pierreux des coteaux de l'Aiguelongue.

Analyse physique et chimique des terres de Las Sorrès (vigne Sud), par M. Audoynaud, professeur à l'École d'Agriculture de Montpellier.

Terre desséchée à l'air, bien mélangée et passée au tamis à mailles d'un millimètre : Densité 1.37.

Analyse physique et chimique (Déterminations toutes directes) :

Eau perdue par dessiccation à 100°	7 »	Carbone organique °/o	0.7600
Calcaire	30.10	Azote —	0.1075
Sable siliceux	29 »	Acide phosphorique	0.1240
Argile	32 »	Potasse	0.0620
Humus	1.90	Magnésie	0.0460
	100.00		1.0995

Un lavage méthodique de 50 grammes de terre a permis de constater la présence d'une quantité notable de nitrates et l'absence d'ammoniaque volatile.

Nota. La terre analysée ne présente ni pierres ni cailloux ; elle se pulvérise sans effort sous l'action du pilon du mortier. Le sable, d'une finesse extrême, est essentiellement composé de quartz, avec quelques rares paillettes de mica.

Les vignes de Las Sorrès, situées en sol profond et longées dans la parcelle Sud par les eaux de deux ruisseaux, dont l'un la sépare de la parcelle Nord, sont sujettes à souffrir des humidités prolongées et des gelées tardives de mars, avril et mai.

Dans les sécheresses, elles se dessèchent, se contractent et se fendent profondément. Elles présentent donc, selon les années, les inconvénients des terres froides gorgées d'eau et ceux des terrains qui se dessèchent trop dans les sous-sols. Ce sont des conditions éminemment favorables à la pullulation du Phylloxera et des maladies cryptogamiques; elles permettent d'expérimenter contre ces fléaux de la vigne, avec l'assurance que, si l'on réussit à les combattre à Las Sorrès, on doit à plus forte raison réussir dans les terrains moins exposés aux ravages de ces ennemis de la vigne.

Le traitement des divers cépages français ou américains par les insecticides (100 grammes de Sulfocarbonate de Potassium dissous dans 40 litres d'eau versés en mars au pied de chaque cep) a eu pour résultat de les empêcher de périr et d'augmenter leur fertilité, mais dans des proportions trop faibles pour payer la dépense. Sur les Riparias greffés et fumés, le résultat des traitements insecticides a été nul. Sur les Jacquez, sur les Cunninghams, sur les Taylors, il s'est accusé par un redoublement de vigueur et de fertilité.

Le cépage qui réussit le mieux à Las Sorrès est le Jacquez franc de pied ; quand il est greffé, il devient médiocre. Les Yorks greffés et francs de pied ont, depuis trois ans, perdu de leur vigueur, mais ils restent fertiles. Les Riparias restent vigoureux et fertiles.

Quand le terrain a été défoncé et nivelé, on trace la plantation dans les mêmes conditions d'espacement que les anciennes vignes.

L'usage qui a prévalu est la plantation en carré à 1m,50 dans tous les sens. On fait cependant varier l'espacement entre les ceps de 1m,50 à 1m,75. On peut ainsi mieux labourer entre les pieds de vigne.

Un espacement moindre, celui de 1m,25 par exemple, n'est pas adopté : les labours y sont gênés, et, dans les sols où la végétation est vigoureuse, la vigne devient trop touffue, l'abondance des pampres empêche la libre circulation de l'air et de la lumière, et favorise l'expansion des maladies cryptogamiques les plus redoutables. La floraison s'accomplit moins bien dans les vignes à ceps trop rapprochés.

La plantation en lignes espacées est moins généralement adoptée; elle est cependant avantageuse au point de vue des cultures et des traitements de l'Oïdium, du Peronospora, de l'Anthracnose, et le produit y est tout aussi abondant que dans les vignes plantées en carré.

Ainsi, dans les vignes espacées à 2m,50 dans un sens et 1m,25 dans l'autre, j'obtiens autant et même plus de récolte que dans une plantation faite à 1m,25 dans tous les sens, quoique le nombre de ceps y soit moitié moindre. Le produit est sensiblement égal dans ces vignes en lignes à celui des vignes plantées à 1m,50, 1m,60, 1m,75 en carré.

L'espacement favorise la résistance de la vigne aux attaques du Phylloxera; en outre, il facilite toutes les opérations culturales et l'application des moyens de défense contre les nombreux ennemis de la vigne.

Dans la région méridionale, où la vigne taillée en souche végète librement, il vaudra donc mieux espacer assez largement les ceps, et se tenir dans les limites de 1m,50 à 1m,75 dans tous les sens, qui donnent, par hectare, de 4,500 à 3,500 souches. Les espacements portés à 2 mètres dans tous les sens font diminuer le produit de la vigne.

CHOIX DU CÉPAGE A PLANTER.

Il faut, autant que possible, choisir un porte-greffe américain indemne de Phylloxera sur ses racines et végétant vigoureusement dans le sol qu'on lui destine.

Dans les terrains qui lui sont les plus favorables, la vigne américaine résiste aux attaques du Phylloxera, pourvu qu'on plante la plupart des espèces et des variétés vigoureuses, telles que Jacquez, Cunningham, Taylor, Clinton, York, Solonis, Riparia, Rupestris, Berlandieri; mais, lorsqu'elles sont greffées, leur fertilité est plus régulière et plus soutenue sur les espèces dont les racines sont les moins attaquées (Riparia, Rupestris, Berlandieri), et la durée de la vigne y est plus assurée. On doit donc les préférer.

Dans les sols où les Riparias, les Solonis et les Rupestris se développent mal et sont atteints de jaunisse, on peut essayer le Jacquez et le York si la couche arable est assez profonde; mais ils seront moins productifs et de moins longue durée que les précédents.

Si l'on plante des Clintons et des Taylors, on s'expose à les perdre à bref délai, après avoir dépensé un capital considérable. Il vaut donc mieux s'abstenir.

L'aire de dispersion si vaste des Riparias et des Rupestris permet de considérer ces deux espèces comme destinées à devenir les porte-greffes les plus avantageux pour la reconstitution de la plupart des vignobles détruits par le Phylloxera.

GREFFAGE DE LA VIGNE.

Mon intention n'est pas de traiter, dans ses détails, de la greffe de la vigne. Cette opération a été, de la part de nombreux auteurs[1], le sujet de publications spéciales, dans lesquelles on trouve décrites toutes les formes de greffes applicables à la vigne, et c'est à leurs travaux, ainsi qu'aux instructions publiées par les Sociétés d'Agriculture, qu'il faut recourir pour connaître toutes les ressources qu'elle présente.

Nous nous bornerons à indiquer les conditions dans lesquelles on obtient les meilleures réussites, telles qu'elles résultent pour nous d'une longue expérience.

La greffe de la vigne est une opération connue de toute antiquité, qu'on trouve décrite dans les auteurs les plus anciens. Caton, Varron, Columelle, Pline, Palladius, en font mention. L'usage en a été conservé dans les cultures de nos jours; Olivier de Serres en parle avec détail et M. Cazalis-Allut en a fait le sujet de plusieurs communications à la Société d'Agriculture de l'Hérault.

Nous avions nous-même transformé, avec plein succès, par la greffe plus de 40 hectares d'anciennes vignes avant l'apparition du Phylloxera. Cette opération nous était donc familière lorsque la reconstitution de nos vignobles par la vigne américaine en a fait une nécessité culturale.

[1] MM. A. Champin, Pulliat, Baltet, Dauvel, Despetis; Société centrale d'Agriculture de l'Hérault, etc.

Dans nos anciens vignobles, on ne se servait de la greffe que pour transformer des plantations dont le cépage ne convenait plus. On greffait la vigne à transformer au lieu de l'arracher, et l'opération ne s'appliquait alors qu'à des ceps déjà gros de tronc, âgés de plusieurs années (dix ans au moins), et souvent très vieux.

Pour la vigne americaine, il en est tout autrement : comme elle ne doit être que le support enraciné de la vigne française (V. vinifera), il faut nécessairement, et au plus tôt, lui appliquer la greffe, qui la transforme et la met à fruit ; aussi faut-il greffer le sujet enraciné dès qu'il peut recevoir le greffon. Or il suffit pour cela que sa tige soit assez grosse pour qu'on puisse y insérer le sarment de greffe en la fendant ou en l'incisant, et en faisant coïncider les écorces (couches libériennes) du sujet et du greffon.

Dans les bonnes terres bien cultivées, la bouture américaine devient assez forte dès la première année pour pouvoir être greffée ; pour les plantations moins vigoureuses, on attend un an de plus. Il est rare que le sujet n'ait pas alors la grosseur nécessaire. On greffe, soit à l'anglaise, soit en fente pleine ou latérale, après la première ou la seconde année, et on entre en produit un an après, soit à la troisième ou à la quatrième année de la plantation.

On opère donc, pour greffer la vigne américaine, sur des sujets beaucoup plus jeunes, mais on suit les mêmes méthodes que lorsqu'il s'agit de transformer la V. vinifera et d'en changer la variété cultivée ; aussi les principes et l'exécution du greffage sont-ils les mêmes : receper le sujet à deux ou trois centimètres au-dessous du sol ; le fendre et y insérer le sarment taillé en biseau qui sert de greffon, de manière à faire coïncider les écorces. Quand le sujet et le greffon sont de la même grosseur, la réunion des écorces peut avoir lieu sur les deux faces de la fente du sujet ; on dit alors qu'il est greffé en fente pleine, et les soudures se font sur les deux faces. Quand les grosseurs du sujet et du greffon diffèrent, la greffe est latérale et les soudures se font sur une seule face. On lie le sujet et le greffon avec du raphia ou de la ficelle, afin de les maintenir assez solidement réunis jusqu'à ce que la soudure soit faite. On englue la ligature avec de l'argile assez souple pour se pétrir facilement.

La greffe à l'anglaise n'est qu'une variation de la greffe en fente qui consiste à pratiquer sur le sujet et sur le greffon un crochet placé sur le biseau, formant le plan de joint. On obtient ainsi une réunion plus solide ; mais l'opération est plus compliquée et ne donne pas d'ailleurs une meilleure soudure ; aussi est-elle moins pratiquée que la greffe en fente simple.

On opère sur place après avoir légèrement déchaussé le sujet ; le greffon, qui doit porter au moins deux yeux séparés par un mérithalle, a ainsi environ de 15 à 20 centimètres de longueur ; on regarnit de terre le sujet greffé, de manière à former sur lui un buttage qui monte au niveau du second ou du troisième bourgeon si le greffon en porte trois. Ainsi disposé, il conserve sa fraîcheur et résiste aux sécheresses du printemps et de l'été.

L'habileté du greffeur consiste à bien fendre le sujet, à tailler son greffon de manière à donner au biseau deux faces bien planes qui ne présentent, le long des écorces, aucune solution de continuité. Les soudures se font alors régulièrement, sans présenter les défectuosités qui, dans un grand nombre de cas, amènent la jaunisse et ensuite la perte du cep.

L'époque du greffage exerce une grande influence sur le succès de cette opération, quoiqu'elle puisse être pratiquée, à la rigueur, pendant toute la montée de la sève, de la fin février jusqu'au 20 juin. Quoiqu'il me soit arrivé de regreffer avec plein succès, le 25 juin, des sujets dont les greffons ne partaient pas et avaient mauvaise apparence, je dois dire que les greffes de la fin de février et des premiers jours de mars sont toujours celles dont j'ai obtenu les meilleures réussites. Elles donnent des reprises plus nombreuses, plus vigoureuses, plus fertiles. A cette époque de l'année, on peut aller prendre sur la souche les sarments desquels on tire les greffons : ils n'ont pas encore poussé et sont parfaitement conservés ; on les choisit mieux. Quand on greffe plus tard, il faut tailler vers la fin de janvier les sarments qui doivent servir de greffons et les enterrer à une profondeur de 25 à 30 centimètres dans du sable frais mais coulant et dans un cellier fermé. On les conserve ainsi intacts jusqu'à la fin de juin et souvent plus tard encore. Quand on greffe dans les mois chauds (mai et juin), il convient de faire tremper, douze heures à l'avance, les sarments dont on tire les greffons et de les tenir couverts d'un linge humide jusqu'au moment de leur emploi.

On a proposé de greffer en automne, dans les mois de septembre et octobre, tant que la sève circule encore. Des opérations de greffage d'une certaine importance ont même été exécutées à cette époque ; mais les inconvénients qu'elles ont présentés pour affronter les dangers de l'hiver n'ont pas encouragé leur propagation.

Les greffes ne commencent guère à pousser que vers le 15 mai ; à cette époque de leur évolution, elles se développent encore lentement et paraissent engourdies, quoique pour la plupart les soudures soient faites. Elles ne prennent leur élan que dans le courant de juin, du 10 au 25, lorsque la terre est échauffée et que les tissus qui forment les soudures sont formés.

Leur développement est alors si rapide qu'elles couvrent le sol dès la fin de juin ou les premiers jours de juillet. Il convient alors de les visiter pour les tenir buttées, pour enlever les rejetons nombreux qui sortent du sujet, surtout quand il est dans sa troisième année ou qu'il l'a dépassée. Il convient souvent de ne pas enlever tous les rejetons qui poussent du sujet, et d'en conserver un dont le rôle est d'entretenir la végétation propre du porte-greffe, jusqu'au moment où le greffon forme une souche assez forte. Ce rejeton, auquel on donne vulgairement le nom de *tire-sève*, prend généralement assez de vigueur pour pouvoir être greffé lui-même l'année d'après si la greffe a mal réussi. Dans tous les cas, si la greffe a bien pris, on le supprime quand on visite, à l'automne, les racines des greffons, ou plus tard quand on les taille.

Les greffes sur Riparia, quand elles sont bien faites sur place, donnent au moins 90 pour 100 de bonnes reprises avec la Carignane et l'Aramon. Avec les autres cépages, et notamment l'Alicant-Bouschet, elles donnent sensiblement moins, à cause des décollements trop fréquents de ce cépage. Les Rupestris, le Solonis, le York, le Taylor, donnent à peu près la même proportion de reprises.

Lorsqu'on laisse vieillir au delà de deux ans les sujets de Riparia et de Rupestris sans les greffer, il est beaucoup plus difficile de réussir le greffage : les rejetons sont si nombreux et si vigoureux qu'ils nuisent au greffon; le bois du tronc, étant plus dur et plus compact, se soude moins facilement avec celui du greffon. En pareil cas, il convient de laisser sur le sujet plusieurs rejetons tire-sève; si la greffe ne prend pas, ils forment de gros sarments qu'on greffe l'année d'après, presque toujours avec succès. Il faut souvent plusieurs années pour compléter le premier greffage et pour remplacer les manquants.

Quand les greffes prennent mal, la transformation de la vigne devient si coûteuse qu'il est difficile d'en évaluer les frais; aussi a-t-on cherché à former en pépinière des plants greffés et bien soudés, qu'on met en place à la plantation, comme les racinés ordinaires. C'est une méthode qui donne de bons résultats quand elle est bien conduite. On greffe alors sur table, en réunissant les sarments du porte-greffe et du greffon par la greffe anglaise; on les met ensuite en pépinière; ou bien on greffe sur place, en fente ou à l'anglaise, une pépinière de racinés.

La greffe sur table, au moyen de simples sarments, donne de si nombreux échecs qu'elle n'est guère usitée que par les pépiniéristes les plus habiles; quand elle réussit, on en obtient d'excellents sujets. La greffe en pépinière de racinés d'un an est d'un succès beaucoup plus facile à obtenir.

On plante les greffes enracinées dans des trous assez grands pour que leurs racines soient suffisamment étalées. On ne commence à entrer en produit qu'à la troisième année après la plantation.

La méthode qui nous a donné les meilleurs résultats consiste à employer la greffe sur place après la première ou la seconde année de plantation, et à regarnir ensuite les manquants au moyen de racinés greffés.

Nous sommes entré dans quelques détails relativement au greffage de la vigne américaine, parce qu'il constitue une des opérations fondamentales de la nouvelle viticulture. C'est de lui que dépend la réussite des nouveaux vignobles.

Les mauvaises greffes sont une des causes les plus fréquentes de la chlorose des jeunes vignes reconstituées, et alors elles entraînent leur ruine à court terme.

La greffe, quand elle est menée à bien, donne les plus beaux résultats; mais c'est une opération délicate et coûteuse, à laquelle on doit apporter les plus grands soins. Nous ne saurions trop répéter qu'elle est ruineuse quand elle échoue. Elle est l'obstacle qui empêchera ou qui retardera la replantation de nombreux vignobles. C'est pour cette raison qu'on s'efforce de créer de nouveaux cépages de production directe qui permettent de s'affranchir de la nécessité de greffer les jeunes plantations.

Les terrains les plus favorables aux vignes américaines sont aussi ceux où les greffages se font le mieux et donnent les meilleures soudures. La chlorose, qui atteint et détruit tant de jeunes vignes, y est assez rare pour qu'on s'en préoccupe peu. On se garantira donc des pertes et des ennuis que donnent les vignes atteintes de jaunisse, en renonçant à la plantation des terrains que redoutent les porte-greffes exotiques jusqu'au moment où on en aura trouvé qui puissent y végéter, comme la V. vinifera, avec une vigueur suffisante.

La durée des greffes sur vignes américaines a été mise en question. Ce serait une opération ruineuse que l'établissement d'un vignoble sur racines exotiques, s'il ne devait pas avoir une durée assez longue. Jusqu'à présent, l'expérience autorise à croire que les V. vinifera greffés sur les espèces américaines les plus usitées, telles que les Riparias sauvages ou cultivés, végéteront et fructifieront longtemps. Tout porte à penser qu'il en sera de même pour les Rupestris. Dans plusieurs de nos vignes, les soudures entre le sujet et les greffons sont si bien faites, après douze ans, sur des Taylors et des Solonis greffés en Carignanes et en Aramon, qu'elles sont difficiles à reconnaître, et les souches qui en résultent sont à la fois vigoureuses et fertiles. Sur Riparia, après neuf ans et dix ans de greffe, les résultats sont encore plus complets. Il en est de même sur Rupestris après six ans. L'avenir de ces vignes paraît donc assuré, comme celui de nos anciennes plantations, formées de simples boutures de Vinifera.

Les maladies cryptogamiques peuvent être combattues sur les greffes des vignes nouvelles avec autant de succès que sur les plantiers des variétés de notre V. vinifera. Le Charbon ou Anthracnose, l'Oïdium, le Peronospora du Mildiou, le Rot, le Pourridié des racines, cèdent, dans les plantations américaines greffées, à l'emploi des sels de fer et de cuivre, du soufre en poudre, du drainage, lorsqu'ils sont judicieusement appliqués.

La viticulture qui aura pour base la plantation de la vigne américaine comme porte-greffe devra donc s'attacher plus particulièrement au choix des terrains, au choix du porte-greffe, à la bonne exécution de la greffe. Lorsque ces conditions fondamentales sont remplies, on rentre dans les conditions normales de notre ancienne viticulture de la région méridionale française, selon la variété du cépage qu'on a greffé.

RÉGION MÉDITERRANÉENNE DE LA FRANCE.

Au point de vue de la culture de la vigne, la région méditerranéenne de la France est une des mieux définies. C'est la plus importante des régions viticoles françaises par les surfaces sur lesquelles s'étendent les vignobles, et par la quantité et la variété des vins qu'ils produisent.

Elle comprend les sept départements riverains de la Méditerranée, de la frontière d'Italie à la frontière d'Espagne: Alpes-Maritimes, Var, Bouches-du-Rhône, Gard, Hérault, Aude, Pyrénées-Orientales, et subsidiairement elle peut s'étendre, au contact de l'Hérault et du Gard, le long des vallées du Rhône et de la Durance, à sept autres départements: Aveyron, Tarn, Drôme, Ardèche, Vaucluse, Hautes-Alpes et Basses-Alpes. Quoique ces derniers présentent des différences de climat par une diminution de chaleur moyenne et une fréquence plus grande des pluies, on retrouve encore chez eux la plupart de nos cépages méditerranéens, avec quelques variétés nouvelles qui accusent les modifications de milieu. Ces départements sont moins viticoles, mais ils comprennent les vignobles de la côte du Rhône, dont plusieurs crus sont célèbres.

Enfin la Corse doit être rattachée à cette même région, quoiqu'elle présente des différences notables de climat et qu'on n'y cultive pas les mêmes cépages.

Surfaces occupées par la Vigne. — L'invasion du Phylloxera dans la région méridionale a bouleversé la viticulture à tel point qu'on a pu la croire perdue. On pourra s'en faire une idée en jetant les yeux sur le tableau suivant, qui comprend les surfaces incultes et cultivées des diverses parties de cette contrée, ainsi que les vignobles qu'elle possédait en 1869, avant leur destruction par le Phylloxera. Nous y joignons les surfaces actuellement reconstituées ou en voie de reconstitution. Les terrains incultes (montagnes et garrigues) forment, avec les bois clairsemés qu'on y rencontre, plus de la moitié de la superficie de la région. La culture dominante sur les terrains cultivés est celle de la vigne; elle s'impose en quelque sorte comme une nécessité du climat et du sol, et elle répond aux besoins des populations du nord de la France, qui trouvent dans ses produits la meilleure et la plus hygiénique des boissons alimentaires. Sans la vigne, une partie très considérable de la surface cultivée de la région méridionale resterait en friche.

Tout concourt donc à donner à la viticulture une importance spéciale dans les intérêts économiques de notre patrie; c'est elle qui fournit un des principaux éléments d'échange entre les diverses provinces du Nord et du Midi, et qui les rend en quelque sorte solidaires par les avantages réciproques qu'elles y trouvent. La perte de nos vignobles causerait à la France des dommages irréparables; il importe donc, au point de vue économique, de leur conserver leurs débouchés naturels et de prendre les mesures qui doivent en assurer le développement.

DÉPARTEMENTS	SURFACE TOTALE en hectares	SURFACES INCULTES Jachères, Landes Bruyères Bois, Routes Eaux, Maisons	SURFACES EN VIGNES — Statistique de 1842	SURFACES EN VIGNES Avant le Phylloxera en 1869 — Statistique de 1881-82	PRODUCTION DU VIN en 1869 en hectolitres	SURFACES EN VIGNES en 1883	SURFACES EN VIGNES en 1888	PRODUCTION DU VIN en 1888	SURFACES EN VIGNES en 1880	PRODUCTION DU VIN en 1880
	Hectares	Hectares	Hectares	Hectares	Hectolitres	Hectares	Hectares	Hectolitres	Hectares	Hectolitres
Alpes-Maritimes	374.949			12.924	56.405	12.996	15.176	71.287	16.522	72.422
Var	603.590	399.742	59.243	90.327	1.002.000	46.040	68.808	329.740	49.328	287.640
Bouches-du-Rhône	512.991	299.995	24.291	45.760	458.700	13.908	18.720	996.035	7.907	74.461
Gard	591.108	327.758	63.875	90.582	2.011.485	20.422	38.245	1.465.310	18.120	293.078
Hérault	624.362	316.321	117.197	213.848	15.286.950	91.898	111.471	4.507.745	106.189	5.066.899
Aude	606.397	295.420	52.818	80.789	2.197.000	126.924	102.950	2.861.056	123.155	4.500.342
Pyrénées-Orientales	411.623	265.619	35.405	70.000	631.375	61.361	48.756	1.121.822	73.206	1.732.000
	3.725.020	1.904.864	352.829	604.230	21.643.915	373.549	399.126	11.352.995	394.427	12.026.848
Drôme	653.557	392.038	22.671	20.590	116.391	20.505	12.527	88.742	...	...
Ardèche	538.988	365.719	22.395	29.180	180.171	18.696	14.177	78.190	...	...
Vaucluse	317.377	181.660	26.697	32.000	397.000	10.249	15.837	168.315	...	...
Basses-Alpes	645.418	489.052	9.926	9.016	72.926	7.730	14.564	87.075	...	...
Hautes-Alpes	558.961	440.439	4.743	5.600	100.859	5.540	4.121	32.865	...	...
Aveyron	874.333	579.000	19.136	18.423	423.113	24.545	15.252	43.816	...	...
Tarn	574.216	273.900	29.298	38.970	268.085	49.686	27.901	100.047	...	...
Corse	874.745	771.705	11.584	...	...	...	...	...	...	...
	5.067.595	3.493.513	146.452	162.779	1.858.545	136.951	104.879	609.070	...	...

L'examen de ce Tableau prouve que la culture de la vigne n'a cessé de s'étendre et de se développer jusqu'en 1869[1], époque de l'irruption du Phylloxera dans nos vignobles, et même pendant les années suivantes, jusqu'en 1874. Il fait voir l'importance des sept départements riverains de la Méditerranée au point de vue des quantités de vin qu'ils produisent. En 1869, ils ont fourni à la consommation 21 millions et demi d'hectolitres sur les 71 millions récoltés dans la France entière. L'Hérault seul a fourni plus de 15 millions d'hectolitres, soit plus du cinquième de l'entière production française[2].

Tout est bien changé depuis cette époque; mais actuellement les chiffres de la production remontent rapidement, et tout fait prévoir que les départements méditerranéens reprendront prochainement le rang qu'ils avaient en 1869. Leurs vignobles couvraient alors plus de 600.000 hectares; ils s'étendent actuellement à plus de 400.000, mais ils souffrent cruellement de la crise provoquée sur les prix du vin par les traités de commerce de 1882, qui ont livré notre marché intérieur aux vins étrangers et aux piquettes de raisins secs. Si pareil état de choses devait se prolonger, et si l'on n'y remédiait pas, notre viticulture serait arrêtée dans sa reconstitution et retomberait dans l'état de souffrance contre lequel elle se débat depuis l'invasion phylloxérique.

INFLUENCE DU CLIMAT SUR LA VIGNE.

La vigne subit profondément l'influence du climat dans les produits qu'elle est susceptible de donner; elle la subit au contraire beaucoup moins dans les caractères essentiels qui constituent la manière d'être de chaque cépage. Ainsi certains d'entre eux, comme la Clairette blanche, le Piquepoul gris, le Terret noir, tirés du Midi et plantés depuis longues années dans la collection du Luxembourg, à Paris, m'ont fourni des sarments qui, plantés de nouveau dans le midi de la France, ont reproduit l'individu sans modifications. Le Comte Odart nous a envoyé de la Dorée, près de Tours, plusieurs cépages originairement tirés du Midi, et qui, plantés à Montpellier, ont reproduit tous leurs caractères avec une vigueur de végétation et une fertilité remarquables. L'Olivette de Cadenet, le Muscat Caminada, (Panse musquée d'Espagne) sont dans ce cas. Il en est de même des cépages de l'Espagne, de l'Italie, etc. On a donc pu conclure que, reproduites par segmentation des sarments, les variétés de vignes ou cépages propres à chaque contrée conservent leurs caractères et ne dégénèrent point. Le Comte Odart a soutenu cette opinion avec beaucoup de force; il a démontré qu'elle est fondée. Le botaniste espagnol, D. Simon Roxas Clemente, qui a longtemps observé les cépages de l'Andalousie, croyait aussi à la fixité de leurs propriétés, et il en a donné des preuves nombreuses. L'étude comparée de nombreuses variétés de vignes, jointe à une pratique journalière de la culture de la vigne, confirme pour nous cette opinion et nous la fait considérer comme une des bases sur lesquelles reposent, à la fois, la viticulture et l'œnologie. En présence de la stabilité des caractères de la plupart des variétés de vignes connues, les exemples de dégénérescence que présentent parfois certaines d'entre elles ne sont que des exceptions sur lesquelles on ne peut se fonder pour admettre le défaut de fixité des cépages cultivés.

La collection du Luxembourg, qui a servi de dépôt à une foule d'envois partis des points du globe les plus éloignés, a été un puissant et heureux moyen pour démontrer que chaque cépage conserve ses caractères, malgré les conditions nouvelles où le place une transplantation sous un ciel étranger. Ces caractères se développent en liberté quand le climat et le sol le permettent : le cépage peut se montrer alors avec tous ses avantages et dans son entier développement; dans le cas contraire, la vigne se borne à végéter selon le climat, le sol et l'exposition; elle y produit ce que permettent les nouvelles conditions où elle est placée, mais elle conserve néanmoins la faculté de reproduire ses caractères quand elle est replacée dans des conditions convenables.

Il importe donc de choisir pour chaque région les cépages qui s'y développent le mieux et qui donnent les meilleurs produits. L'expérience démontre que chaque contrée cultive, en quelque sorte, les siens. En France, ceux de la région méridionale, de la Gascogne, de la Bourgogne, diffèrent entre eux. Les cépages de la plupart des pays chauds et secs ne mûrissent pas leurs fruits dans les contrées plus

[1] En 1869, la culture de la vigne s'étendait, en France, à 2.296.206 hectares et la production du vin a été de 71.375.000 hectolitres.

En 1880	—	—	2.047.285	—	—	29.677.000	—
En 1888	—	—	1.843.850	—	—	30.102.000	—

9 Départements n'ont pas de vignes; ce sont : Calvados, Côtes-du-Nord, Finistère, Manche, Nord, Orne, Pas-de-Calais, Seine-Inférieure, Somme.

8 Départements en ont moins de 1.000 hectares (14 à 724 hect.); ce sont : Ardennes, Cantal, Creuse, Eure, Ille-et-Vilaine, Mayenne, Oise, Seine.

Pour l'Hérault, le point culminant de la plantation se trouve en 1874, ainsi qu'il suit :

1874. Surface en vignes : 220.491 hectares; Quantité de vin récolté : 13.075.312 hectolitres.

Pour l'Hérault, la production la plus faible du siècle a été en 1856, sous l'influence de l'Oïdium, ainsi qu'il suit : Surface en vignes : 136.027 hectares; Quantité de vin récolté : 1.045.518 hectolitres. La plus forte récolte a été de 15.286.950 hectolitres sur 213.848 hectares, en 1869.

[2] Parmi ces vins, sont des vins de liqueur et muscats des meilleurs crus connus, et des vins fins, comme ceux de Saint-Georges, Langlade, etc.

fraîches et plus arrosées, quoiqu'ils y végètent avec vigueur. Il en est de même dans les contrées placées à la limite de la culture de la vigne, comme la Champagne, la Lorraine, l'Alsace.

Les cépages de l'Orient, de la Grèce, de l'Italie, de l'Espagne, diffèrent entre eux pour la plupart. Ils diffèrent aussi des nôtres, quoique plusieurs des plus importants nous soient communs avec l'Espagne. Les variétés de vignes ou cépages se classent donc naturellement par régions, quoique certains d'entre eux se trouvent dans tous les vignobles où leurs fruits peuvent mûrir, comme la Panse musquée ou Muscat d'Espagne, Muscat romain, les Chasselas, etc.

Climat de la Région méditerranéenne. — Le climat de nos départements méditerranéens présente de grandes ressemblances d'une extrémité à l'autre de leur territoire, qui comprend un développement de 530 kilom. environ, de la frontière d'Espagne à celle d'Italie, entre Collioure et Nice. Sur ces deux points extrêmes, les hivers sont moins froids qu'au centre de la région, dans l'Hérault; les pluies y sont moins abondantes et les vents du nord moins violents. Ceux-ci acquièrent leur plus grande force dans la vallée du Rhône et dans les localités environnantes; ils règnent encore avec force à Nîmes et dans les plaines du Gardon, du Vistre, du Vidourle, dans la Camargue, où de vastes étendues ont été plantées en vignes; mais ils s'affaiblissent en approchant de l'Hérault, à Montpellier et à Béziers, quoiqu'ils restent encore dominants.

Dans l'Aude et les Pyrénées-Orientales, les vents les plus violents sont ceux du sud-ouest, l'ancien Cirsium des anciens.

La sécheresse et la chaleur d'été dominent dans toute cette région et la caractérisent. Dans son ensemble, son climat est le plus chaud des diverses parties de la France; néanmoins les pluies y sont relativement abondantes, mais inégalement réparties, de manière à présenter une période de sécheresse estivale qui dure ordinairement trois mois, du 15 juin au 15 septembre. Quand les pluies sont plus fréquentes, les excès d'humidité qui en sont la conséquence peuvent être très nuisibles à la viticulture, en multipliant dans les vignobles les maladies cryptogamiques, comme en 1856, en 1860, en 1888. Les pluies d'automne sont parfois précoces et très intenses. Quand elles tombent en septembre et en octobre, comme en 1857, 1862, 1871, 1875, les vendanges en souffrent alors beaucoup.

En regard des pluies surabondantes, on trouve des périodes de sécheresses désastreuses, comme celles de 1838 à 1839. Du 16 juin 1838 au 26 septembre 1839, la quantité de pluie tombée à Montpellier ne s'éleva qu'à 0m,268, tandis que la moyenne annuelle est de 0m,780. Des sécheresses analogues se sont produites en 1868 et 1878.

Les chaleurs règnent ordinairement pendant la période de sécheresse, du 15 juin au 15 septembre. Il est rare que leur maximum n'atteigne pas à l'ombre 30° centigrades pendant plusieurs jours consécutifs. Mais elles montent parfois beaucoup plus haut pendant d'assez longues périodes : ainsi, en 1859, le 5 juillet, à Montpellier, on a observé, à l'ombre et au nord, la température de 42°. La même année, en juillet et août, on a enregistré des séries de jours pendant lesquels la température des maxima variait de 32 à 37°.

En 1881, on a constaté, pendant deux jours, les maxima de 40 et 41°, et des séries supérieures à 35°.

Les hautes températures qui approchent de 40° sont heureusement rares, car elles fatiguent beaucoup les vignes et grillent un grand nombre de raisins.

La chaleur est tempérée pendant le jour par le vent de mer, qui, dans les périodes calmes, se lève vers 10 heures du matin et cesse à 5 heures après midi.

Pendant l'été et le printemps, le ciel est presque toujours serein, le soleil vif et ardent. Les vents secs de l'ouest, du nord-ouest et du nord y sont dominants; ils soufflent parfois avec violence. Dans la vallée du Rhône, où ils sont désignés sous le nom de *Mistral*, ils acquièrent même une intensité désastreuse.

Ces vents secs, combinés avec la chaleur de la saison, modèrent ou arrêtent la végétation, dessèchent les campagnes, les couvrent de poussière et donnent à cette partie du Midi ce caractère particulier que possèdent les climats chauds, dont le sol est desséché par le soleil et dont les campagnes paraissent toujours poudreuses. Nulle part les irrigations ne seraient plus nécessaires; mais elles font défaut, quoique les cours d'eau ne manquent pas, et que le plus grand de nos fleuves, le Rhône, perde inutilement dans la mer les masses d'eau et de limon par lesquelles on pourrait fertiliser le vaste littoral qui de la Camargue s'étend jusqu'à Béziers.

Quoique l'hiver soit ordinairement tempéré et que les gelées à glace soient rares à Nice, à Perpignan, en Corse, elles se produisent fréquemment sur les autres points de la région. Elles prennent parfois l'intensité de froids piquants et descendent à —5, —7, —10 et même —12° du thermomètre centigrade; mais ces abaissements de température sont de courte durée et se produisent le plus souvent pendant la nuit, par un ciel serein, sous l'influence du rayonnement nocturne. La température remonte ensuite sous l'influence du soleil, qui brille la journée et s'oppose à la pénétration du froid dans les plantes. La sécheresse habituelle du climat combat aussi très efficacement les effets du froid.

Dans les hivers longs et rigoureux, lorsque les froids se font sentir par des temps de neige et d'humidités prolongées, la vigne en souffre sensiblement. Les hivers de 1709, 1789, 1819, 1829, qui maltraitèrent si fort les oliviers, endommagèrent aussi beaucoup de vignobles.

Dans le cours du printemps, du 15 mars au 15 mai, les gelées blanches sont assez fréquentes et ravagent les vignes; leur récolte en est toujours très diminuée.

En résumé, notre région méridionale méditerranéenne possède un climat sec et chaud, excessif dans ses variations vers la chaleur, la sécheresse et l'humidité[1].

Le blé y atteint sa maturité du 6 au 25 juin.

La vigne y mûrit son fruit pour la vendange, selon certains cépages caractéristiques, aux époques suivantes : les Pinots, du 12 au 24 août; les Petits-Bouschets, du 22 au 30 août; les Aramons, du 5 au 25 septembre; les Terrets, du 25 septembre au 5 octobre.

[1] D'après Poitevin, les deux extrêmes du climat de Montpellier (que nous choisissons de préférence comme placé au centre de la région) sont entre 38°,5, observés le 30 juillet 1705 par le président Bon; et — 13°,5, le 11 janvier 1709, observés par le même.

Ces deux extrêmes ont été saisis dans un intervalle fort court.

Nous extrayons des observations de M. É. Roche, professeur à la Faculté des Sciences de Montpellier les chiffres suivants, qui s'appliquent aux six années 1857, 1858, 1859, 1860, 1861, 1862.

ANNÉE 1857. — La température moyenne de l'année, conclue du maximum et du minimum de tous les jours, a été de 14°,1.

La plus haute température observée, M, a été 36°,8 le 29 juillet, la plus basse m, — 4°,5 le 7 février.

Il y a eu dans l'année 32 jours de gelée. Le thermomètre est monté 32 fois au-dessus de 30°.

Pluie : 92 jours. Hauteur d'eau tombée : 1m,246.

ANNÉE 1858. — Température moyenne de l'année : 14°,55.

M = 37° le 19 juillet; m = — 6°,5 le 6 janvier.

Jours de gelée : 32. Thermomètre : 40 fois au-dessus de 30°.

Pluie : 77 jours. Hauteur d'eau tombée : 645 millimètres.

ANNÉE 1859. — Température moyenne de l'année : 15°,09.

M = 40° le 5 juillet; m = — 7° le 21 décembre.

Il y a eu dans l'année 28 jours de gelée. Le thermomètre a monté 50 fois au-dessus de 30°.

Pluie : 73 jours. Hauteur d'eau tombée : 506 millimètres.

ANNÉE 1860. — Température moyenne de l'année : 13°,35.

M = 34°,6 le 28 juin; m = — 6°,5 le 11 mars.

Jours de gelée : 27. Thermomètre : 17 fois au-dessus de 30°.

Pluie : 90 jours. Hauteur d'eau tombée : 1m,005.

ANNÉE 1861. — Température moyenne de l'année : 14°,9.

M = 35°,5 le 10 et le 14 août; m = — 4°,2 le 19 janvier.

Jours de gelée : 18. Thermomètre : 10 fois au-dessus de 30°.

Pluie : 68 jours. Hauteur d'eau tombée : 841 millimètres.

ANNÉE 1862. — Température moyenne de l'année : 15°.

M = 35°,5 le 21 juillet; m = — 7° le 19 janvier, le 10 et le 11 février.

Jours de gelée : 15. Thermomètre : 27 fois au-dessus de 30°.

Pluie : 86 jours. Hauteur d'eau tombée : 1m,299.

ANNÉES	NOMBRE DE JOURS			JOURS de PLUIE	PLUIE en millimètres	MOYENNE des Températures
	BEAUX	NUAGEUX	COUVERTS			
1857................	164	98	106	92	1.246	14.10
1858................	196	99	70	77	645	14.55
1859................	175	110	80	73	506	15.09
1860................	148	128	90	90	1.005	13.35
1861................	189	97	79	68	841	14.90
1862................	176	110	79	86	1.299	15.00
Moyenne............	174	107	84	81	924	14.50

A Paris, il y a annuellement en moyenne : 56 jours beaux, 139 nuageux, 170 couverts.

Les pluies prennent parfois un caractère torrentiel désastreux; en voici plusieurs exemples :

Le 12 mai 1861, il est tombé, à Montpellier, en 24 heures, 123 millimètres d'eau.

Le 11 octobre 1861, 62 millimètres en moins de 2 heures.

Le 11 octobre 1862, 220 millimètres de 7 heures du matin à 10 heures et demie, en 3 trois heures et demie. Cette pluie torrentielle a été la cause des plus graves désastres.

En 1875, les pluies du 9 au 13 septembre furent bien plus fortes, plus longues et plus désastreuses.

DU TERRAIN PROPRE A LA VIGNE. — DE LA SITUATION, DE L'EXPOSITION QUI LUI SONT FAVORABLES[1].

La vigne, favorisée par le climat, croît dans tous les terrains de la région méridionale; on peut dire qu'à la rigueur elle ne se refuse à végéter dans aucun d'eux. Ainsi, on la trouve dans les calcaires de tous les étages géologiques, dans les schistes, dans les débris granitiques, dans les sols volcaniques, dans les alluvions anciennes et modernes, dans les sables des plages, etc., etc.; partout elle y donne des produits, et ces produits peuvent être distingués. Ce fait d'ailleurs n'est point particulier à la région, et il paraît être général lorsqu'on considère l'ensemble de la culture de la vigne sur le globe; aussi M. de Gasparin a-t-il pu dire : «Après avoir passé en revue la nature du »sol d'un grand nombre de vignobles renommés, il est impossible de trouver une seule nature de terrain qui ne fournisse un exemple »d'un vin célèbre naissant à sa surface». (*Cours d'Agriculture*, tom. IV, pag. 638.)

L'examen du sol que recouvre la vigne dans la région méridionale, sous un climat des plus favorables à sa culture, ainsi qu'au développement et à la maturation de ses fruits, confirme cette assertion et offre de nombreux exemples à l'appui.

Les vignes des coteaux de l'Hermitage croissent sur des terrains granitiques; celles de Roquemaure, sur des débris volcaniques, celles de Saint-Gilles, dans un dépôt de cailloux roulés, mélangés de débris quartzeux, de sable et d'argile;

A Lamalgue, dans les schistes micacés;

A Lunel, les Muscats proviennent de sols argilo-calcaires caillouteux;

A Frontignan, des calcaires jurassiques de la petite chaîne de collines de la Gardiole;

A Maraussan et Cazouls, des terrains marneux, des dépôts tertiaires marins et des cailloux roulés, mélangés de sable et d'argile;

A Saint-Georges, la vigne est cultivée dans des calcaires siliceux et dans les dépôts de cailloux roulés;

A Marseillan, les vins blancs de Clairette, connus sous le nom de Picardan, et les Piquepouls sont cultivés, pour la plupart, dans des marnes tertiaires tantôt compactes, très argileuses, tantôt légères et maniables;

A Agde, dans un rayon de 3 à 4 kilomètres, les terrains de sable presque pur des plages sont plantés de Piquepouls gris; les terrains volcaniques du mont Saint-Loup d'Agde sont couverts de vignobles à cépages blancs et rouges; un peu plus bas, la vigne s'étend dans les riches alluvions de l'Hérault et jusqu'au bord des terres salées qu'on y rencontre.

Dans une foule de communes, on pourrait citer des vignes cultivées tantôt dans l'argile presque compacte, tantôt dans les terrains sableux les plus légers, tantôt dans les calcaires fendillés à peine recouverts de pierrailles et d'une légère couche de terre végétale.

Dans l'Aude et dans le Roussillon, on pourrait multiplier les exemples déjà cités, et conclure que les terrains de toute nature peuvent, à la rigueur, être cultivés en vigne, mais toutefois avec des chances de succès bien différentes.

C'est une des raisons qui expliquent pourquoi les vignobles pouvaient, avant l'invasion du Phylloxera, couvrir dans le midi de la France d'aussi vastes espaces. Il faut néanmoins reconnaître que ce sont les sols à base de calcaire plus ou moins mélangés d'éléments siliceux, argileux et ferrugineux qui se prêtent le mieux à la culture de la vigne.

Mais si l'on veut étudier les conditions dans lesquelles sont placés les terrains propres à être avantageusement cultivés en vignes, on reconnaîtra qu'à la nature du sol il faut joindre les considérations tirées de la situation et de l'exposition du terrain. Ces deux dernières conditions ont, comme la première, une importance spéciale et ne peuvent être séparées.

Situation des Terrains cultivés en Vignes. — En général, la vigne n'est point cultivée sur les hauts plateaux montagneux qui occupent une très grande surface dans la région[2]. Cela tient autant à leur élévation au-dessus du niveau de la mer qu'à leur situation; ils sont exposés aux vents les plus froids et souvent balayés par eux; non seulement les grandes gelées, mais encore les gelées blanches tardives, les brouillards du printemps, les orages de l'été, la grêle, les pluies de l'arrière-saison auxquels ils sont ordinairement plus sujets que les coteaux et les vallées ouvertes du côté de la mer, sont des obstacles qui diminuent considérablement les produits qu'on pourrait en obtenir. Ces produits sont en outre d'une qualité inférieure et ne supportent pas la comparaison avec ceux qu'on récolte dans les climats meilleurs.

La vraie place de la vigne, dans la région méridionale, est dans les vallées ouvertes qui, des montagnes, descendent vers la mer. Elle peut y occuper la vallée tout entière, sauf les terrains inférieurs trop exposés aux inondations, aux brouillards, et ceux où l'eau séjourne en

[1] Ce chapitre s'applique à la culture de la vigne américaine comme à celle de la V. vinifera, mais en tenant compte des aptitudes des porte-greffes américains qui végètent plus spécialement dans les sols siliceux, argilo-calcaires, bien égouttés.

[2] Le grand plateau du Larzac, au nord de Lodève, peut être pris pour exemple.

hiver; elle s'élève d'étage en étage, couvrant en entier les coteaux abaissés, les terrains vallonnés, et s'arrêtant, sur le flanc des montagnes, à des hauteurs variables selon l'exposition et la pente du sol[1]. S'il en est ainsi, c'est que la région est placée sous le climat de l'olivier, au milieu de la zone propre à la vigne, et non sur ses confins. Telle exposition froide, tel sol riche en plaine qui, dans les contrées situées près de la limite du climat de la vigne, ne pourrait lui convenir, comme en Champagne, en Bourgogne, au pied des Alpes, au nord de la vallée de la Loire, peut au contraire lui être favorable dans la région méridionale.

Si l'on a égard à ces conditions générales, qui limitent les surfaces susceptibles d'être utilement occupées par la vigne, on rentre, quant à la nature du sol, à sa situation et à son exposition, dans un autre ordre d'appréciation.

Sols ingrats pour la Vigne. — Les terrains de sables quand ils ne sont pas placés au-dessus de couches aquifères, les tufs compactes, les dépôts en couches minces sur des roches non fendillées, les couches d'argile tenace, sont les terrains les plus ingrats pour la vigne. Il faut y ajouter ceux où l'eau séjourne ou qui sont sujets aux brouillards et aux inondations, car la vigne redoute l'humidité trop persistante dans le sol et dans l'atmosphère.

Ces terrains présentent, les uns et les autres, les dispositions extrêmes les plus opposées. Ainsi, les sables trop secs n'offrent aucune consistance : la vigne y souffre du froid et y supporte mal les chaleurs; la floraison et la fructification s'y accomplissent imparfaitement. Sur le tuf, les conditions sont encore plus mauvaises : dans ces terrains, la vigne produit peu et dure peu.

Il en est de même dans les dépôts en couches minces, sur le roc compact.

Dans les couches d'argile tenace, la vigne se conduit encore plus mal lorsque le terrain est horizontal et ne peut être égoutté; il vaut mieux dans ce cas en abandonner la culture : continuellement mouillé en hiver, desséché et profondément crevassé en été, un pareil sol ne peut porter que des ceps chétifs exposés à tous les accidents atmosphériques qui produisent les gelées, la coulure, le charbon, la pourriture, etc.

Lorsque les argiles sont inclinées et qu'elles peuvent être ressuyées par le drainage, les conditions sont moins mauvaises. Les sols trop ingrats ne supportent une culture aussi coûteuse que celle de la vigne que dans certains cas exceptionnels; le plus souvent, il vaut mieux les aménager autrement, à moins qu'ils ne soient susceptibles d'améliorations au moyen d'amendements appropriés capables de modifier leur nature.

Sols d'Alluvions riches formées par les Rivières. — Les terrains des plaines d'alluvion à sol riche et profond, formés par les dépôts successifs des cours d'eau et dont le sous-sol est entretenu par eux dans un état de fraîcheur constant, sont ceux qui donnent les quantités de raisins les plus considérables lorsqu'ils sont plantés de cépages appropriés, tels que l'Aramon et le Terret-Bourret. Les exemples les plus complets de ces terrains se trouvent dans le Gard, aux environs de Nîmes, dans les plaines du Vistre; dans l'Hérault, aux environs de Lunel, sur les bords du Vidourle, le long de l'Hérault, dans les communes de Bessan, Florensac, Agde, Vias, etc., en suivant l'Orb, dans la commune de Villeneuve; dans l'Aude, sur les rives de l'Aude, dans les communes de Coursan, de Salles d'Aude, etc.

Lorsque l'année a été favorable (ce qui n'est pas fréquent pour ces terrains), et qu'ils ont été épargnés par les hivers froids, les gelées blanches, la coulure, les inondations du printemps et de l'automne, et par les invasions d'insectes, les vignes plantées en Aramon peuvent y donner des produits énormes. On en cite qui ont fait de 300 à 400 hectolitres de vin par hectare. Ce vin est, il est vrai, très léger, peu susceptible de conservation, et ne renferme pas plus de 6 à 6 1/2 pour cent d'alcool. Autrefois, il était destiné à la chaudière et donnait de bons alcools; mais aujourd'hui, lorsqu'il n'a contracté aucun mauvais goût, il entre dans les coupages au moyen desquels on parvient à faire des vins à bas prix.

Lorsque la production de ces vignes de plaine est plus modérée et que la saison a été favorable, le vin est meilleur; mais il n'acquiert jamais la qualité des vins de coteau, le cépage restant le même dans les deux cas. La quantité seule peut y être obtenue.

Ces terrains d'alluvions riches, à sous-sol frais, près des rivières, ont été tour à tour plantés et arrachés plusieurs fois dans une période de quarante ans environ. Ce fait s'est produit à des intervalles plus ou moins rapprochés, selon que les plaines dont il est ici question ont été plus souvent ravagées, et selon que le prix du vin a varié (cela suffit pour donner une idée de l'irrégularité de leur production).

Les années sèches, celles dont les périodes de sécheresse comprennent plusieurs saisons, et surtout le printemps et l'automne, sont

[1] La plupart sont comprises entre 4 mètres et 900 mètres au-dessus du niveau de la mer.

pour eux les plus favorables. Au contraire, les pluies persistantes leur sont fatales; si elles ne les inondent pas, elles ramollissent le sol, empêchent de pénétrer dans la vigne et provoquent la pourriture du raisin. La récolte est alors perdue presque en entier, sinon en totalité. D'un autre côté, comme ces terrains sont très propres à la production de la luzerne et y donnent de riches produits, c'est en luzernières que l'on convertit ceux dont les vignes sont arrachées.

Les considérations qui précèdent s'appliquaient à la culture des plaines d'alluvions submersibles à fonds frais, avant l'invasion du Phylloxera; mais depuis que ces plaines ont pu être soumises à la submersion ou irriguées, et être couvertes de vignes directement plantées des meilleures variétés de V. vinifera, sans passer par l'opération de la greffe, elles ont acquis une importance spéciale. Leurs produits ont été fort améliorés par une vinification plus soignée et par un meilleur choix de cépages. Ces terrains ont généralement acquis une haute valeur.

Sols des Plaines sans Rivières. — Au-dessus des plaines d'alluvions formées par les rivières, on rencontre des terrains dont la situation n'est pas encore celle des coteaux, mais qui forment la transition entre eux et les alluvions récentes. Ils se trouvent entre la mer et les premiers escarpements des montagnes, recouvrant des plaines plus ou moins inclinées ou ondulées, dont le sol est à l'abri des eaux, et qui présente cependant assez de profondeur pour promettre une végétation vigoureuse. Le plus souvent, dans le Gard, l'Hérault, l'Aude et sur tout notre littoral, ces terrains appartiennent aux couches supérieures des terrains tertiaires et sont formés par les dépôts du terrain subalpin, ou par des dépôts d'alluvions quaternaires mélangés plus ou moins de cailloux roulés et ferrugineux pour la plupart.

On y rencontre des terres de tout genre, franches, fortes ou légères, selon que l'argile y domine plus ou moins. Elles sont la plupart calcaires, le plus souvent mélangées de silice en quantités variables; leur sous-sol est lui-même très sujet à changer, tantôt formé par des argiles, des marnes plus ou moins compactes, des sables et des graviers, etc.; il est alors plus ou moins perméable et communique aux terres dont il est recouvert des propriétés particulières, bien connues des agriculteurs.

Ce sont les terrains de ce genre, désignés vulgairement dans l'Hérault sous le nom de *terres de Souberque*, qui formaient la majeure partie des vignes à produit riche et régulier, et qui fournissaient les grandes quantités de vins que la région a expédiés au dehors depuis quelques années. Il faut leur joindre encore les dépôts nombreux de cailloux roulés dont certaines plaines sont couvertes, dépôts qu'on retrouve aussi sur les coteaux, et qui produisent des vins de haute qualité.

Les terrains de ces plaines élevées, à sol assez profond, susceptible de défoncement en terre franche bien ressuyée, sont ceux qui donnent les produits moyens les plus forts, quoiqu'ils n'atteignent pas les cas de fécondité extraordinaire des alluvions de plaine. Les produits de ces terrains varient de qualité selon leur abondance et les propriétés du sol. Ils se confondent tantôt avec les meilleurs vins de plaine, tantôt avec ceux de coteau, qu'on nomme aussi *vins de Montagne, vins de Garrigue*. On y trouve des vins noirs et corsés, dont ceux de Villeveyrac et de Cers étaient les types dans l'Hérault, ceux de Narbonne dans l'Aude, ceux de Saint-Gilles dans le Gard; des vins plus fins, vifs et de belle coloration, propres à être consommés en nature, et des vins d'Aramon d'une jolie couleur, d'un rouge brillant, nets et francs, dont les vins de Gigean, de Cournonterral, Fabrègues, Pignan, Lavérune, près de Cette et de Montpellier, sont un exemple. Dans les terrains de cette nature et dans les dépôts de cailloux roulés, on trouve des vins fins de qualité supérieure, comme ceux de Saint-Georges et de Langlade.

Généralement les terrains argileux[1] fortement colorés d'oxyde de fer donnent des vins plus riches en couleur et plus fermes.

Les terrains remaniés, lorsqu'ils sont formés de terre substantielle et de pierrailles à sous-sol de marne perméable, sont les plus fertiles et leurs produits sont en même temps de bonne qualité. C'est le terrain dans lequel se plaît plus particulièrement l'Aramon, donnant à la fois la quantité et une qualité de vin moyenne, de bonne conservation et très propre à la grande consommation courante.

Les sols où la silice est mêlée au calcaire donnent des vins moins colorés, mais plus fins et plus susceptibles de bouquet. Ces propriétés se dessinent plus nettement lorsque les cailloux roulés s'y rencontrent. Les vignobles de Saint-Georges et de Langlade en sont un exemple.

Les terrains de plaine ne produisent guère de vins blancs distingués parce qu'ils sont ordinairement plantés de Terrets-Bourrets, cépage dont le produit est plus ou moins bon selon les années, mais qui n'atteint jamais la distinction des Piquepouls, des Clairettes, des

[1] Les terrains argileux qui sont formés par la désagrégation de roches feldspathiques contiennent naturellement plus de potasse que les autres. Le feldspath est un minéral alumineux à base de potasse, de soude, de chaux, etc. La potasse qu'il renferme se retrouve dans les argiles et donne à la végétation de la vigne beaucoup de vigueur et de force. Les terrains purement calcaires ou siliceux manquent d'éléments potassiques et ne donnent jamais des produits aussi abondants. Le mélange des éléments argileux et calcaires qu'on trouve dans certains sols et sous-sols est une des conditions les meilleures pour assurer la durée de la vigne et l'abondance de ses produits.

Picardons, Malvoisies, etc. Ce sont d'ailleurs les parties de ces plaines les plus basses et les plus sujettes aux gelées qu'on plante ainsi en Terret-Bourret, et la qualité du vin en est encore diminuée. Ces vins de Terret gris, sauf quelques liquides de choix, étaient envoyés à la chaudière; ils produisaient d'excellents alcools, et mieux encore des eaux-de-vie de grande qualité.

De tous les terrains cultivés en vigne, ceux des plaines élevées sont les plus susceptibles d'amélioration, soit par défoncements, soit par drainages, amendements, fumures et culture soignée. La vigne y acquiert généralement une magnifique végétation et y résiste bien aux chaleurs de l'été.

Terrains de Coteaux ou de Garrigues. — Au-dessus des plaines, à l'abri des inondations, s'élèvent les coteaux; ils s'étagent sur le flanc des montagnes, ou forment en entier des ondulations fortement accusées. Ce sont généralement des terrains maigres, peu profonds, plus ou moins inclinés; il y en a de toute nature. Celui qu'on désigne plus particulièrement sous le nom de *Garrigues* est formé d'une légère couche de terre végétale, mêlée de pierrailles, déposée sur des calcaires profondément fissurés. Il occupe d'immenses surfaces dans la région et forme les pâturages des troupeaux de bêtes à laine[1].

Dans les parties qui conviennent le mieux à la vigne, il est naturellement recouvert de cystes, de genêts épineux, quelquefois de bruyères, de chênes verts et de petits chênes kermès (*quercus coccifera*), à feuilles piquantes. Ces derniers s'étendent sur le sol en broussailles épaisses, et sont de beaucoup les plus nombreux. Comme on les désigne, en languedocien, sous le nom de *Garrouya*, ils ont donné leur nom au terrain dans lequel ils croissent. Chaque année, on défriche des lambeaux de garrigue, et on les plante; cette opération est très coûteuse, et, comme les meilleures garrigues ont déjà été défrichées, la transformation de ce qui reste est très lente.

D'ailleurs, la production de pareils sols est ordinairement peu abondante. On en tire cependant d'excellents vins; mais, comme leur prix, comparativement à celui des vins de plaine, n'est point en proportion de leur qualité, on en obtient des profits beaucoup moindres.

Les garrigues sont formées quelquefois par des couches de marne sableuse très maigre; leurs produits sont alors généralement moindres que dans les calcaires fissurés, mais leur défrichement est beaucoup plus facile.

Ces marnes sont susceptibles de fournir des vins blancs très distingués, doux ou secs; des muscats et des grenaches dont la qualité, dans les bonnes années, égale celle des vins d'Espagne.

On trouve aussi des garrigues couvertes de cailloux roulés, tantôt calcaires, tantôt mélangés de quartz et de silice. Ces terrains, souvent désignés dans le pays sous le nom de *Grès*, donnent aussi des produits de qualité. Les coteaux plantés de cépages à raisins très colorés fournissent les vins les plus foncés, que le commerce recherche avec empressement pour le coupage des vins inférieurs.

Les terrains lacustres de la période tertiaire occupent, aux environs de Montpellier, des surfaces considérables dans les communes de Saint-Gély du Fesc, les Matelles, Teyran, Assas, etc., et forment, pour la plupart, des coteaux dont les vins, corsés et d'une belle couleur, sont justement estimés; ces coteaux sont généralement très pierreux et mêlés de marne argileuse.

La plupart des sols de garrigue sont des terrains chauds dont les récoltes sont plus précoces que celles de la plaine; ceux qui reposent sur le roc fendillé sont toujours parfaitement ressuyés et présentent ce caractère de précocité au degré le plus élevé; les autres viennent ensuite, selon l'état de perméabilité de leur sous-sol.

Les vignobles en coteaux occupent dans la région méridionale une place très considérable, probablement la plus grande en surface, et ils sont d'autant plus intéressants qu'ils pourraient difficilement être cultivés autrement qu'en vignes. Comme situation, leur place est généralement la meilleure dans les parties du sol qui forment la naissance ou le pied des collines; ils y sont à l'abri des humidités de la plaine, des gelées blanches, et y reçoivent une chaleur réfléchie plus considérable que partout ailleurs. Lorsqu'ils s'élèvent à des niveaux trop hauts, leur situation est moins bonne, et leurs produits diminuent tout à la fois en quantité et en qualité.

Les vins les plus distingués parmi ceux de la région appartiennent à peu près tous aux vignes des coteaux. Si les tendances du commerce et de la consommation encourageaient davantage la production des vins de qualité, la culture des coteaux s'en ressentirait avantageusement, et on pourrait en tirer beaucoup plus de vins fins de tous genres qu'on ne le fait aujourd'hui. Il faudrait pour cela apporter plus de soin à l'entretien de ces terrains, leur donner des façons plus fréquentes, en réformer les cépages vicieux et veiller à la fabrication du vin avec la plus grande attention. Cela serait d'autant plus nécessaire que leur sol est plus pauvre; dans ce cas, une culture intelligente peut seule racheter le défaut de fertilité naturelle. On peut obtenir de grands résultats dans cette voie lorsque le terrain et le cépage peuvent assez bien s'allier pour donner des produits perfectionnés. Le Médoc en est un brillant exemple; des terrains naturellement stériles y ont acquis aujourd'hui, grâce à leurs vins, la plus haute valeur.

[1] Les garrigues se trouvent principalement dans les formations du terrain jurassique et de la craie.

Pour le moment, tous les efforts sont plus particulièrement dirigés vers la production des vins communs de consommation courante, dont les débouchés sont plus faciles, et qui forment la base de la consommation populaire; les produits des coteaux servent, pour la plupart, à améliorer les crûs inférieurs, en attendant le jour où on les recherchera pour leurs qualités propres.

Dans cet examen des terrains de divers genres occupés par la vigne, il n'a pas été question de ceux qui donnent aux vins des goûts de terroir particuliers, que tantôt on recherche, tantôt on repousse; la plus grande obscurité règne encore sur les causes qui peuvent engendrer ces particularités. Il faut, jusqu'à présent, se borner à les constater afin d'en éviter, autant que possible, les inconvénients.

Les goûts de terroir désagréables sont beaucoup plus fréquents dans les vins rouges que dans les vins blancs. Les terrains forts, très argileux, sont plus sujets à les produire que les terrains plus calcaires et siliceux. Tel terrain argileux qui produit des vins rouges fatigants par leur mauvais goût donne lieu à des vins blancs de haute qualité[1].

Les sols siliceux donnent des produits qui possèdent généralement plus de finesse que ceux des terrains forts, et sont moins sujets aux goûts de terroir désagréables; mais, généralement aussi, leurs vins sont moins colorés et moins fermes.

Les calcaires, selon qu'ils sont plus ou moins mêlés d'argile ou de silice, participent des propriétés des terrains argileux ou siliceux.

Les sous-sols influent aussi considérablement sur le goût propre des vins de chaque terrain, et, comme la vigne y pénètre profondément, il est difficile de modifier par des amendements ces dispositions des produits.

D'ailleurs, on peut y arriver autrement, soit par le choix des cépages, soit par les procédés de vinification, et il en sera question plus loin.

Exposition. — L'exposition des terrains destinés à la vigne exerce certainement son influence sur la nature des produits; mais elle est si variée et se trouve liée à tant d'autres conditions auxquelles le vignoble se trouve assujetti, qu'on voit les vignes prospérer et donner des vins remarquables, à toutes les expositions. Celle du Midi est généralement indiquée par les auteurs comme préférable, parce qu'elle est plus longtemps frappée par les rayons du soleil; mais cette raison, qui peut avoir de la valeur dans les vignobles du Nord, à la limite de la culture de la vigne, en a beaucoup moins dans la région méridionale[2], où le climat est si chaud que les vignes ont souvent à souffrir des ardeurs du soleil, et que leurs fruits mûrissent toujours complètement chaque année, quelles que soient les variétés cultivées.

L'exposition au Nord présenterait alors des avantages incontestables contre les étés trop chauds, pendant lesquels les raisins sont grillés par les coups de soleil; elle a de plus l'avantage de permettre au vent du nord d'exercer plus facilement son influence favorable sur le vignoble.

Cette opinion, émise d'abord par Columelle, est confirmée par Olivier de Serres; l'un et l'autre écrivaient dans la région méridionale, où la vigne jouit à profusion de chaleur et de lumière, et nous la croyons parfaitement fondée. Nous n'avons pas observé que les vignes exposées au Nord eussent à souffrir plus que les autres des grandes gelées de l'hiver; comme elles poussent plus tard au printemps, elles sont moins sujettes aux gelées blanches, et, en outre, elles reçoivent plus directement l'impression des vents secs, qui en chassent et les brouillards et l'humidité. Elles ont moins à souffrir des coups de vent marin, qui peuvent exercer sur elles l'influence la plus fâcheuse à l'époque de leur première végétation. Cette action des forts vents de mer a été observée à diverses reprises, et notamment en 1854; le 22 avril, après une journée de vent marin très violent, la plupart des pousses tendres des arbres et celles des vignes furent détruites; dans les terrains abrités du vent marin, le mal fut beaucoup moins grand.

D'un autre côté, l'exposition au Midi augmente la précocité des récoltes et permet de vendanger plus tôt; c'est une considération importante. Il est vrai qu'elle est souvent bien compensée par la nature du sol, et que les terrains brûlants, situés au Nord, mûrissent leurs fruits beaucoup plus tôt que les terrains frais exposés au Midi.

Cette série de considérations prouve que si l'exposition exerce quelque influence sur la vigne, cette influence est bien moindre que celle de la situation et du terrain. Dans la plaine, elle est moindre encore et disparaît pour ainsi dire. Les plaines ouvertes, assez hautes pour être à l'abri des eaux, et dans lesquelles l'air circule librement sans être gêné par des rideaux d'arbres ou d'autres obstacles, sont dans d'excellentes conditions; elles peuvent produire, si le sol le permet, des vins de la plus haute qualité. Le Médoc en est un exemple célèbre.

[1] J'ai eu l'occasion d'observer fréquemment ce fait dans les vignes que j'ai cultivées sur les bords de l'étang de Thau.

[2] Le comte Odart cite, en Champagne, les vignobles des côtes d'Épernay, de Mailly, de Chigny, de Rilly, qui sont au Nord, et cependant supérieurs à ceux de Saint-Thierry et autres vignobles voisins exposés au Midi; quelques coteaux du Rhin des mieux famés, plusieurs coteaux de Saumur et d'Angers; aux environs de Tours, les coteaux de Joué et de Saint-Avertin (*Manuel du vigneron*, pag. 60).

CHAPITRE II

DES CÉPAGES CULTIVÉS DANS LA RÉGION MÉDITERRANÉENNE DE LA FRANCE.

La vigne d'Europe, ou plutôt la vigne de l'ancien continent, la *Vitis vinifera* de Linné, tout en conservant les mêmes caractères botaniques, présente à tous ses états, sauvage ou cultivé, une foule de variétés. Il en est ainsi depuis une haute antiquité, puisque Virgile, avec le style imagé des poètes, compare leur nombre à celui *des grains de sable que le zéphyr agite dans la mer de Lybie.*

Nos viticulteurs modernes donnent à ces variétés le nom de *Cépages*, qui n'a pour eux d'autre signification que celle des différences de forme qui distinguent entre elles les vignes cultivées. Le même nom de *Cépage* peut être étendu aux diverses espèces de vignes ainsi qu'à leurs formes hybridées, le mot *Cépage* ne servant alors qu'à désigner une différence dans la forme des diverses parties de la vigne, sans étendre sa signification aux distinctions que les botanistes ont établies entre les espèces et les variétés, les premières se reproduisant par graines, et les secondes ne représentant qu'une variation de la plante, qui n'est point fixée d'une manière définitive au moyen de la reproduction par la graine.

Les végétaux assujettis depuis longtemps par l'homme à la culture, et soustraits par lui aux influences de la nature sauvage, présentent de profondes modifications dans leur forme, leur vigueur, leur fructification, et donnent lieu à de nombreuses variétés qu'on fixe et qu'on reproduit à volonté, soit par la greffe, soit par segmentation. Nos arbres à fruits : poiriers, pommiers, cerisiers, pêchers, pruniers, amandiers, oliviers, etc., en fournissent les preuves; mais parmi eux aucun n'a donné lieu à des variations aussi nombreuses et aussi grandes que la vigne.

Les dissemblances sont telles à cet égard que, parmi les botanistes qui ont traité cette question, Don Simon-Roxas Clemente, auteur justement estimé, d'un *Essai sur les variétés de vignes qui végètent en Andalousie* (1814), ne croyait pas que les divers cépages qui sont cultivés en Europe soient une simple variété d'une même et unique espèce[1]. Il est regrettable que Don Simon-Roxas Clemente, « le plus savant botaniste espagnol vers la fin du siècle dernier », d'après le comte Odart, n'ait pas indiqué les différentes espèces de vignes desquelles dérivent les variétés cultivées en Europe, et qu'il n'ait pas donné la filiation de quelques-unes de ces variétés.

L'opinion de Don Simon-Roxas Clemente pourrait cependant être fondée, selon ce qu'il faut entendre par le mot espèce, car nous voyons dans notre région méditerranéenne française des arbres qui n'ont jamais été cultivés, que nous sachions, former des variations distinctes qui se reproduisent de semence, sans qu'on en ait fait des espèces distinctes. Le chêne vert (*Quercus Ilex*), qui couvre des surfaces considérables et qui forme des bois dans les terrains incultes de la région, en est un exemple. Ce bel arbre, dont la longévité est si grande, présente en effet des individus qui diffèrent par le développement de leurs feuilles, par la grosseur et la forme de leurs fruits, ainsi que par les dimensions qu'ils peuvent atteindre. J'en possède ainsi plusieurs à Launac, dans un bois très ancien[2]; leurs troncs indiquent des arbres séculaires. Dans la garrigue[3], on en trouve des spécimens plus jeunes, ainsi que des arbres dont la force est variable. Cependant tous ces chênes sont venus de graines.

[1] « Les botanistes ont établi, en principe, que les divers cépages qui se cultivent en Europe sont une simple variété d'une même et unique espèce.......... « mais il est facile de démontrer que leur décision gratuite à cet égard est erronée et qu'elle porte sur un objet dont ils n'ont point la moindre notion. » (*Essai sur les variétés de vignes*, pag. 171).

« Je crois en avoir assez dit pour qu'on puisse se former une idée du peu d'étendue des connaissances des botanistes sur les espèces et variétés de la vigne, et « sur l'impossibilité de les distinguer les unes des autres par les notions de la science acquise jusqu'à présent.

« Les agronomes lèvent communément la difficulté, en ne faisant aucune distinction entre les espèces et les variétés; pour eux, les deux mots ont la même « signification que celui de sorte de vigne; ils bornent leurs efforts à choisir les ceps qui donnent constamment et beaucoup de bons fruits, qu'ils soient ou non des « variétés des espèces qui en donnent peu ou de mauvais. Ils ne peuvent pas concevoir qu'une si nombreuse quantité de cépages qui persistent inaltérables à leur « vue sans se confondre jamais, pas même à leur état d'abâtardissement, puissent venir d'un même type, quand ils les ont reçus de leurs ancêtres avec la même « physionomie, sans jamais leur avoir entendu dire qu'ils fussent variables, sans avoir jamais aperçu les changements et anéantissements que les botanistes suppo- « sent d'après une hypothèse vague et adoptée sans examen. » (Don Simon-Roxas Clemente; *loc. cit.*, pag. 178-180 de l'édition de 1814, traduction par L. M. C.)

[2] Ce bois est indiqué comme vieux bois sur les cartes de Cassini du XVIIIe siècle.

[3] On désigne sous le nom de *Garrigues* les landes ou terres incultes plus ou moins rocheuses qui couvrent de très grandes surfaces dans la région méditerranéenne de la France. Elles servent de pâturages aux troupeaux de bêtes à laine et s'étendent principalement sur les montagnes et les collines. On défriche continuellement des parcelles de garrigues pour les planter en vignes quand la viticulture est prospère. On y récolte les vins dits « de Montagne », qui sont justement estimés et qu'on classe parmi les meilleurs de la région. Les garrigues sont couvertes çà et là de nombreux bois de chênes verts, de chênes bâtards (*Quercus coccifera*), qui ne croissent qu'à l'état de broussailles et sont désignés, en languedocien, sous le nom de *Garrouye*, d'où vient celui de garrigues. On y trouve, à l'état sauvage, la vigne, l'olivier, le figuier, le laurier, le poirier, etc. Le thym, la lavande, le romarin, l'asphodèle, couvrent les garrigues du littoral; les buis y croissent en abondance sur les calcaires montagneux. La garrigue joue un rôle important dans la viticulture méridionale pour la production des vins de qualité, mais elle est avare de ses produits, et sa culture est très coûteuse.

Il serait possible que, parmi les Lambrusques (Vignes sauvages), si communes dans nos bois et le long de nos cours d'eau, il y eût de vraies espèces de vignes, différant les unes des autres par leurs caractères principaux et se reproduisant de graines comme les espèces américaines, mais personne n'a signalé ces espèces. J'ai autrefois recherché les Lambrusques ou vignes sauvages des garrigues de la Gardiole et du bois de Valène, dans les communes de Fabrègues, Murles, Saint-Gély, Combaillaux, près Montpellier; ces vignes, venues de graines, paraissaient très anciennes quoique recépées chaque fois qu'on coupait les bois où elles croissaient. Elles ne nous ont pas fourni des spécimens suffisants pour établir entre elles des espèces distinctes. Nous avons trouvé parmi elles, comme parmi les types cultivés, des sujets à raisins noirs, à raisins roses, à raisins blancs, à feuilles plus ou moins grandes, tantôt pleines, tantôt laciniées, tantôt lisses sur les deux faces ou plus ou moins tomenteuses, et à lobes et dentures variables; on trouve aussi des individus infertiles dont toutes les fleurs avortent. Les semis de pépins des vignes sauvages ne nous ont pas donné des sujets doués de caractères constants. Depuis que le Phylloxera a détruit nos vignobles, beaucoup des Lambrusques de nos bois ont succombé et ont péri comme nos cépages cultivés. Les Lambrusques ont mieux résisté le long des cours d'eau et dans les terrains vagues submersibles; elles y croissent encore en grand nombre. Leur étude, dans les diverses contrées de l'ancien continent où végète la vigne, mériterait d'être reprise au point de vue de leur reproduction par graines et des espèces qu'elles peuvent fournir.

Il y a de tels écarts entre les variétés cultivées, pour la grosseur et la forme des fruits, ainsi que pour la force des ceps, la conformation des feuilles, depuis les fins Pinots de la Bourgogne jusqu'aux gros Bobals espagnols, aux Augibi, aux Clairettes, aux Aramons du Languedoc, aux Panses musquées, aux Olivettes, qu'on peut bien supposer ou même admettre, pour réaliser de telles différences, une autre action que celle de simples modifications variables; mais il faut démontrer et saisir cette action afin de la mettre en évidence.

D'autre part, le sol, le climat, la culture, exercent sur la vigne des influences diverses qui la font varier d'aspect sans en changer l'espèce. Il en est de même de la reproduction de la vigne par semis, de ses hybridations de cépage à cépage, de ses modifications spontanées, de sa multiplication par segmentation ou par la greffe, qui concourent à donner à un même individu des formes très variées. Aussi, avant d'admettre plusieurs espèces de *Vitis vinifera* se reproduisant exactement par semis, faut-il démontrer que ces espèces existent réellement, et les suivre dans leurs transformations pour obtenir nos cépages cultivés. Or, cette preuve n'est pas faite. C'est la conclusion à laquelle j'ai cru devoir m'arrêter après avoir cultivé longtemps, en collection, les vignes en apparence les plus disparates et après en avoir semé un grand nombre. Jusqu'à preuve contraire, je me rallierai donc à l'opinion que nos cépages cultivés peuvent provenir d'une seule espèce, comme l'ont admis la plupart des botanistes. Une des raisons qui me conduisent à adopter cette conclusion est la similitude des pépins fournis par les variétés les plus dissemblables, en apparence, de la *Vitis vinifera*. Nos Carignanes, nos Aramons, nos Spirans, nos Panses, nos Muscats, nos Clairettes, nos Piquepouls, nos Cinsauts, nos Espars, présentent dans leurs pépins une conformation pareille. On sait qu'il n'en est pas de même des espèces de la vigne américaine. Les graines de chacune d'elles ont une conformation qui leur est propre.

Le comte Odart, tout en paraissant pencher pour l'opinion de Don Simon-Roxas Clemente, a évité de se prononcer, et il n'a admis comme classification des cépages de son *Ampélographie universelle* que la division par régions et par groupes ou tribus. Au fond, cette solution donnerait raison aux botanistes, et c'est celle que nous adopterons.

Dans l'état actuel de la science et de la pratique, on ne sait quelle base méthodique adopter pour la classification des cépages cultivés. Les caractères de la feuille, ceux de la couleur des fruits, proposés par divers auteurs sont insuffisants et ont été abandonnés. On voit en effet des cépages, comme l'Aramon, porter à la fois des feuilles glabres sur les deux faces, et tomenteuses ou pubescentes sur leur revers, presque pleines sur les sarments principaux et profondément découpées, presque laciniées sur les sarments adventifs de la base du tronc. Quant à la couleur des raisins, on voit des tribus, comme celles des Terrets, des Piquepouls, etc., dont les fruits passent spontanément, sur le même cep, sur le même sarment et souvent sur la même grappe, du noir au rose et au blanc. Une classification des cépages cultivés, basée sur des caractères aussi variables, ne paraît donc guère admissible et ne permet pas, dans la pratique, de reconnaître et de déterminer suffisamment leurs variétés.

La classification par groupes ou tribus, pour chaque grande région, me paraît être encore la plus rationnelle et la plus conforme aux notions acquises en viticulture.

Chaque région possède en effet, au milieu de plusieurs autres, des cépages caractéristiques, différents pour chacune d'elles.

Ainsi en France, dans la Gironde, ce sont les *Carmenets* ou Carbenets ou Cabernets, les Sauvignons, le Merlot, le Verdot, etc. Les Folles, blanches et noires, dans les Charentes; les Pinots dans la Bourgogne, la Champagne et dans la région du Nord, avec leurs nombreuses variétés noires, grises et blanches; les Gamais, si nombreux dans la Bourgogne, le Beaujolais et le Centre; la Syrrah à l'Hermitage et dans les Côtes du Rhône; la Carignane, le Grenache, le Mourvèdre ou Mataro ou Espar, l'Aramon ou Uni noir, les Terrets, les Œillades, les Piquepouls, les Clairettes, les Muscats, etc., pour la Région méridionale. Certains raisins de table, comme le Chasselas et ses nombreuses variétés, se rencontrent en quelque sorte partout, mais d'autres raisins de table caractérisent plus particulièrement divers vignobles; le Jouannen dans le Comtat et quelques parties de la Provence; le Tibouren à Toulon et dans la Provence; le Brachet à Nice; le Spiran ou Riveyrenc, les Terrets, le Cinsaut, l'Œillade, dans l'Hérault et l'Aude; le San Antoni dans le Roussillon, etc. La plupart des cépages les plus répandus dans la région méridionale, comme les Carignanes, les Mourvèdres, les Aramons, les Clairettes, les T. les Spirans, etc., ne mûrissent pas leurs fruits dans la Gironde, le Centre, la Bourgogne.

S'il faut admettre, ainsi que le démontre l'expérience, que les cépages se transmettent de siècle en siècle aux viticulteurs avec le propriétés qui les caractérisent, et que ces propriétés ne changent pas, on sait que cette particularité tient au mode de multiplication de la vigne par segmentation et à la sélection continuelle qu'on fait des sarments pour conserver au cépage tous ses caractères.

La multiplication de la vigne, si elle se faisait par semis, jetterait les plantations dans la plus grande confusion, car les pépins de notre *V. vinifera* ne reproduisent pas exactement le cépage sur lequel ils ont été recueillis. J'ai toujours observé, dans les semis de nos divers cépages, deux tendances qui caractérisent ce moyen de reproduction de la vigne : la première est une sorte de ressemblance avec la variété dont on sème la graine; la seconde, le défaut d'identité des individus provenus de semis et même des écarts très considérables du type producteur. Ainsi, des pépins d'Aramon recueillis dans une vigne exclusivement plantée d'Aramon donnent de jeunes sujets dont la plupart ont les allures de la souche-mère, mais ne sont pas identiques avec elle, comme on l'observe quand on la reproduit par segmentation des sarments. On obtient par le semis toute une collection d'individus qui sont des Aramons variés, et au milieu d'eux de nombreux individus s'écartant franchement du type Aramon. Les semis de Chasselas donnent lieu aux mêmes particularités, et ainsi de suite pour nombre de cépages.

A ce point de vue, la multitude des variétés qu'on peut obtenir des semis de vignes est en quelque sorte infinie. On peut faire varier les types en les hybridant entre eux, et donner lieu à des séries de variations aussi nombreuses qu'on le voudra.

A ces variations par semis, si l'on ajoute celles qui se produisent spontanément sur les vignes cultivées, et qui en modifient, tantôt les sarments, tantôt les feuilles, tantôt les fruits, modifications qui se conservent en bouturant ou en greffant les sarments sur lesquels elles ont été observées, on reconnaîtra que, théoriquement, l'opinion de Virgile sur le nombre possible des cépages est fondée et que ce nombre pourrait être infini. Mais lorsqu'une vigne ou cépage présente des propriétés qui la font remarquer, soit par sa fertilité, soit par la supériorité de ses fruits, soit par sa résistance aux intempéries, soit par son adaptation aux terrains les plus favorables à la viticulture, tous les efforts du vigneron tendent à lui conserver les caractères distinctifs qui la rendent préférable aux autres variétés. Il y parvient facilement au moyen de la multiplication par segmentation, par la greffe et la sélection des sarments. C'est ainsi que, selon le but qu'on se propose, suivant que les raisins sont destinés à la table ou à la cuve, chaque contrée viticole a multiplié d'abord, et ensuite a limité le nombre des cépages et n'a conservé que ceux dont la culture lui a paru la plus avantageuse.

Théoriquement, si les variétés de la *V. vinifera* peuvent être en nombre infini, elles se limitent d'elles-mêmes dans la pratique, les meilleures faisant abandonner les moins bonnes[1].

Une des difficultés à surmonter dans la connaissance des cépages a été d'en établir la synonymie. On peut dire qu'elle est aujourd'hui à peu près résolue, au moins en ce qui concerne les cépages de la région méridionale de la France, quoiqu'elle soit, pour le nombre des variétés cultivées, la plus riche des régions viticoles.

Depuis l'abbé Rozier, Chaptal et Bosc, l'étude des cépages a établi non seulement les conditions de leur fixité, mais l'identité d'un grand nombre des meilleurs, cultivés sur notre littoral méditerranéen sous des noms différents.

Nous trouvons la preuve de la fixité des cépages et de leurs caractères dans la conservation, sous les mêmes noms, de ceux qu'ont cités Olivier de Serres dans son *Théâtre d'Agriculture*, il y a trois siècles ; dans ceux que mentionne le botaniste Magnol dans son *Botanicum Monspeliense* (1686), art. *Vitis*, pag. 279, il y a deux siècles; dans l'*Histoire des plantes qui naissent aux environs d'Aix et dans plusieurs autres endroits de la Provence*, par Garidel, Docteur en Médecine et Professeur royal d'Anatomie, 1 vol. gr. in-folio (1715),

[1] Le comte Odart, en traitant de la question du nombre de cépages connus (pag. 60 et suivantes de l'*Ampélographie universelle*, 4e édition), cite les auteurs qui ont décrit les variétés les plus nombreuses :

Don Simon-Roxas Clemente a traité de 120 espèces cultivées en Andalousie. Parmi les Allemands, Kerner a figuré 143 cépages sous des noms à demi français; Frege en a décrit 205; Vongok, Metzger, chacun près de 200. La collection de Schams, près de Vienne, en comprenait près de 2800. En France, la collection du Luxembourg comprenait environ 1800 noms qu'un examen plus attentif réduisit à moins de la moitié.

Dans son *Ampélographie universelle*, le comte Odart traite de 411 cépages. Il ne croyait pas qu'à la surface du globe il y ait plus de 7 à 800 variétés cultivées, peut-être 1000, et il ajoute : « Je peux affirmer qu'il n'y en a pas la moitié, peut-être le tiers, d'un véritable intérêt pour nous ». Le comte Odart est certainement l'auteur moderne (1859) le plus compétent qui ait écrit sur l'Ampélographie.

Plus récemment, M. Pulliat a décrit et cité, dans son ouvrage intitulé : *Mille variétés de vignes* (1888), les noms de 1032 cépages, parmi lesquels sont compris un grand nombre de vignes américaines et beaucoup de synonymes qui réduiraient considérablement les 1032 noms cités dans son ouvrage.

L'*Ampélographie universelle* du comte J. de Rovasenda (1887), traduite par le Dr F. Cazalis et MM. G. Foex et P. Viala, est le catalogue descriptif le plus complet et le plus riche en synonymes, sur les vignes du monde entier, qui ait encore paru. Il renferme environ 6000 noms, parmi lesquels les synonymes tiennent la place la plus importante.

M. de Rovasenda pense que le nombre des cépages dépasse 2000. Il considère ce grand nombre de variétés comme un véritable embarras. Il croit « qu'avec le dixième seulement des cépages existants, on pourrait probablement peupler avec plus de profit et de meilleurs résultats tous les vignobles européens, en les débarrassant des mauvaises espèces qui en détériorent les produits ». C'est un des buts que doit viser l'Ampélographie.

Nous sommes entièrement de cet avis ; les inutilités qui encombrent l'Ampélographie, mais qui font bonne figure sur les Catalogues des pépiniéristes et des collections, sont très nombreuses.

art. *Vitis*, pag. 492 et suivantes jusqu'à 517, il y a près de deux siècles[1]. Tous ces cépages figuraient encore dans les vignobles de la région méridionale avant la destruction de ces vignobles par le Phylloxera. Nous avons pu les étudier sur place de 1850 à 1870 et les conserver encore dans notre collection de Launac.

[1] Olivier de Serres cite les cépages suivants (tom. I, pag. 215 du *Théâtre d'Agriculture*, 1590). « Noms des raisins dont on use le plus en divers endroits de ce »royaume : Nigrier, Pinot, Piquepoul, Meurlen, Foirard, Boumestre, Piquardans, Ugnes, Caunès, Samoyrard, Ribier, Becane, Pounhete, Rochelois, Bourdelais, »Malvoisie, Mestier, Matroquin, Bourboulenc, Calitor, Velseline, Corinthien ou Marine noire, Grecs, Salers, Espaignols, Augibi, Clerette, Prunelat, Gouest, »Abeillanne, Pulsian, Tresseau, Lombard, Marillon, Sarminien, Chatus, la Bernelle et autres infinis qu'il serait impossible de représenter par le détail menu ».

Le botaniste Magnol, dans son *Botanicum Monspeliense* (1686), art. *Vitis*, pag. 279, cite les vignes suivantes : Muscat (Antiquorum Apianæ) qui produit le vin célèbre de Frontignan, Piquardan vel Augebin, forte Alzibib (Arabibus), Ugne, Servan, Agrumel blanc, Clarette, Espiran ou Espiran verdau, Marrouquin (Antiquorum Duracina), Agrumel negre, Tarret, Piquepoul, Efoirau, Ouillade, Barberoux, aliaque plurima.

Vitis sylvestris (Labrusca), circa Lavalette et incultis, plurimis locis.

Dans son *Histoire des plantes qui naissent aux environs d'Aix et dans plusieurs autres endroits de la Provence*, Garidel, Docteur en Médecine et Professeur royal d'Anatomie (1 vol. in-folio, 1715), art. *Vitis*, pag. 492 et suivantes jusqu'à 517, long et important, qui formerait à lui seul une forte brochure, l'auteur énumère les diverses variétés de vignes d'Aix et des environs, ce sont les suivantes :

1. *Vitis sylvestris. Labrusca.* Vigne sauvage.
2. *V. Corinthiaca sive Apyrina.* Raisin de Corinthe.
3. *V. laciniatis foliis.* La Ciouta. Quelque paysans appellent cette espèce *la Tardarié.*
4. *V. acinis albis dulcissimis, Vitis apiana.* Muscat.
5. *V. acinis rubris nigricantibus, dulcissimis.* Muscat rouge.
6. *V. Pergulana* acinis majoribus, oblongis, duris et acuminatis. Muscat de Panse. Espèce de raisin muscat cultivé en vignes et tonnelles.
7. *V. acinis rotundis,* albidis, dulcibus. *Aubie.*
8. *V. præcox* acino acuto, subviridi, dulci et molli ; *Jouanens* commun dans les vignobles.
9. *V. præcox* acino rotondo, albido, dulci ; *Matinié.* Moins commun que les précédentes.
10. *V. præcox,* acino nigro, dulci et rotundo. Le vulgaire appelle cette espèce *Juanens nègrés.* Assez commun dans ce terroir.
11. *V. præcox,* acino rotundo, subviridi dulcissimo. Nommée par les paysans : *Douceagno.* Moins précoce que la précédente.
12. *V. vulgaris.* Uvâ peramplâ, acino rotundo, subviridi. *Pascau.* Cette espèce est très commune.
13. *V. uvâ peramplâ,* acino rotundo, subalbido. *Pascau blanc.* Assez commune.
14. *V. uvâ peramplâ,* acino rotundo, subflavo, puncto nigro notato, dulcissimo et suavissimo. Le vulgaire l'appelle *Plant estrani.*
15. *V. acino rotundo,* albo, flavescenti, dulci et duro. Vulgairement *Roudeillat.* Très commun.
16. *V. acino rotundo,* albido, dulce acido. *Uni.* Très commun.
17. *V. Pergulana* uvâ peramplâ, acino oblongo, duro, majori et subviridi. *Pandoulaou* ou *Rin de Pansa.* Ce même nom est souvent attribué aux espèces suivantes.
18. *V. Pergulana,* uvâ peramplâ, acino oblongo, duro et viridi. On appelle cette espece *Verdau.* Ces deux dernieres sont très communes.
19. *V. uvâ peramplâ,* acino subrotundo, majori, duro et albido. Appelée par les paysans : *Lard de Pouère.* Peu commun.
20. *V. acino oblongo,* subviridi, dulci et molli, *Aragnan.* Très commun.
21. *V. acinis minoribus,* oblongis, dulcissimis, confertim botry adnascentibus. *Pignolet ou Pinsan.*
22. *V. acinis albidis,* acuminatis. *Oliveto blanco.* Assez commune.
23. *V. acinis albidis* rotundis. Plant de Saint-Jean. Peu commune.
24. *V. acinis magnis* albis. Vulgo *Coucourdier.*
25. *V. acinis minoribus,* dulcibus et griseis. *Rin gris.* Rare.
26. *V. Serotina,* acinis minoribus, acutis, flavo albidis, dulcissimis. *Clareto.* Très commune.
27. *V. Duracina* acino magno, nigro, rotundo et duro, sapore grato, subaustero, levi quasi polline consperso. *Espagnin.* C'est, je crois, une espèce de l'*Uva Duracina* des anciens.
28. *V. acino nigro rotundo,* duriusculo, suavis saporis, succo nigro, labia inficienti. *Vulgo Taulier* ou *Plant de Manosque.* Commun.
29. *V. acino nigro,* rotundo, molliori. *Vulgo Rin-brun.*
30. *V. acino subrotundo,* nigro, molli. *Catalan.* Très commun.
31. *V. acino magno,* nigro, rubenti et subaustero. *Bouteillan.* Commun.
32. *V. acino nigro molli,* rotundo, minùs suavi. *Mourvegue.* Espèce répandue dans plusieurs anciennes vignes de la Louro, du Sambuc et ailleurs.
33. *V. acino nigro,* subrotundo, molli, sapore minus grato. *Salé.* Espèce répandue dans les mêmes endroits que la précédente.
34. *V. uvâ longiori,* acinis raris, nigro rubescentibus, subausteris. *Uni nègré.* Cette espèce est assez commune dans les vignes de ce terroir, surtout dans celui du Tholonet, à la Cremado, à la Morée.
35. *V. uvâ maximâ* et longissimâ, acinis majoribus, prunum minùs assulantibus et nigricantibus. *Grand Guilleaume.* Raisins de 12 à 15 livres.
36. *V. Pergulana,* uvâ peramplâ, acinis nigro rubescentibus, prunorum magnitudine. *Barlantin.* Bien qu'en treille mûrissant fort tard.
37. *V. oblongo acino,* sesqui pollicem longo et incurvo, colore viridi albescente, sapore subdulci. *Crochu.* Assez rare.
38. *V. acino rubro,* duriori, sapore dulci, *Grec,* différent du *Barbaroux.*
39. *V. acino oblongo,* acuto, nigro ruffescenti et dulci. *Aulivetos* ou *testicule de Gau.* Cette espèce est des plus communes et des premières à mûrir après les plus précoces.
40. *V. acino oblongo,* minùs acuto, nigro et dulci. *Plant d'Arles.*
41. *V. Apiana,* nigro acino. *Muscats negrés,* Peu communs.
42. *V. folio dilutè viridi,* uvâ peramplâ, acinis ruffescentibus, rotundis et dulcissimis. *Barbaroux ou Grec.* Très répandu.
43. *V. Uva longiori,* acino ruffescenti et dulci. *Unis rouges.* Très répandue comme la précédente.
44. *V. uvâ longiori,* acino ferè rubro et dulci. Raisin d'un rouge plus foncé que le précédent. *Unis rougés de Partus.*
45. *V. acino rotundo,* minori, duro, dilute ruffescenti et dulci. Je ne sais pas le nom provençal de cette espèce qu'on trouve à la Cremado, au quartier du Tholonet et à la Morée. Il ressemble, quant à ses grains, à l'Uni rouge ; ils sont plus durs, plus doux ; la grappe plus petite ; il ne rougit que très mûr-
46. *V. acino oblongo, duro,* anguloso et ruffescenti, dulcissimi et exquisitissimi saporis. Au Tholonet. Une des plus curieuses espèces de raisin que j'ai vues. Je ne sais pas son nom vulgaire. Elle est fort rare.

« Je ne sais (ajoute Garidel) si toutes ces espèces de raisins ont été connues à nos anciens, il y a lieu de croire que celles qu'ils ont appelées : Uvæ Duracinæ,

Ainsi, depuis trois siècles au moins, des documents authentiques mentionnent les cépages qui peuplent encore nos vignobles méridionaux; les courtes descriptions latines de Garidel nous donnent, pour la plupart, les caractères de leurs fruits tels qu'ils sont encore aujourd'hui. Mais nous croyons que nos cépages sont d'une antiquité bien plus reculée. Au temps de Charlemagne, Frontignan faisait déjà commerce de ses Muscats, dont le père est notre Muscat blanc de Frontignan. Tout porte à croire que ce même Muscat formait des vignobles au temps de la domination romaine. Il est très probable que plusieurs de nos cépages les plus cultivés, tels que la Clairette, le Piquepoul, les Unis, l'Augibi et peut-être le Mourvèdre, et d'autres encore, sont dans le même cas.

L'observation directe prouve aussi la fixité des caractères des cépages, non seulement sur des treilles séculaires, mais sur des vignes d'abord cultivées, ensuite abandonnées, et dont les sujets, Aramons, Carignanes, Piquepouls, Morrastels, végètent sans aucune altération dans la forme des feuilles et des fruits. Je possède, dans ma garrigue de Launac, des débris de vignes qui sont aujourd'hui séculaires. Ces vignes, abandonnées en 1828, furent alors recépées ras du sol. La plupart ont repoussé et sont broutées par les troupeaux. Dans le sol compact et plus ou moins couvert d'herbes adventives où elles végètent, le Phylloxera les a respectées. Si l'on taille un rejeton de ces vieux ceps et qu'on le préserve de la dent du troupeau, le cépage reparaît avec tous ses caractères.

Les anciens connaissaient un grand nombre de cépages. Columelle, en rapportant l'opinion de Virgile, cite un grand nombre de variétés cultivées à l'époque où il écrivait (Premier siècle de l'Ère chrétienne). Il en nomme 58. Avant et après lui, Caton, Varron, Pline, Palladius, en traitant de la vigne, citent aussi les noms de ses nombreuses variétés[1]. Columelle est celui des auteurs latins de l'antiquité qui a traité de la vigne avec la connaissance la plus approfondie de son sujet. Les livres III et IV de son *Traité d'Agriculture*, qu'il a consacrés à la vigne, présentent encore un intérêt soutenu et renferment d'excellentes indications sur les opérations principales de la Viticulture, notamment sur la plantation, la greffe, la taille, la conduite de la vigne. En donnant les noms de 58 cépages ou variétés différentes, il ajoute qu'il y en a une foule d'autres. Comme chez les modernes, la synonymie a été un embarras chez les anciens. Columelle signale spécialement les difficultés qui en résultent, et recommande, avec beaucoup de raison, de ne planter dans chaque localité que les vignes qui y sont bien connues[2].

Comme nous, les anciens possédaient des Muscats, des vignes à raisins blancs, rouges, roses (helvolæ), des cépages à sarments érigés ou rampants, des raisins pour la cuve et le pressoir, d'ornement pour la table, etc. Il est regrettable que les dénominations aient tellement changé depuis l'antiquité, qu'elles ne permettent pas de retrouver avec certitude un certain nombre de vignes qui passaient pour les meilleures.

Les modernes, comme les anciens, se sont attachés à peupler leurs vignes des variétés les meilleures et les mieux adaptées au sol et au climat. Les propriétés des cépages sont si différentes et tellement tranchées, que le succès d'un vignoble, soit pour la qualité des produits, soit pour leur abondance, dépend principalement de la variété ou des variétés dont il est complanté. Si le climat et le sol font subir au cépage leur influence, ce dernier exerce à son tour, sur le vin, une action particulière dont il ne peut s'affranchir.

Cette triple action du climat, du sol et du cépage concourt donc à donner à chaque vignoble et à ses produits leur vrai caractère, et chacun des éléments qui concourent à la former doit nécessairement entrer dans l'étude dont la vigne est l'objet de la part du cultivateur. Mais celui qui doit attirer au plus haut degré son attention, parce qu'il est libre de le modifier et de le changer à son gré, est certainement le cépage; tandis que les deux autres lui sont imposés par la nature et qu'il n'a sur eux qu'une action limitée.

»Damastes, Dactylæ, Leptoragæ, Febriles, Veronensis, Rhetica, Allobrogicæ, Lanatæ, Rubellinæ vel Rubellæ, Nomentanæ, etc., peuvent être rapportées à quelqu'unes »des espèces ici marquées, mais le peu qu'ils en ont dit ne permet pas de rien établir de certain. C'est ce qui m'a obligé à faire connaître les espèces que nous avons »présentement, par une courte phrase, qui est un abrégé de leur description ».

Ainsi qu'il est facile de le voir, en parcourant la liste des 46 cépages énumérés par Garidel, beaucoup de bons raisins de cuve et de table de la région méridionale manquent à cette liste; elle est néanmoins intéressante par le rapprochement des noms vulgaires attribués à la plupart des variétés. Il est probable que l'auteur a pu commettre certaines confusions qui laissent indéterminés quelques numéros; mais les autres cépages se retrouvent assez bien.

Ses descriptions sommaires ne comprennent que le raisin. Certaines sont presque identiques comme celles des nos 43 et 44. Mais l'adjonction du nom vulgaire à la courte description du raisin, permet de retrouver encore la plupart de nos cépages provençaux.

Constatons néanmoins que Garidel ne mentionne clairement, ni les Piquepouls noirs et blancs, ni le Pascal noir, ni l'Œillade noire. Il ne mentionne pas les Terrets, les Calitors ou Pouivals ou Pecoui-touar, les Aspirans, l'Augibi, le Tibouren, le Morrastel, etc., qui sont tous de la région méridionale.

[1] Caton et Varron ne citent que 7 variétés qui sont les mêmes : *Deux Aminées*, la petite et la grande; l'*Albe double*, le *Petit gris*, la *Murgentine*, l'*Apicien* et le *Lucanien*. Aucun détail n'accompagne cette énumération.

[2] Columelle indique *cinq espèces d'Aminées* et entre à leur égard dans quelques détails. Il cite la grande et la petite : l'*Aminée à duvet* (Aminea lanata); *deux Aminées doubles ou jumelles*; une *Aminée* à grappes bien fournies et blanchâtres, à très gros grains, classée parmi les vignes les plus fécondes. On les cultivait en les faisant soutenir par les arbres ou en les *assujettissant au joug*. Les Aminées produisaient les meilleurs vins. Elles paraissent, d'après ces détails, former plutôt un groupe d'élite, sous une dénomination commune, qu'une tribu caractérisée par des formes déterminées s'appliquant aux fruits, aux feuilles, aux sarments. Columelle cite les *Basiliques*, les *Bituriques*, comme donnant, après les Aminées, le meilleur vin; l'*Arcelaca major*, la vigne la plus fertile qu'il ait connue; 3 *Helvenaciæ*, les *Helvolæ* ou *Variæ*, l'*Albuelis*, les *Visulæ*, *Oleaginia*, *Murgentina*, les *Venunculæ*, les *Céraunies*, *Numisianæ*, *Duracinæ*, *Nomentanæ*, *Helvenæ*, *Spionæ*, *Pergulanæ*, *Argiles*, *Eugeniæ*, *Apianæ*, (Muscats) dont il cite trois espèces, dont une (la plus petite) à feuilles lisses; les *Bumasti*, *Dactyli*, *Rhodiæ*, *Lybicæ*, pour raisins de table et d'ornement; *Unciariæ*, *Cydonitæ*, *Rheticæ*, *Allobrogicæ* et un grand nombre d'autres. Ce que je remarque dans cette énumération, c'est que la plupart de ces noms de cépages semblent indiquer des groupes ou des tribus plutôt qu'un individu.

L'étude des caractères des nombreuses variétés de la *V. vinifera*, faite depuis l'abbé Rozier, a fini par constituer leur synonymie et a conduit à dissiper les erreurs répandues sur l'instabilité des caractères propres à chaque cépage, et à faire apprécier leur valeur selon les sols qui leur conviennent le mieux. Après Rozier, Bosc, Chaptal, Lenoir, etc., les contemporains, à la tête desquels s'est placé le comte Odart, ont bien avancé cette étude et ont établi les preuves de la fixité des cépages sur lesquelles repose l'Ampélographie. Il en est résulté pour la viticulture actuelle un mouvement tout particulier, qui tend à la fois à en perfectionner les produits ainsi qu'à en accroître la quantité, par le choix judicieux du cépage autant que par l'amélioration des procédés de culture. C'est ainsi que se trouve confirmée l'importance qui, de tout temps, a été attachée à la recherche des meilleures variétés de vigne, et dont on trouve la preuve dans les écrits des auteurs anciens comme dans ceux des modernes. Dans la pratique, il en est de même; nombre de vins qui portent les noms des variétés d'où ils proviennent; exemple : les Muscats, les Piquepouls, les Clairettes, les Grenaches, les Picardans, les Malvoisies, etc.

L'examen plus approfondi que de notre temps on a fait du cépage et de ses propriétés particulières a mis en évidence son vrai rôle dans la viticulture. On sait la part prépondérante qu'il a dans la confection des grands vins, comment il y contribue en même temps que le cru : ainsi les Pinots font les grands vins de la Bourgogne, les Carbenets ceux du Médoc, les Syrrah ceux de l'Hermitage, les Muscats ceux de Frontignan, les Grenaches ceux du Roussillon, etc. On sait qu'un des moyens d'approcher de la perfection de ces vins fameux est de cultiver les cépages d'où ils proviennent, dans des conditions analogues à celles où ils se trouvent placés dans les grands vignobles, et d'employer les mêmes moyens de vinification. D'autre part, lorsqu'il s'agit de produire de grandes quantités de vin dans les terrains fertiles, on sait qu'on ne peut les obtenir qu'au moyen de certaines variétés, comme les Aramons, les Terrets, les Gamais, la Folle blanche, etc.

Les bonnes variétés de vignes sont donc une richesse précieuse sur laquelle on ne saurait trop attirer l'attention des viticulteurs, et dont la connaissance devrait leur être familière. A ce point de vue, rien n'est plus intéressant et plus utile à la fois pour celui qui veut bien connaître la vigne et ses ressources, qu'une collection des principaux cépages de nos meilleurs vignobles. Rien ne peut mieux fixer l'observateur sur leur valeur relative et sur les questions de tout genre qui s'y rattachent, telles que les divers modes de taille, la durée des ceps, certains cas d'altération qu'on est convenu d'appeler dégénérescence, etc.

De toutes les contrées où la vigne est cultivée, la région méridionale de la France est une des mieux placées pour être riche en cépages de toute espèce. Elle est située à la limite où se fait la transition des climats chauds aux climats tempérés, et elle occupe, près de la mer, en sols de plaine et de coteau, la partie moyenne de la zone où se plait la vigne; ainsi elle touche à la fois, par la France, l'Espagne et l'Italie, aux vignobles les plus célèbres et les plus anciens du Nord et du Midi.

Favorisées par le climat et par le sol, toutes les variétés de vignes connues y donnent des fruits qui arrivent à leur développement complet et à une maturité parfaite. De là, les vins de tout genre qui abondent dans cette région : rouges et blancs, corsés et spiritueux, colorés ou légers de corps et de couleur, secs ou doux, vins alimentaires de consommation directe, vins de coupage, vins muscats, vins de liqueur, vins de chaudière.

De là aussi le grand nombre de raisins de table et d'ornement qu'on y trouve.

La région méridionale de la France peut donc choisir, plus que toute autre, pour peupler ses vignobles, des cépages les plus variés. Mais cette grande abondance de matériaux serait elle-même un embarras, si l'usage et l'expérience, ainsi que les observations des praticiens les plus éminents, n'avaient fait connaître ceux qu'il est le plus avantageux d'employer, selon le but qu'on se propose. Parmi les travaux publiés sur les questions qui touchent à la viticulture de la région et à la description des vignes de ses vignobles, nous citerons ceux de MM. Cazalis-Allut, de l'Hérault; Baumes, du Gard; Pellicot et Laure, du Var; Régnier, d'Avignon; Jaubert, des Pyrénées-Orientales, Bouschet de Bernard et son fils Henri Bouschet, et d'autres encore auxquels il convient d'ajouter les articles spéciaux de l'*Ampélographie Universelle* du comte Odart, et plus récemment le *Vignoble* de MM. Mas et Pulliat, l'*Ampélographie Universelle* du comte J. de Rovasenda, le *Traité de Viticulture* de M. G. Foex, les *Hybrides Bouschet* de M. P. Viala.

Nous nous sommes efforcé, en présence de si nombreux matériaux, de préciser et de délimiter le cadre de notre viticulture méridionale, en y joignant les notions que nous avons puisées dans une longue pratique.

Nous nous bornerons donc à décrire les cépages qui peuplent réellement les vignobles de la région et en produisent les vins si variés, ainsi que les raisins de table et d'ornement qui lui sont particuliers.

Les cépages qui n'ont donné lieu qu'à des essais encore isolés, et qui ne lui appartiennent pas,rentrent dans l'étude de l'Ampélographie générale, et si nous en mentionnons quelques-uns, nous serons très bref à leur égard.

Si l'histoire ampélographique de chaque région viticole était faite par les praticiens et les savants, familiers avec les cépages qui y sont cultivés, et formés à leur étude et à leur observation par une longue expérience, on arriverait, en réunissant leurs travaux, à établir une Ampélographie générale aussi exempte que possible des erreurs qui se glissent toujours dans les ouvrages de ce genre, et qui serait la base la plus solide des recherches et des perfectionnements dont la viticulture est l'objet.

CHAPITRE III

CÉPAGES DE LA RÉGION MÉRIDIONALE.

Nous classerons les cépages de la région méridionale, au point de vue de leur étude pratique, en deux sections, qui sont, par ordre d'importance, les suivantes :

1° Les cépages cultivés pour la production du vin;

2° Les cépages destinés à produire des raisins de table et d'ornement.

Le même cépage peut appartenir à la fois à chacune des deux divisions. Il y sera mentionné pour en présenter l'énumération avec plus de clarté.

Cépages pour la production du Vin. — Les cépages pour la production du vin sont de beaucoup les plus importants; ils couvrent presque en entier les immenses surfaces que la vigne occupe dans la région méridionale. Les autres n'ont, au point de vue cultural, qu'une importance secondaire, bien que leurs produits entrent pour une part appréciable dans l'alimentation publique pendant près de trois mois (septembre, octobre et novembre). Les chemins de fer tendent à augmenter leur valeur, par l'exportation de très grandes quantités de raisins pour le Nord, quantités qui pourraient s'accroître dans de fortes proportions, si les tarifs qui leur sont appliqués étaient mieux entendus, plus modérés, et si le service de la grande vitesse était plus régulier et plus rapide.

Les cépages pour la production du vin forment, au point de vue du vin lui-même, deux grandes catégories : ceux à raisins rouges, dont on fait des vins rouges, et ceux à raisins blancs, gris ou roses, dont on fait des vins blancs. Mais une pareille division, rationnelle au point de vue de la culture, aurait pour la classification le grave inconvénient de séparer des cépages dont l'analogie et la parenté sont si évidentes, que la couleur seule du raisin en fait la différence. Nous adopterons donc de préférence la division en tribus, qui réunit les variétés similaires en familles naturelles.

Les cépages de la région méridionale cultivés pour la production du vin sont les suivants :

Aramon, Rabalaïre, Plant riche (Hérault); Aramon (Aude, Gard, Pyrénées-Orientales); Ugni noir, Uni noir (Var, Bouches-du-Rhône); Burckarti prinz (Serres anglaises).

Ugni blanc, Uni blanc, Bouan, Beou, Roncheou, Queue de Renard (Gard, Bouches-du-Rhône, Var); Clairette à grains ronds, à Draguignan; Trebbiano (Toscane); Trebbiano vero, Erbalus (Piémont); Trebulanus de Pline, selon Baccio.

Morrastel, Mourrastel, Monestel (Hérault, Aude, Pyrénées-Orientales).

Espar, Spar (Hérault, Gard); Plant de Saint-Gilles (Gard); Mataro (Pyrénées-Orientales); Mourvèdre, Mourvès (Bouches-du-Rhône, Var); Mourvègue (Basses-Alpes); Benada, Benadu à Tarascon; Berardi, Balzac, Benicarlo, Catalan, Tinto, Moustardié, Estrangle-Chien, Negre-Trinchiera, à Nice.

Carignane, Carignan, Crignane, Bois dur, Plant d'Espagne, Catalan (Hérault, Aude, Gard, Pyrénées-Orientales); Monestel, Monastère (Provence); Tinto, à Cariñena (Espagne), désigné pag. 495 de l'*Ampélographie Universelle* du comte Odart (Morrastel, etc.).

Grenache, Granache, Alicant, Bois jaune (Hérault, Aude, Gard, Pyrénées-Orientales); Roussillon, Rivesaltes, Alicant (Var et Bouches-du-Rhône); Carignane jaune (Aude); Lladoner (Catalogne); Granaxa, à Cariñena, en Aragon.

Grenache blanc (Pyrénées-Orientales).

Grenache rose, Seilla (Pyrénées-Orientales).

Œillade, Ouillade, Ulliade (Hérault, Aude, Gard, Var, Bouches-du-Rhône, Pyrénées-Orientales).

Œillade blanche, Picardan (Hérault); Gallet (Gard); Araignan (Bouches-du-Rhône); Milhaud blanc.

Cinsaut, Cinq-Saou (Hérault); Boudalès, Bourdalès (Pyrénées-Orientales); Milhaud du Pradel, Plant d'Arles (Bouches-du-Rhône); Gros Marocain (Ariège); Picardan dans le Var, d'après M. Pellicot.

Aspiran noir, Spiran, Epiran (Hérault); Piran (Gard); Riveyrenc (Aude).

Aspiran gris, Verdal (Hérault).

Aspiran blanc (Hérault).

Terret noir (Hérault, Gard, Aude, Var, Bouches-du-Rhône).

Terret-Bourret, Terret gris (Hérault, Gard, Aude, Var).

Terret blanc (Hérault, Gard, Aude).

Brun Fourca (Bouches-du-Rhône, Var, Hérault); Morrastel fleuri, Moureau (Hérault); Moulan (Gard).

Piquepoul noir (Hérault, Gard, Aude, Var, Pyrénées-Orientales, Bouches-du-Rhône, Vaucluse, Drôme).

Piquepoul gris ou rose (Hérault, Gard, Aude, Var, Bouches-du-Rhône, Vaucluse, Pyrénées-Orientales).

Piquepoul blanc (Hérault), répandu à Pinet et Pomérols (Hérault).

Calitor noir, Fouiral, Canseron, Nœuds-courts, Piquepoul-sorbier, (Gard); Charge-Mulet, Fouiral, Ramoneu (Hérault); Pecoui-Touar, Brachet, Valbounin (Provence); Mouillas (Pyrénées-Orientales).

Brachet, Braquet à Nice. Variété du précédent.

Calitor gris, Fouiral gris (Gard, Hérault); Saoûle-Bouvier (Hérault).

Calitor blanc, Fouiral blanc, Saure (Hérault, Gard).

Clairette rose (Hérault, Aude, Gard).

Clairette blanche (Hérault, Aude, Gard, Bouches-du-Rhône, Var, Pyrénées-Orientales). Très répandu.

Muscat rouge (toute la Région). Peu répandu.

Muscat blanc, Muscat de Frontignan (toute la Région). Très répandu.

Primavis muscat (Var, Bouches-du-Rhône); Muscat Jésus, Muscat fleur d'orange, Chasselas musqué.

Malvoisie blanche (Hérault, Gard, Pyrénées-Orientales).

Maccabéo, Maccabeu (Hérault, Pyrénées-Orientales).

Furmint, Tokay (Hérault, Gard, Aude).

Gibi, Augibi (Hérault, Gard); Passarille blanche (Hérault); Tercia blanc (Vaucluse); Panse blanche (Pyrénées-Orientales).

Colombaud, Colombaou, Aubié (Hérault, Gard et ancienne Provence); Grégues (dans l'Hérault, à Marseillan).

Pascal noir et Pascal blanc, l'un et l'autre très estimés, mais sujets à pourrir.

Tibouren, Antibouren, Gaysseren, violet, raisin de cuve et de table aux environs de Toulon.

Bouteillan (Var). Très sujet à la pourriture et à l'Oidium.

Téoulier, Manosquen, cépage à raisins noirs, donne un vin coloré, de bonne qualité, très précoce au débourrage et sujet aux gelées.

Plant de Salès, Ugne lombarde, Gros-Pinot de la Loire, Chenin; bon cépage à raisins blancs.

Mayorquen, Plant de Marseille, Bormenc, beau cépage, fertile, vigoureux, très beaux raisins bons pour la cuve et pour la table; craint l'humidité.

San Antoni (Pyrénées-Orientales).

Petite Syrrah ou Syrrah, cultivée à l'Ermitage (Drôme), donne le fameux vin de ce nom.

La Roussanne et la Marsanne produisent les vins blancs estimés du même vignoble.

Le Teinturier du Cher ou Gros Noir mâle.

Mauzac blanc, Feuille ronde, Blanquette de Limoux (Aude); Moissac blanc (Tarn-et-Garonne).

Negret du Tarn.

Milgranet du Tarn.

Counoise, Quenoise, Moustardié (Vaucluse).

Chatus (Ardèche); Corbelle (Drôme).

Folle noire (Var).

Panea (Var).

A cette liste viennent se joindre les Teinturiers obtenus par hybridation du Teinturier du Cher ou Gros Noir, avec une série de cépages languedociens. Parmi eux, nous retiendrons : le Petit-Bouschet, l'Aramon Teinturier-Bouschet, l'Aramon-Bouschet Grand Noir de la Calmette, l'Aramon-Bouschet n° 1, l'Alicant Henri Bouschet, l'Alicant-Bouschet à sarments érigés, le Carignan-Bouschet, le Morrastel Bouschet à gros grains, le Piquepoul-Bouschet, le Terret-Bouschet, l'Aspiran-Bouschet, l'Œillade du 1er août, le Muscat-Bouschet.

Cépages pour la production des Raisins de table et d'ornement. — Les raisins de table les plus répandus dans la région, parce qu'ils sont aussi employés pour la fabrication du vin, sont :

L'Aspiran noir, l'Aspiran gris ou Verdal.

Le Terret noir, le Terret gris ou Terret-Bourret, le Terret blanc.

L'Œillade, le Cinsaut.

La Clairette blanche, la Clairette rose.

Les Muscats rouges et blancs.

Tous ces raisins sont pour la cuve en même temps que pour la table, et nous y reviendrons en les décrivant.

On pourrait y joindre aussi les Chasselas, dont la culture, comme raisins de table pour l'exportation, s'est considérablement répandue. Nous en indiquerons plus loin les principales variétés.

A cette première liste, composée de cépages adoptés dans la grande culture, et dont les produits sont en immenses quantités à portée de la consommation, il faut en joindre une autre, dont les fruits, produits sur une moindre échelle, sont destinés presque exclusivement à la table ou à l'exportation. Ce sont les suivants, par ordre de maturité :

Jouannen de Vaucluse (Odart); Jouannen charnu (Congrès pomologique); Jouannenc, Madalénen (Provence); Lignan (Jura); Marvoisien (Haute-Loire); Luglienga du Piémont et de l'Italie. Maturité du 15 au 25 juillet; peu fertile, belle grappe à grains oblongs, jaune doré, ambré, excellent, comparable aux meilleurs raisins de table. Très répandu dans le département de Vaucluse; çà et là dans la région. En treille de préférence, laisser plusieurs verges si l'on cultive en souche.

Précoce de Vilmorin, variété de Jouannen plus fertile, un peu moins précoce.

Morillon hâtif (Odart) (Congrès pomologique) ou Raisin noir de la Magdeleine. Maturité du 15 au 20 juillet; plus fertile que le précédent, raisin très médiocre; çà et là dans toute la région; réussit en souche et en treille.

Précoce blanc de Malingre (Odart) (Congrès pomologique). Variété de semis obtenue par Malingre. Maturité du 15 au 25 juillet; fertile, médiocre, donne beaucoup de grappillons qui mûrissent en septembre; en souche et en treille.

Précoce musqué de Courtiller (Odart) (Congrès pomologique). Variété de semis obtenue par Courtiller. Maturité du 25 au 31 juillet; blanc ambré, agréable. D'après le comte Odart, cette variété a été obtenue d'un semis de pépins de raisins noirs d'Ischia; en souche et en treille.

Chasselas de Fontainebleau (Odart), Chasselas doré (Congrès pomologique), Ugne dans quelques localités de l'Hérault. Jaune doré, comme ambré, grappe moyenne, allongée, sans ailes prononcées, grain rond, moyen. Maturité du 10 au 15 août, très répandu, très fertile; en souche et en treille. On en plante dans la région des vignes entières de plusieurs hectares de superficie, dont les raisins sont exportés.

Outre le Chasselas doré de Fontainebleau, on cultive dans la région plusieurs autres variétés de cette tribu. Les Chasselas, dont les pépins ont été si souvent semés, forment une des tribus les plus nombreuses. Nous nous bornons à indiquer, parmi les variétés les plus estimées, ou les plus répandues, les suivantes :

Chasselas de Montauban à gros grains (Odart), Chasselas gros Coulard. Excellent; en treille, en cordons et en souche. Maturité du 10 au 15 août.

Chasselas Ciotat (Odart) (Congrès pomologique), Chasselas à feuilles laciniées, Cioutat, Raisin d'Autriche, Petersilientraube des Allemands. Maturité fin août; blanc jaunâtre, assez fertile, moins estimé que les précédents. Objet de curiosité à cause de la singularité de son feuillage; en treille et en souche.

Chasselas violet ou Chasselas royal, teinté de violet foncé sur ses sarments et ses fruits, rose vif à sa maturité; précoce, fertile, excellent.

Chasselas rose (Congrès pomologique). Maturité du 20 au 25 août. Belle grappe à grains ronds, rose clair, très fertile, excellent; en souche, en treille et en cordons.

Chasselas de Négrepont (Odart). Maturité du 20 au 25 août, un peu plus coloré que le précédent et d'un plus beau rose, moins fin au goût; en souche et en treille.

Fendant roux (Odart), Chasselas fendant roux (Congrès pomologique). Maturité du 1er au 5 septembre; belle grappe, rose clair, un peu roux, grain rond moyen; excellent, très fertile. C'est pour le Midi une des meilleures variétés précoces pour la table, et probablement pour la cuve. Le fendant roux est très estimé en Suisse pour le vin qu'il produit; le cultiver en souche.

Cazalis-Allut, semis de M. Tourrès de Machecoul, dédié à M. Cazalis-Allut. Beau raisin blanc jaune, ambré; cep vigoureux et fertile.

Muscat Caillaba (Congrès pomologique), Caillaba (Odart), décrit par Bosc; vient des Hautes-Pyrénées. Maturité vers le 15 août, grappe moyenne, grains assez gros, ronds, noir velouté; très estimé; en souche et en treille.

Muscat noir (Congrès pomologique), Muscat noir commun (Odart). Maturité fin mars, grappe moyenne, grains moyens, légèrement ovoïdes, noirs; agréable; en souche et en treille ou en cordons.

Muscat bifère (Odart). Maturité fin août et fin septembre, grosseur moyenne, grains moyens, blanc, agréable, assez fertile. La deuxième récolte se compose de grappillons qui arrivent à bonne maturité à la fin de septembre et sont à cette époque agréables à manger.

Muscat de Smyrne, Isaker Daïsico (Odart), Muscat de Syrie (Congrès pomologique), Muscat Eugénien. Maturité du 1er au 10 septembre, excellent, belles grappes, à grains moyens, blanc, fertile.

Aléatico nero (Odart). Maturité du 15 au 20 septembre, grappe moyenne, grains moyens noirs; excellent à manger, saveur musquée moins prononcée que celle du Muscat. Il donne en Toscane un vin de premier ordre, assez fertile; en souche.

Panse précoce ou Sicilien. Cep vigoureux, fertile, raisins blancs excellents, mûrs du 4 au 5 septembre.

Panse musquée, Muscat d'Espagne, Muscat romain, Muscat d'Alexandrie (Odart), Muscat d'Alexandrie (Congrès pomologique). Maturité du 15 au 25 septembre; souche très vigoureuse, grappes très grosses, à gros grains ovoïdes, jaune ambré, à chair croquante; très fertile, sujet à la coulure, très répandu pour faire des raisins secs et des grains à l'eau-de-vie; en souche ou en cordons, en treille.

Muscat Caminada (Odart), présente une grande analogie avec le précédent, dont il paraît issu par sélection; il est encore plus précoce, plus beau et plus fertile.

Muscat Hambourg, qui serait mieux nommé Panse musquée noire. Ce beau cépage, tiré des grapperies anglaises, est une de nos plus précieuses acquisitions comme raisin de table et de conserve pour l'hiver. Ses belles grappes noires à grains oblongs, surmoyens, son goût fin et parfumé qui n'amène pas la satiété, sa fertilité et ses propriétés de se conserver longtemps dans le fruitier, l'ont fait rechercher partout depuis que je l'ai propagé. Il fait un excellent vin de Rancio.

Muscat violet de Madère, à sarments érigés. Cep vigoureux, fertile, excellents fruits.

Panse jaune, Raisin des Dames, Bicane, Chasselas Napoléon (Odart), Panse jaune (Congrès pomologique). Maturité du 15 au 20 septembre, grappes très belles à gros grains ovoïdes, blanc doré, transparents; médiocre à manger, fertile; en souche et en treille.

Panse rose, grosse Perle rose.

Olivette rouge, Perle rose (Odart). Maturité du 20 au 25 septembre; beau raisin à grains roses olivoïdes, assez agréable au goût, cep vigoureux, assez fertile; en souche et en treille ou cordons.

Olivette noire, Olive noire (Odart). Maturité du 25 au 30 septembre; magnifique raisin, à grains noirs fleuris, ovoïdes, oblongs, savoureux, cep très vigoureux; en souche ou en treille.

Olivette blanche (Odart). Maturité du 25 septembre au 10 octobre; très beau raisin, excellent à manger, grains gros, blanc ambré, olivoïdes; se conserve tout l'hiver, assez fertile; en souche et en treille. Exposition chaude.

Olivette de Cadenet (Odart). Variété de la précédente, un peu plus précoce et plus fertile. Je l'ai trouvée pareille au Tenerome de Vaucluse et au Crujidero d'Espagne.

Barbaroux, Grec rose (Var); Barbarossa du Piémont, d'après M. de Rovasenda. Excellent raisin de table.

Rousselet, Rossoly, Grec rouge, Grec rose, Raisin du pauvre, Gros Gommier du Cantal; Barbaroux, Monstrueux de De Candolle (Hérault).

Rosaki de Smyrne. Maturité du 10 au 15 septembre; belles grappes, un peu claires, à gros grains ovoïdes, renflés vers le bout, jaune d'or; très beau raisin, excellent à manger, fertile; en treille ou mieux en cordons, produit aussi en souche mais irrégulièrement. Souche très vigoureuse. Il m'a été envoyé de Smyrne, où il est très estimé pour la table.

Raisin cornichon (Odart), Crochu, Doigt de Donzelle. Grappes grosses, à grains allongés et recourbés, blanc jaunâtre; beaucoup de chair, médiocre à manger. Souche très vigoureuse, peu fertile; en treille. Espèce très ancienne, décrite il y a six siècles par l'auteur arabe Ebn-el-Beithar (Odart). Ce cépage est aussi désigné, par le comte Odart, sous les noms suivants : Santa Paula à Madrid et en Andalousie, Testa di Vacca à Rome et en Italie septentrionale, Buttuna di Gaddu en Sicile, Cadin ou Chadym Barmak (doigt de fille) sur toute la côte d'Afrique, en Syrie et à Astrakan, selon Pallas.

Cornichon blanc, à grappes moins grosses, désigné sous le nom de Pizzutello di Roma, donne des fruits plus fins, meilleurs que le précédent, mais de même forme ainsi que l'indique son nom.

Sultanieh ou Sultan, Kechmish blanc, Kechmish à grains oblongs, Couforogo des Grecs (Odart), connu des amateurs à cause de sa beauté, décrit par les voyageurs comme donnant un vin délicieux; mais il est peu fertile, a besoin de la treille; belle grappe séduisante par sa forme et sa couleur, grains olivoïdes de moyenne grosseur, d'une belle couleur blanche ambrée. Maturité du 10 au 15 septembre. Ce cépage a une belle variété rose. Il m'a été envoyé de Smyrne, sous le nom de Sultanieh, avec le Rosaki; ils passent l'un et l'autre, en Asie Mineure, pour les meilleures variétés de table.

Servan blanc, de tardive maturité, mais très résistant au Phylloxera, et dont le raisin est d'une longue conservation.

Nous citerons, parmi les raisins de table et d'ornement importés dans la région, les suivants :

Les trois Corinthes, noir, rose et blanc. Maturité mi-septembre.

Le gros Damas noir, gros Ribier du Maroc, Ribier d'Olivier de Serres.

Le Gros-Damas violet. Maturité mi-septembre.

L'Hycalès blanc, fertile, précoce.

Le Brustiano de Corse.

L'Espagnin noir.

L'Espagnin blanc.

La Panse noire de Roussillon.

Le Chaouch d'Algérie, Tchaoux ou Panse blanche de Constantinople.

Le Raisin de Calabre.

Le Prunella noir de Tarn-et-Garonne.

La Malvoisie de la Chartreuse, Malvasia de la Cartuja (Odart).

La Malvoisie à gros grains, Vermentino de Corse (Odart) (Tribu des Olivettes).

La Malvoisie de Sitges, Chères (dans le Gard), Tintoblanc (Vaucluse), Verdal (Hautes et Basses-Alpes) (Tribu des Olivettes).

Le Muscat noir d'Eisenstadt.

L'Albourlah rose de Crimée.

Le Sabalkanskoï ou raisin des Balkans. Gros raisin rose à grains oblongs, charnu; grappe molle et claire.

Le Gros-Guillaume, Danugue; raisin très volumineux, à gros grains durs, charnus. De maturité très tardive.

Le Varlantin. Cep très vigoureux, raisins de basse qualité.

DESCRIPTION DES PRINCIPAUX CÉPAGES CULTIVÉS POUR LA PRODUCTION DU VIN DANS LA RÉGION MÉRIDIONALE.

Aramon. — Synonymie : *Aramon, Rabalaïre, Plant riche* (Hérault); *Aramon* (Aude, Gard, Pyrénées-Orientales); *Ugni noir, Uni noir* (Var, Bouches-du-Rhône); *Burckarti prinz* (Serres anglaises).

L'Aramon est, à tous les points de vue, un des cépages les plus importants de la région méridionale; sa grande fertilité en a considérablement répandu la culture. Il tend évidemment à remplacer divers cépages qui, dans l'Hérault et ailleurs, étaient regardés comme *anciens plants du pays*. Dans la reconstitution de nos vignobles, c'est le cépage qui tient le premier rang, soit pour la plantation directe dans les sables et les terrains de submersion, soit comme plant de greffe sur sujet américain. Ses caractères principaux[1] sont les suivants :

DESCRIPTION. — *Souche :* forte, très vigoureuse dans les terrains riches où il se plaît; de longue durée.

Sarments : étalés, gros, longs et vigoureux dans les terrains riches, plus courts dans les terrains secs, beaucoup de moelle, bois tendre, nœuds assez espacés, bien renflés, moins espacés dans les terrains secs et lorsque la souche est vieille; sarments d'une couleur rouge clair, passant au gris en hiver. Bourgeonnement très précoce, tomenteux, de nuance blanche.

Feuilles : moyennes, dentelées, à cinq lobes, mais paraissant trilobées, les lobes inférieurs étant peu accusés; peu découpées, assez lisses, légèrement cotonneuses sur leurs revers, couleur vert jaunâtre, portées par un pétiole rouge clair; le plus souvent elles ne font que jaunir à l'arrière-saison, quelquefois elles rougissent sur les bords et par places, certains rameaux rougissent même en entier. J'ai obtenu, en 1871, une variété remarquable d'Aramon à feuilles cotonneuses. Le toment des feuilles de cet Aramon est assez abondant pour donner à leur revers l'apparence presque blanche comme celle des feuilles de la Clairette. A la pousse du mois d'avril, ce caractère est déjà très marqué et attire l'attention. On sait que l'Aramon n'a pas, sous le rapport de la villosité, une feuille dont les caractères soient bien fixes; tantôt les villosités sont assez prononcées sur le revers de la feuille, tantôt elles sont nulles. Le comte Odart mentionne cette particularité, ce qui indique l'exactitude de ses observations. Mon Aramon à feuilles cotonneuses est aussi fertile que l'Aramon ordinaire; il débourre et mûrit aux mêmes époques; mais le fruit, surtout dans le coteau, est un peu plus coloré.

Grappe : volumineuse, longue, presque cylindrique; *Grains :* ronds, gros et très juteux, doux et sucrés, d'un goût relevé, assez agréables à manger, couleur rouge foncé, comme veloutée dans les terrains de coteaux; dans les terrains riches où la souche est très chargée, les raisins sont très volumineux, restent rouge clair, traînent sur le sol ou sont entassés les uns sur les autres; dans ce cas, le côté qui ne voit pas le soleil reste d'une couleur verte, quoique le suc en devienne doux.

Le pédoncule de la grappe et les pédicelles sont tendres, se cassent facilement, se colorent en rouge dans les terrains où la souche

[1] Les caractères indiqués dans les descriptions des cépages se rapportent à l'époque de la maturité du raisin.

est peu chargés, restent verts dans les autres. La queue du raisin est longue et assez tendre pour qu'on puisse vendanger l'Aramon sans serpette ni ciseaux; on détache facilement le fruit en pressant cette queue entre l'index et l'ongle du pouce sur le renflement qui est un de ses caractères.

Maturité : premiers jours de septembre.

Le sarment porte ordinairement une ou deux grappes maîtresses, dont la première est insérée au quatrième nœud, c'est-à-dire loin du courson sur lequel pousse le bourgeon. Aussi ce dernier ne laisse-t-il voir le raisin qu'après avoir atteint une certaine longueur.

L'Aramon porte fréquemment trois grappes maîtresses sur les bourgeons principaux, dans les vignes à sol riche bien cultivé. On trouve même jusqu'à quatre grappes maîtresses sur certains bourgeons, mais le cas est plus rare. L'Aramon est un des cépages les plus fructifères que l'on connaisse; non seulement tous ses bourgeons, mais encore ses faux bourgeons (les *bourrillous* en languedocien) sont à fruit, et les raisins qu'il produit sont très gros et tout en jus. Il n'est pas rare de voir des raisins d'un kilogramme et plus; ceux d'un demi-kilogramme sont très communs. De là, la fertilité extraordinaire de l'Aramon dans les bons sols. Il fait peu de grappillons; les vrilles sont discontinues, fortes et assez nombreuses. Il pousse très facilement sur les vieux bois, et se répare vite lorsqu'il a perdu ses membrures. Il repousse également du pied, et donne alors ces rejetons longs et vigoureux désignés dans nos cultures sous le nom de *sagattes*[1]. Il est naturellement si fertile, qu'il n'est pas rare de voir les bourgeons qui sortent sur le vieux bois chargés d'un raisin, de deux quelquefois. La *sagatte* d'Aramon se met à fruit dès la seconde année. Dans les sols qui conviennent aux Riparia et aux Rupestris, ces caractères de fertilité s'accentuent d'une manière remarquable, mais, dans les sols où les espèces américaines végètent mal, l'Aramon greffé sur elles se chlorose, se rabougrit et finit par périr.

Le port de l'Aramon dans les sols fertiles indique la force et l'abondance; ses longs rameaux, horizontalement étalés, garnis de nombreux raisins, couvrent entièrement le sol, son feuillage est épais et le défend bien contre les ardeurs de la sécheresse. Dans les sols maigres et secs, il est moins beau, ses sarments sont plus courts, son feuillage plus clair, ses fruits risquent alors d'être grillés par les grandes chaleurs. La souche est toujours forte et bien nouée.

L'Aramon pousse de très bonne heure. De tous nos cépages de grande culture, c'est le premier à débourrer; il précède la plupart des autres espèces d'une quinzaine de jours, aussi est-il sujet à être endommagé par la gelée blanche. Son bourgeon, qui est très tendre et gonflé de sucs, est plus facilement détruit par la gelée que celui des autres variétés. Il souffre donc souvent des derniers froids qui accompagnent les débuts du printemps, mais il repousse avec une grande vigueur sur le vieux bois et sur les yeux de secours. Dans ce cas, il présente assez de fruits pour donner encore une demi-récolte, lorsque les bourgeons gelés sont peu avancés; mais, quand ils sont déjà longs et forts, comme à la fin d'avril et dans les premiers jours de mai, la vigne peut bien réparer ses pertes en feuillage, mais elle ne repousse plus qu'une faible partie de ses fruits.

L'Aramon, dont le bois est gros et bien garni de moelle, est sujet à souffrir des grands froids de l'hiver dans les terres humides, mais il les redoute peu dans les autres.

Il est médiocrement sujet à la coulure; cependant il en est atteint dans les terrains exposés à l'humidité, où il est attaqué par le *Charbon* ou *Anthracnose* (maladie noire), dans les années chaudes et humides à l'époque de la floraison. Dans les terrains secs et élevés, il y est moins sujet, quoiqu'il coule quelquefois. Le soufrage au début de la floraison atténue beaucoup cette tendance à la coulure.

Attaques des Insectes. — Les insectes de la vigne sont très nombreux; on les trouve, pour la plupart, sur l'Aramon. Nous nous bornerons à citer les plus dangereux, qui en diminuent trop souvent les récoltes. Les insectes, tels que : l'Altise (*Altica Ampelophaga*), l'Attelabe (*Rynchites Betuli*), le Gribouri ou Écrivain (*Adoxus vitis*), ont une préférence particulière pour l'Aramon; sa feuille et son bourgeon sont tendres, et ils les préfèrent à ceux de la plupart des autres variétés. Cependant, comme il repousse avec une vigueur toute particulière, il répare encore assez bien les pertes que ces insectes lui ont causées[2].

[1] Ces longs sarments sont aussi désignés, en languedocien, sous le nom de *Vises* (*Visulæ* des Latins).

[2] On combat ces trois Coléoptères en leur faisant directement la chasse avec de grands plats en fer-blanc, à bords retournés et percés à leur centre d'un orifice auquel on attache un petit sac de toile, dans lequel on les renferme. On s'en débarrasse assez bien quand ils ne sont pas très nombreux, mais quand ils pullulent en masse, de la fin d'avril à la fin de juin, la chasse directe qu'on leur fait est impuissante à combattre leurs ravages. On n'a guère réussi jusqu'à présent à les écarter ou à les détruire, en projetant sur la vigne des poudres à odeur forte, plus ou moins insecticides. La fumure au moyen de tourteaux de colza, de ricin, de moutarde, indiqués par P. Thénard, donne de meilleurs résultats, surtout contre le Gribouri. Le traitement des vignes par le sulfure de carbone, employé contre le Phylloxera, diminue leur nombre mais ne les fait pas disparaître.

On combat la Pyrale et la Cochylis en arrosant, en hiver, les ceps taillés et débarrassés de leurs sarments, avec de l'eau bouillante répandue sur les coursons, les branches et le tronc de chaque pied de vigne. Ce moyen donne de très bons résultats; il augmente la vigueur de la vigne, et est, quoique coûteux, employé sur une grande échelle. Un des moyens efficaces de combattre la Cochylis est de vendanger les raisins encore un peu verts, lorsque les larves s'y développent. On les fait ainsi disparaître presque toutes.

On combat le Phylloxera par la submersion, par les arrosages en toute saison, par les traitements avec le sulfure de carbone, le sulfocarbonate de potassium, les engrais mélangés de sels de potasse. Nous en avons parlé dans les chapitres précédents, et nous renvoyons le lecteur, pour les détails de l'application des moyens propres à combattre les insectes nuisibles aux vignes, aux ouvrages spéciaux sur ce sujet, et notamment au volume de M. Valéry Mayet : *Insectes de la Vigne* (C. Coulet, libraire-éditeur, 1890).

La Pyrale (*Tortrix Pilleriana*, Sch; *Pyralis Vitana*, Audouin) et la Cochylis (*Tortrix Ambiguella*, Hubner; *Cochylis Omphaciella*, Audouin) attaquent aussi l'Aramon.

L'Aramon souffre beaucoup des attaques du Phylloxera (*Phylloxera vastatrix*, Planchon), mais sa vigueur et sa rusticité le font classer encore parmi les cépages qui résistent le mieux à ce parasite destructeur. On a vu néanmoins, dans la région, succomber et périr sous les attaques du Phylloxera, les vignes les plus belles et les plus fertiles quand elles n'ont pas été secourues ou quand elles ne se sont pas trouvées en terrains de sable.

Dans les terrains secs et brûlants, où la vigne n'a pas un grand luxe de végétation, l'Aramon redoute les fortes chaleurs et perd un grand nombre de fruits par le grillage; aucun cépage n'en éprouve d'aussi grandes pertes; les coups de soleil dessèchent le tissu tendre et mou du pédoncule de la grappe, et elle périt alors tout entière. Dans les bons terrains, où son feuillage est plus épais, il résiste beaucoup mieux.

Les fruits de l'Aramon mûrissent de bonne heure; parmi les cépages de la région méridionale, c'est un de ceux qu'on peut vendanger les premiers. Dans les coteaux, on le récolte du 5 au 15 septembre, et dans les fonds riches, du 15 au 30 du même mois, souvent plus tôt. La grosseur de son fruit, la finesse de la peau dont il est recouvert, le rendent sujet à pourrir, surtout dans les jeunes vignes où les coursons sont placés moins haut que dans les vieilles, et où les raisins, plus volumineux, traînent souvent par terre. Aucun cépage n'a besoin d'être plus activement vendangé que l'Aramon aussitôt qu'il est mûr, car aucun plus que lui n'est sujet à pourrir, dans les bons terrains. Dans les coteaux et dans les vignes où ses raisins sont bien suspendus au-dessus du sol, cet inconvénient est beaucoup moindre.

Maladies cryptogamiques. — L'Oïdium attaque l'Aramon comme la plupart des autres cépages, mais il lui résiste bien, et le soufre l'en débarrasse facilement. Deux ou trois soufrages en temps opportun sont suffisants[1].

Les autres maladies cryptogamiques désignées sous le nom de *Mildiou* (*Peronospora viticola*), de *Black-roth* (*Coniothyrium diplodiella*), de *Charbon* ou *Anthracnose* (*Sphaceloma ampelinum*), qui se développent sur les bourgeons ou les rameaux verts de la vigne, attaquent aussi l'Aramon, mais il leur résiste assez bien pour qu'on puisse venir à son secours en temps utile, et pour que leurs ravages puissent être utilement combattus.

Les racines de la vigne sont attaquées par les cryptogames parasites qui produisent la maladie désignée sous le nom de *Pourridié* (*Dematophora necatrix*, *Agaricus melleus*. *Vibrissœa* ou *Rœsleria hypogeæ*, *Fibrillariæ*), et qui en provoquent la mort plus ou moins

[1] On donne à la vigne le premier soufrage en mai, quand les bourgeons ont de 15 à 20 centimètres de longueur; on applique le second soufrage en juin, aussitôt après la floraison, et le troisième en juillet, lorsque le raisin est à demi-grosseur. Quand les invasions d'Oïdium sont tenaces et violentes, on donne, selon le développement qu'il acquiert et selon le temps favorable à ce développement, des soufrages supplémentaires. Toutes les poudres de soufre sont bonnes pour le soufrage pourvu qu'elles soient très fines et exemptes de poussières inertes. Ces poussières affaiblissent beaucoup l'action du soufre. Les poudres de soufre sublimé sont les plus énergiques et les meilleures. Il ne faut pas perdre de vue que le soufrage des vignes exerce sur elles une action qui excite et développe notablement leur végétation et leur fructification. Les vignes bien soufrées mûrissent leurs fruits de 7 à 8 jours plus tôt que celles qui ne l'ont pas été.

On se sert de sels de cuivre (sulfate de cuivre) pour combattre le *Mildiou* et le *Black-roth*, en les employant pulvérisés et incorporés dans les poudres de soufre, à raison de 3 à 5 pour cent de leur poids, ou à l'état de bouillie, dissous dans l'eau, dans la proportion de 2 à 5 pour cent, et mélangés à une égale quantité de chaux éteinte. On obtient ainsi un liquide bleu clair, assez consistant pour adhérer solidement aux pampres de la vigne lorsqu'il est projeté sur eux, soit avec un balai, soit avec un pulvérisateur. L'usage des poudres de soufre cuivrées au sulfate de cuivre est bien plus facile, plus commode et plus économique que celui des bouillies cuivrées. Son application se confond avec le soufrage ordinaire, il se fait avec la plus grande rapidité (ce qui est essentiel) et n'exige pas de main-d'œuvre spéciale et d'instruments coûteux comme l'emploi des bouillies. J'en ai obtenu de bons résultats, et je ne doute pas que dans les années à printemps et à été secs, qui sont presque toujours les plus fréquentes dans la région méridionale, elles ne soient bien suffisantes et ne finissent par prévaloir; mais il faut reconnaître que la bouillie de sulfate de cuivre et de chaux, dans la proportion de 3 à 5 kilogrammes de chaux et de sulfate de cuivre pour 100 litres d'eau, donne dans les années humides des résultats plus complets que l'emploi des poudres cuivrées.

L'expérience a démontré qu'il convient d'agir préventivement contre le *Peronospora* du *Mildiou*; or, cette cryptogame ne se développant guère que vers la fin de mai, l'époque de la première pulvérisation est du 20 au 25 mai, lorsque les bourgeons ont de 50 à 70 centimètres de longueur. On renouvelle l'opération du 20 au 30 juin, lorsque les pampres sont assez longs pour que les vignes se ferment; à cette époque, les grains des raisins sont déjà gros.

Ces deux opérations sont généralement considérées comme suffisantes, surtout si l'on y joint, après le 15 juillet, un soufrage au soufre cuivré.

Nous considérons comme absolument nécessaire de combattre le *Mildiou* et le *Black-roth* comme on combat l'*Oïdium*. Ces maladies dépriment la vigne (*Vitis vinifera*) au point de la faire périr, et en détruisent les fruits ou les altèrent assez pour en empêcher le développement et la maturité. Le vin est alors mauvais et d'un degré alcoolique trop faible.

L'*Oïdium*, le *Mildiou*, le *Black-roth*, sont des maladies cryptogamiques, d'origine américaine, qui sont venues singulièrement compliquer la culture de la vigne, mais elles ne sont pas les seules dont la *Vitis vinifera* ait à subir les attaques. La maladie noire, désignée sous le nom d'*Anthracnose* ou de *Charbon*, est très ancienne et a ravagé les vignobles de l'antiquité grecque et romaine comme elle ravage les nôtres. Cette maladie se développe plus particulièrement dans les bas-fonds et dans les années humides. Elle est la principale cause de la coulure des raisins. Certains cépages en sont tellement affectés qu'ils finissent par en mourir. Elle ne sévit guère qu'au printemps, dans les mois de mai et de juin, lorsque le soleil darde ses rayons brûlants à travers les brouillards ou les humidités de la pluie. Les pampres de la vigne se couvrent alors, sur toutes leurs parties vertes (feuilles, fruits, sarments), de taches noires caractérisées par la présence du *Sphaceloma ampelinum*, et qui en amènent la destruction plus ou moins complète.

Le soufrage de la vigne atténue considérablement l'*Anthracnose* s'il ne la fait pas entièrement disparaître. C'est depuis qu'on soufre régulièrement les vignes qu'on a pu étendre la culture de certains cépages, tels que la Carignane. On recommande, comme moyen spécial de combattre l'*Anthracnose*, de lotionner en hiver les ceps attaqués, après les avoir taillés, au moyen d'une dissolution concentrée de sulfate de fer (1 kilogr. sulfate de fer, 2 litres d'eau).

Ce procédé, dont l'application est lente et coûteuse, ne m'a pas donné de résultats réguliers. Les moyens qui m'ont le mieux réussi sont le drainage des sols humides et la multiplication des soufrages. La chaux vive en poudre agit, dit-on, sur le *Sphaceloma* de l'*Anthracnose*, mais son action m'a paru moins énergique que celle du soufre.

rapidement. L'Aramon peut en être atteint dans les sols humides, de même que beaucoup d'autres cépages, mais sans en souffrir d'une manière plus spéciale.

Le *Cottis (pousse en Oreilles, Friset, Vigne persillée* ou *Jauberdat)*, forme particulière de rabougrissement de la vigne, due à une altération des racines mal définie et à une végétation défectueuse dont les causes sont multiples, mais qui dépendent principalement du milieu dans lequel elle est cultivée, observée ordinairement dans les sols pauvres, tuffacés, humides, attaque aussi l'Aramon et en provoque certaines dégénérescences spéciales. Il faut éviter de planter ou de greffer l'Aramon en pareils terrains, car il n'y donne aucun produit. Le Cottis est ordinairement consécutif à la *Chlorose* ou *Jaunisse*, et parait dépendre des causes qui provoquent cette dernière maladie.

Dégénérescences. — L'Aramon est isolément sujet à une sorte de dégénérescence qui lui est particulière, et qu'on désigne, dans l'Hérault, sous le nom de *noués-court* et aussi d'*Aramon frépillé*. Il subit alors une altération qui le conduit au rabougrissement. Cette sorte de dégénérescence s'accentue plus ou moins selon le sol, la température et l'humidité de l'année, mais elle ne quitte plus le cep une fois qu'elle s'est déclarée. Les sarments des souches qui en sont atteintes manquent de longueur et sont noués très courts, leur feuille est toute petite et comme recroquevillée. Dans cet état, le cep devient infertile, ne porte plus que de petites grappes rabougries, et finit par mourir en peu d'années. Les sarments des sujets *noués-court* reproduisent cette dégénérescence s'ils sont plantés ou greffés. Il faut donc les rejeter avec soin. Le Grenache éprouve un rabougrissement analogue après les années où les froids ont été très vifs; l'Aramon pourrait bien éprouver les mêmes effets de la même cause. Il dépérit aussi dans les sols peu profonds, épuisés et sujets à de trop longues humidités. C'est dans les fonds mouilleux, mal ressuyés qu'on trouve les ceps *noués-court*.

L'Aramon croît dans tous les terrains, mais il donne peu de produits dans ceux qui sont trop maigres, trop secs ou trop froids. Les terres franches, profondes, perméables lui conviennent mieux que toutes autres. Comme il est très fructifère, il est exigeant et il a besoin de bonne culture et d'engrais abondants pour soutenir sa fertilité. Quand le sol n'est pas assez substantiel et que l'engrais lui manque, ses raisins grossissent moins, et leurs grains s'éclaircissent par la coulure. Lorsqu'il pousse avec une foule de petits bourgeons stériles sur le vieux bois, c'est un signe de vieillesse ou de culture insuffisante.

L'Aramon possède la propriété remarquable de produire suivant la fertilité du sol où il est cultivé. Dans les terrains de coteaux rocailleux (garrigues), sa production varie de 25 à 50 hectolitres à l'hectare; le vin en est alors excellent, corsé, spiritueux, bien coulant, d'une belle couleur rouge, dont la vivacité est particulière, ferme et solide, de longue durée. Ces qualités décroissent à mesure que la production devient plus forte. Dans certaines années, le vin est encore bon quand elle atteint 100 hectolitres. Certaines vignes de plaine atteignent, dans les années d'abondance, 300 hectolitres et au delà. Le vin est alors rouge clair, sans force, et si les raisins ont traîné par terre, il a un goût de terroir et de pourri. De pareils liquides passent à la chaudière, et, quand ils sont nouveaux, donnent encore de bons alcools, mais ils ne constituent que de mauvais vins, dont le cépage est moins responsable que le sol qui les a produits. En moyenne, dans les sols de coteaux, l'Aramon produit de 35 à 45 hectolitres par hectare; dans les sols de plaine, environ 100 hectolitres; entre ces deux moyennes, on en trouve d'autres qui s'appliquent aux divers genres de terrains classés entre les pierrailles de la garrigue et les limons des plaines.

L'Aramon fait de bon vin dans les conditions normales de sa production. Comparé à celui des autres cépages, on peut lui donner un rang très honorable, surtout quand on le destine à la consommation directe, sans le faire passer par des coupages, par lesquels il est souvent dénaturé.

C'est l'Aramon qui produit dans l'Hérault, à raison de 75 hectolitres à l'hectare, les vins désignés sous le nom de *petits vins*, rouges et vifs de couleur, fermes, francs, dosant 10 % d'alcool en moyenne; ils constituent pour l'homme de travail la boisson la plus salutaire et la plus agréable.

L'Aramon n'est point considéré comme un raisin de table, mais il est assez agréable à manger quand il est bien mûr. La douceur et l'abondance de son jus légèrement acidulé, la finesse de sa peau, sont des qualités qu'il possède à un degré remarquable. Les vendangeurs en consomment d'énormes quantités. Il est cultivé dans les serres anglaises (*Grapperie*) comme raisin de table et d'ornement, sous le nom de *Burckarti-prinz*. Il y donne des fruits excellents qui sont de bonne conservation tant qu'ils restent attachés au cep sur lequel ils ont mûri.

En somme, malgré ses défauts (sujet aux gelées, à la coulure, au grillage, à la pourriture, aux insectes), l'Aramon, dans les sols de fertilité moyenne où il se plaît, enrichit son propriétaire et gagne tous les jours du terrain. C'est actuellement le cépage le plus répandu de la région méditerranéenne.

Origine. — L'Aramon est un cépage ancien qui nous paraît appartenir à la région et en être originaire. Il a été considéré comme appartenant au même type que l'Ugni blanc ou Uni blanc de la Provence, qui est aussi le Trebbiano bianco de la Toscane, cépage des plus anciens, dont l'origine pourrait bien remonter, comme on le verra plus loin, aux temps de l'antiquité; mais une étude plus attentive des deux cépages ne permet pas de les réunir comme appartenant au même type ou à la même tribu. Cependant, nous avons placé l'Ugni blanc aussitôt après l'Aramon, à cause de la similitude de nom et aussi à cause de son ancienneté. Ces deux cépages ne sont point également cultivés dans les mêmes contrées, et présentent sous ce rapport une particularité qui mérite d'être signalée. Ainsi l'on trouve l'Aramon sur d'immenses surfaces dans le Bas-Languedoc, et on le rencontre peu en Provence quoiqu'il soit mentionné sous le nom d'*Ugnes* par Olivier de Serres, et sous celui d'*Uni noir* par Garidel. On voit l'Ugni blanc très répandu en Provence, et on le trouve peu ou point dans le Bas-Languedoc, surtout dès qu'on s'éloigne du Rhône. Les origines de l'Aramon pourraient donc être fort anciennes, quoiqu'il n'ait pris une importance capitale que depuis un nombre d'années relativement petit. Il n'y a guère plus de soixante et dix ans qu'il a commencé à s'étendre d'une manière sérieuse et à devenir l'objet d'une culture exclusive en grandes surfaces; nous en donnons plus loin les raisons. Aux environs de Montpellier, on le trouvait dans de vieilles vignes, au moins séculaires, mélangé au Grenache, à l'Aspiran, etc.

L'Aramon paraît s'être propagé de l'Est à l'Ouest en partant du Rhône. Cette circonstance, jointe à son nom d'Aramon, qui est celui d'une petite ville située sur la rive droite du Rhône, dans le département du Gard, autoriserait à croire qu'il est originaire de cette localité. Nous pensons cependant que cette similitude de nom est fortuite et que le nom d'Aramon, qui a prévalu dans le Bas-Languedoc sur celui d'Uni noir qu'il porte en Provence, a une autre origine. Je tiens de feu M. Touchy, ancien professeur agrégé de Botanique à la Faculté de Médecine, conservateur de l'Herbier du Jardin des Plantes et membre distingué de la Société d'Agriculture de l'Hérault, qu'on donnait autrefois le nom de *Ramonen*, *Aramonen*, à divers cépages rameux, à sarments longs et étalés comme l'Aramon, tels que le Fouïral ou Calitor noir, dont il est un des synonymes, et que le nom d'*Aramon*, appliqué, en Languedoc, à l'Uni noir de Provence, n'a pas d'autre origine. Cette opinion me paraît fondée, car rien n'autorise à croire que notre Aramon identique à l'Uni noir de Provence, dont l'ancienneté est incontestable, soit originaire du village d'Aramon où il n'est l'objet d'aucune culture spéciale.

Son ancienneté serait ainsi bien établie et nous paraît d'ailleurs fort probable. Le nom d'Uni vient du grec οἶνος, qui signifie vin. Ce provençal aurait-il été porté en Provence par les Phocéens qui ont fondé Marseille? Ce ne serait pas impossible.

Aramon à feuilles cotonneuses. — J'ai obtenu, en 1871, un Aramon de semis qui ne diffère de l'Aramon ordinaire que par le toment très épais du revers de ses feuilles. Celles-ci sont plus consistantes et paraissent à leur revers aussi blanches que celles de la Clairette. L'étude de cet Aramon se confond, en quelque sorte, avec celle de l'Aramon ordinaire.

Aramon blanc. — J'ai obtenu la même année (1871) un Aramon blanc de semis; à sa grande maturité, il se colore en rose. C'est un cépage qui a les mêmes allures que l'Aramon, comme port, vigueur, forme du raisin et de la feuille, mais il m'a paru moins fertile quoique donnant un grand nombre de beaux raisins. Il débourre de bonne heure, aux mêmes époques que l'Aramon noir. L'invasion du Phylloxera m'a empêché de le multiplier assez pour en faire du vin; néanmoins, la douceur du raisin, dont le moût atteint ordinairement de 11 à 12° Baumé, me porte à croire qu'il produira sur le coteau un bon vin sec.

Culture et vinification de l'Aramon. — L'Aramon est par excellence le cépage des terrains fertiles; aussi sa culture s'étend-elle tous les jours, non seulement dans les terrains submersibles, dans les plaines d'alluvion et dans les sols profonds, mais encore dans tous les terrains améliorés par les défoncements et les engrais, lorsque les porte-greffes américains y croissent vigoureusement.

Avant le perfectionnement des voies de communication qui a permis d'exporter facilement, dans les diverses provinces de la France, les grandes quantités de vin récoltées dans la région méditerranéenne, la culture des cépages à produits très abondants devenait souvent un embarras, car on n'en trouvait l'emploi que par la distillation. On en fabriquait des alcools bon goût, dont la quantité s'élevait pour les trois départements du Bas-Languedoc (Hérault, Gard, Aude, de 1840 à 1848), à 80 mille pièces de 625 litres. L'Hérault seul produisait la moitié de cette quantité par les Aramons et les Terrets cultivés dans les plaines fertiles du Vidourle, de l'Hérault, de l'Orb et les meilleurs terrains du pied de ses coteaux. Les alcools d'industrie, principalement tirés de la betterave, faisaient à ceux de la vigne une concurrence dangereuse, lorsque la construction des chemins de fer vint donner à la consommation en boisson des vins légers de corps et de couleur, un essor inattendu. Dès lors, ce genre de vins que le commerce désigne sous le nom de *petits vins* fut associé à d'autres vins plus riches et expédié dans tous les grands centres de consommation populaire; l'alcool qu'on avait demandé à la vigne fut alors remplacé par l'alcool de la betterave. C'est de 1850 à 1860 que se produisit ce phénomène économique, un moment interrompu par l'invasion de l'Oïdium, de 1850 à 1856[1]. La production de l'Hérault, qui s'élevait à près de 4 millions d'hectolitres avant 1850, tomba à 1 million d'hectolitres en 1856. La découverte du soufrage des vignes, appliqué à combattre l'Oïdium, non seulement arrêta ce mouvement

[1] *Bulletin de Statistique* 1882. — Ministère des Finances.

Hérault	Année 1850	Hectares de vignes :	114.228.	Quantité récoltée :	3.943.530	hectolitres	} 5.859.355 hectolitres
Gard	—	— —	78.000.	— —	1.258.461	—	
Aude	—	— —	69.606.	— —	657.364	—	
Hérault	Année 1856	— —	138.027.	— —	1.045.518	—	} 2.793.012 hectolitres
Gard	—	— —	77.786.	— —	976.028	—	
Aude	—	— —	71.222.	— —	171.476	—	

Ces chiffres permettent de juger des ravages exercés par l'Oïdium dans les vignobles méridionaux, de l'année 1850 à l'année 1856, et des services que le soufrage des vignes a rendus et rend encore à la viticulture.

de recul, mais augmenta rapidement la production, qui atteignait 15 millions d'hectolitres en 1868, au moment de l'apparition du Phylloxera. La destruction des vignes par ce nouveau fléau a de nouveau fait baisser la production du vin en France et a concentré l'attention des viticulteurs sur les cépages à grande production, à la tête desquels se place l'Aramon. Sa culture est donc destinée à s'accroître tous les jours, aussi peut-on constater qu'il occupe déjà la majorité des terrains cultivés en vignes, et qu'il continuera, plus que tout autre cépage, à former les nouveaux vignobles.

L'Aramon, étant un cépage à grand produit, doit être planté dans les meilleurs sols et largement fumé; la culture qui lui convient le mieux est alors celle qui est la plus intensive.

On doit défoncer le sol qui lui est destiné et le fumer en le défonçant, si on peut lui faire cette avance.

Les porte-greffes américains sur lesquels il donne les plus forts produits sont les Riparias et les bons Rupestris; les Solonis, les Taylors, les Jacquez, les Yorks, se greffent bien en Aramon, mais les greffes y sont moins régulièrement productives.

Il convient de planter le porte-greffe américain raciné. Dans les bons sols il devient assez fort pour être greffé l'année qui suit sa plantation. S'il n'est pas assez fort, c'est-à-dire s'il n'a pas acquis la grosseur moyenne d'un fort sarment de greffe, de manière à porter la greffe en fente pleine, on attendra à l'année suivante, les greffons n'en deviennent que plus vigoureux. Il ne faut greffer qu'avec des sarments assez gros, et pratiquer autant que possible la greffe en fente pleine, et aussitôt que le temps le permet. Les greffes faites en mars et avril sont celles qui m'ont le mieux réussi.

Il faut, dès le courant de juin, quand on voit les greffons se développer, enlever les rejetons qui poussent abondamment du sujet américain. Quand le greffon est bien parti, on les enlève tous, et on le butte fortement. Quand il n'est pas encore parti, on laisse sur le cep un ou deux rejetons comme tire-sève, jusqu'au moment où on reconnaît qu'il a bien pris. Si la greffe est manquée, ces rejetons pourront être greffés l'année suivante.

Dans un greffage réussi, les trois quarts des greffons, et souvent plus encore, partent du 25 mai à la fin de juin et forment déjà la jeune vigne. Les autres partent en juillet. On ne peut guère compter sur ceux qui ne se sont pas développés dans le courant de ce mois, cependant on en voit qui prennent encore en août, à la sève descendante. Les greffons poussent presque tous des racines à leur insertion sur le sujet, beaucoup de ces racines deviennent même très fortes et affameraient le sujet; il convient de les couper, de la fin de juillet à la fin d'octobre.

Il faut avoir soin de préparer une pépinière de racinés greffés pour regarnir les manquants dans les vignes greffées, ou pour en former des plantations qu'on n'a pas à regarnir plus tard.

L'Aramon est un des cépages qui se greffent le mieux sur sujet américain. Je ne connais que la Carignane qui, sous ce rapport, lui soit comparable ou supérieure.

Il faut tenir les greffes constamment buttées afin qu'elles ne risquent pas d'être renversées par les coups de vent, ou desséchées par les chaleurs, et pour que leur tronc reste vertical et solidement fixé sur le sujet.

Comme elles craignent les gelées tardives du printemps, et qu'elles y sont exposées, il convient, à leurs seconde et troisième années, de les tailler tard, un peu avant l'époque de la montée de la sève, soit de la fin de février à la fin de mars. Dans les bons terrains, il convient de tailler, les premières années, en laissant de deux à quatre coursons et à trois yeux francs; on évite ainsi les ravages du vent, en mai et juin, sur les jeunes bourgeons, qui se décollent alors avec la plus grande facilité et sont renversés au grand préjudice de la jeune vigne. On augmente plus tard le nombre des coursons selon la fertilité du sol, et on taille à deux yeux francs, du 15 novembre au 15 mars.

Si l'on veut obtenir des produits réguliers, il convient de fumer souvent la jeune vigne greffée sur américain.

On espace la plantation à raison de $1^m,50$ à $1^m,75$ en tout sens, en disposant les ceps, soit en carré, soit en losange. On obtient ainsi de 4,500 à 3,500 ceps à l'hectare. Dans les deux cas, le produit en quantité est à peu près égal, quoique supérieur pour les premières années dans la plantation à $1^m,50$.

On fume, soit à raison de 20 à 25 mille kilogr. de fumier de ferme à l'hectare, soit en employant de 1,800 à 2,000 kilogr. de tourteaux de sésame ou autres tourteaux équivalents. Si dans les bons sols on renouvelle ces fumures plusieurs années de suite, la vigne peut atteindre un haut degré de fertilité. On peut alors intercaler l'application de l'engrais une année entre autres ou une année sur trois. Ce qui précède s'applique surtout aux vins de quantité. Quand on cultive l'Aramon en coteau, sa fertilité étant bien moindre, on espace les fumures de trois en trois ans, et on règle la taille à trois ou quatre coursons et à un ou deux yeux francs.

On donne de trois à quatre labours, de Février en Juin ou Juillet, pour avoir la vigne nette de mauvaises herbes, et un labour d'été à la main dans le courant du mois d'Août.

L'Aramon mûrit du 5 au 15 septembre; il convient de le vendanger dès sa maturité, avant que les humidités aient pu en altérer les raisins. On se sert comme paniers de seaux étanches en fer-blanc ou en bois léger pour éviter les pertes de moût lorsque les raisins trop juteux s'écrasent. On les porte à la cuve, soit dans des comportes de bois de 80 à 100 litres de capacité, soit dans des toiles de vendange de 1 mètre cube environ de capacité.

Les cuves des celliers sont en maçonnerie hydraulique, revêtues de briques vernissées, entièrement ouvertes, ou voûtées; ou en bois, ouvertes, ou fermées par un fond muni d'une porte ou trou d'homme. Les cuves entièrement ouvertes sont munies d'un plancher de plateaux juxtaposés, sur lesquels on foule et on jette la vendange, qu'on pousse ensuite dans la cuve. La capacité des cuves est très variable depuis 1 jusqu'à 100 mètres cubes et même plus. On leur donne, pour les grandes ou moyennes capacités, de 2 mètres à 2m,50 de profondeur. On dispose une porte fermant hermétiquement à 60 centimètres au-dessus du fond des cuves, afin d'en extraire facilement le marc qui doit être porté sur les pressoirs.

Les meilleures cuves sont des foudres, dont la forme ronde maintient le marc plongé dans le vin, et dont la porte supérieure, par laquelle on introduit la vendange, n'est qu'un orifice étroit qui ne permet pas l'altération du chapeau. Aussi depuis longtemps construit-on peu de cuves et donne-t-on la préférence aux foudres, car, outre leur supériorité comme cuves, ils servent après la décuvaison à contenir le vin comme vases vinaires. C'est un usage auquel ne peuvent servir les cuves ouvertes, et pour lequel les cuves fermées sont très inférieures aux foudres.

On ne doit laisser la vendange de l'Aramon en cuve que le temps nécessaire à la fermentation pour transformer le moût en vin. Les moûts d'Aramon variant comme densité, dans la plupart des cas, de 7 à 11° Baumé, et la température moyenne des raisins, dans le courant de septembre, dépassant 20°, il suffit de 5 à 7 jours pour que le vin soit fait. On décuve alors des vins légers de couleur mais droits de goût, frais, agréables, qui dès le mois de décembre peuvent entrer dans la consommation.

Quand les Aramons sont trop cuvés, ils contractent, comme la plupart des autres cépages, des goûts de terroir plus ou moins accentués, ce qu'il faut éviter avec soin, car, autant que possible, les petits vins doivent être neutres.

On fait avec l'Aramon des vins blancs vifs, pétillants, fins de goût. Il suffit d'ouvrir le robinet de la cuve à mesure qu'on y jette la vendange écrasée. On envoie le moût dans les foudres ou dans les tonneaux méchés à l'allumette soufrée, dans lesquels il fermente séparé de sa grappe.

De tous les cépages, l'Aramon est celui qui peut le mieux résoudre la question de produire, à bon marché, les vins alimentaires destinés à la consommation populaire. Comme il donne aussi dans les coteaux un vin de table qui ne manque pas de mérite, il ne faut pas s'étonner de la juste popularité dont il jouit partout où sa culture a pu pénétrer.

Ugni blanc. — Synonymes : *Uni blanc, Queue de Renard* (Bouches-du-Rhône, Var); *Bouan Beou* (Var); *Bonebeou* (Var et Alpes-Maritimes); *Trebbiano bianco* (en Toscane).

Caractères :

Souche : forte, vigoureuse, d'une longue durée, fertile.

Sarments : rampants, allongés, d'un gris roux, plus gris à l'arrière-saison; nœuds forts, plus espacés au milieu et au bout du sarment, plus court noués à sa base. Bourgeonnement blanc, tomenteux.

Feuilles : moyennes, à cinq lobes, bien dentelées, couleur vert jaunâtre taché de jaune, face supérieure rugueuse, revers cotonneux, nervures légèrement colorées en jaune, de même que le pétiole.

Grappe : volumineuse, longue, un peu ailée, à pédoncule allongé, vert et tendre.

Grains : ronds, assez gros, peu serrés, à chair molle, juteux, très doux, blancs transparents, à peau fine; un peu sujets à la pourriture quand ils sont trop rapprochés du sol, colorés en rose du côté où ils sont frappés par le soleil.

Maturité : précoce, du 5 au 10 septembre.

L'Ugni blanc a certaines analogies avec l'Aramon (Uni ou Ugni noir en Provence); il est presque exclusivement cultivé dans les départements de la Provence; on ne le rencontre que peu ou point dans les autres. C'est un cépage distingué qui mériterait cependant d'être propagé. En Provence, il est fertile, de longue durée, et produit un vin blanc sec très estimé; aussi est-ce une des variétés à raisins blancs les plus répandues et les plus appréciées, ainsi que l'indique le nom de Bonebeou (bon et beau) qui est un de ses synonymes. On le mêle à la vendange du vin rouge pour lui donner plus de spirituosité.

Les terrains substantiels, assez riches et pierreux, conviennent le mieux à ce cépage, qui est assez exigeant, parce qu'il est fertile.

Il est bien moins prompt à débourrer que l'Aramon (de 10 à 15 jours environ, selon les années), et par conséquent moins sujet aux gelées tardives. Il craint comme lui l'humidité, mais il pourrit moins. Il coule peu.

Il est, comme l'Aramon, assez sujet aux insectes, mais il leur résiste mieux. C'est un des cépages de ma collection qui a lutté avec succès contre le Phylloxera et que j'ai pu conserver franc de pied.

Il résiste à l'Oïdium, quoique ses raisins en soient très éprouvés; ils se fendent, se dessèchent et ne rendent rien à la cuve. Il a donc besoin d'être soufré avec soin. Il résiste bien aux autres maladies cryptogamiques : *Mildiou, Black-roth, Anthracnose*.

On le greffe avec facilité sur Riparia, Rupestris, Solonis, Taylor. Il s'adapte bien à ces divers porte-greffes et reste sur eux vigoureux et fertile.

Origine. — L'Uni blanc est un cépage très ancien, d'origine italienne. Il est connu en Toscane sous le nom de Trebbiano bianco; en Piémont, sous celui de Trebbiano vero, Trebbiano fin, Erbalus. Selon Baccio, dit le comte Odart, ce serait le Trebulanus de Pline, et alors sa culture remonterait au temps de la Rome antique.

L'article de l'*Ampélographie universelle* rapporte aussi la mention que fait de ce cépage, au quinzième siècle, Petrus de Crescentiis, sénateur de Bologne, et le goût que le pape Paul III (Alexandre Farnèse) marquait de préférence pour le vin de Trebbiano (1534-1549). Olivier de Serres mentionne les Ugnes parmi les cépages cultivés de son temps; il est probable que l'Ugni blanc fait partie des espèces qu'il a voulu désigner sous ce nom. Garidel le mentionne spécialement parmi les cépages provençaux sous le nom d'*Uni blanc*.

M. Pellicot, dans son *Calendrier du Cultivateur provençal*, a consacré une notice à l'Uni ou Ugni blanc, et en constate les propriétés remarquables. Il mentionne aussi une variété d'Ugni qu'il désigne sous le nom d'Ugni roux, et dont les raisins se colorent en rose à l'époque de la vendange. Dans ma collection, ces deux cépages se sont montrés identiques.

En résumé, en terminant cette notice, je dois constater que, malgré quelques analogies, l'Uni blanc n'a ni le port, ni l'aspect de l'Aramon. Sa souche est moins épaisse, ses sarments, quoique étalés, sont plus cannelés et à nœuds plus espacés; la feuille est plus jaune, plus rugueuse, plus épaisse et plus consistante, plus cotonneuse, moins découpée, à pétioles jaunes; le fruit, en queue de renard, est tout différent de celui de l'Aramon. Je le considère donc comme appartenant à un autre type que l'Aramon quoiqu'il en soit voisin, et comme devant former une tribu distincte; sa végétation est bien plus tardive, son port, sa feuille, ses sarments, ses fruits, diffèrent complètement de ceux de l'Aramon. Plus près de l'Uni blanc, qui présente, avec l'Uni noir, de si nombreuses différences, se place un cépage nouveau que j'ai obtenu en 1871, qui me paraît être le vrai Aramon blanc, car il s'en rapproche beaucoup plus que l'Uni blanc. Mon Aramon blanc a la souche grosse et forte comme le noir, le sarment est identique, mais un peu plus clair, la variété étant blanche, le port est le même, souche et sarments sont étalés comme ceux de l'Aramon noir; il débourre en même temps que lui. — La feuille est d'un vert plus foncé, rugueuse dessus et dessous, plus cotonneuse, un peu moins grande, plus pleine, à sinus moins profonds, à lobes aigus, à dents de scie inégales. Le sinus pétiolaire est cordiforme et légèrement ouvert. — Les grappes sont moyennes, assez fortes, ailées comme celles de l'Aramon, à grains ronds surmoyens, d'un beau blanc transparent, se colorant en rose, à la grande maturité, du côté du soleil; elles sont mélangées d'un assez grand nombre de petits grains. Le raisin est très doux, très sucré, à peau fine comme dans l'Aramon noir, et il se pourrit facilement comme ce dernier. L'Aramon blanc est fertile, mais moins que le noir; il mûrit à peu près comme lui, mais il est un peu plus précoce. Il débourre de très bonne heure et est sujet aux gelées tardives.

Culture et vinification de l'Ugni blanc. — L'Ugni blanc, étant un cépage de coteau vigoureux de fertilité soutenue, susceptible de donner des vins de qualité, doit être planté à $1^m,50$ en tout sens, conduit à la taille courte, à un ou deux yeux francs, et porter de trois à quatre coursons. On ne doit pas le fumer souvent si on veut en obtenir du vin distingué, et attendre qu'il soit assez mûr pour que le moût donne de 13 à 14° à l'aréomètre de Baumé, et que la peau du raisin commence à s'altérer.

On le foule et on entonne immédiatement le moût dans des futailles préalablement méchées à la mèche soufrée; on presse le marc le jour même, et, suivant l'état du raisin, on le réunit au premier moût ou on le laisse fermenter à part.

Il se conserve très longtemps et, d'après M. Pellicot, rappelle le vin de Marsala. Mélangé au vin rouge, dans la vendange, il en augmente la spirituosité. Quand on pousse l'Uni blanc à produire beaucoup dans les sols fertiles, la qualité du vin diminue, tout en restant encore satisfaisante.

Le vin de l'Uni blanc est sec, corsé, d'excellent goût. — Quand le moût a fini de fermenter, on remplit la futaille, et on attend les premiers froids et la clarification du vin pour le soutirer.

Morrastel. — Synonymie : *Morrastel, Mourrastel, Monestel* (Hérault, Aude, Pyrénées-Orientales).

Les caractères du Morrastel sont les suivants :

Souche : assez forte, élevée, fertile.

Sarments : érigés, durs, rouges, un peu moins gros et forts que ceux de l'Espar ou Mourvèdre, de longueur moyenne, à entre-nœuds moyens, nœuds moyennement renflés. Bourgeonnement blanc tomenteux, assez tardif.

Feuille : forte, d'un beau vert, de trois à cinq lobes, peu découpée, moins encore que celle de l'Espar; presque lisse par-dessus, face inférieure assez cotonneuse, moins cependant que celle de l'Espar; pétiole rouge, nervures rouges; à l'arrière-saison jaunit en se tachant de rouge. Bourgeonnement vert, tomenteux, tardif.

Grappe : ligneuse, dure, assez grosse, ailée, à *grains* serrés, très noirs, petits, doux, juteux, obronds, à jus légèrement coloré; la première grappe est placée sur le sarment au troisième nœud.

Très fertile dans les terrains qui lui conviennent.

Il mûrit vers la mi-septembre et souvent plus tôt. Dans les coteaux, on peut le vendanger avec l'Aramon; il est un peu plus précoce que l'Espar.

Le Morrastel est cultivé depuis longtemps dans l'Hérault et dans les départements qui le confinent jusqu'à l'Espagne; il est peu connu dans le reste de la région. Il est souvent confondu avec l'Espar ou Mourvèdre, avec lequel il a d'ailleurs plus d'un rapport; mais il est moins érigé, plus fertile que lui dans les terrains de coteaux où il se plaît, et produit un vin très distingué, plus foncé de couleur. De tous les anciens cépages méridionaux, c'est celui dont le vin est le plus coloré. Cette propriété a fait la fortune du vignoble de Villeveyrac, où il était très répandu. Comparé avec le vin du Teinturier ou Gros Noir mâle du Cher, récolté dans les mêmes terrains[1], il l'a presque égalé pour l'intensité de la couleur et bien dépassé par le goût, le corps et la spirituosité.

Le Morrastel est un excellent cépage dans les sols bien ressuyés en coteau, forts et argileux; il se plaît aussi dans les terres de consistance moyenne. Il est de longue durée et soutient bien sa fertilité en vieillissant. Il débourre tard et craint peu la gelée. Il charge régulièrement, coule peu, ne charbonne pas, n'est point attaqué par la plupart des insectes ampélophages, tels que l'Altise, l'Attelabe, le Gribouri. Il succombe cependant assez rapidement sous les attaques du Phylloxera, comme la plupart des variétés de la *Vitis vinifera*. Il faut donc le greffer sur cep américain résistant ou indemne.

J'en ai obtenu de très beaux sujets greffés sur Rupestris, Riparia, Taylor.

Il résiste bien à l'Oïdium et aux autres maladies cryptogamiques, cependant il est attaqué par le Mildiou avec assez d'intensité pour perdre ses feuilles et ne pas mûrir ses fruits; aussi a-t-il besoin, comme l'Aramon, d'être défendu par des traitements cuivrés.

Ses fruits ne sont pas sujets à pourrir. Le vin qui en provient est excellent, très foncé, d'une teinte grenat fort intense; il suffit d'une petite quantité de Morrastel pour améliorer et colorer les vins légers; aussi, pour cet usage, est-il fort recherché.

Avec de grandes qualités, le Morrastel présente aussi divers inconvénients qui en ont limité la culture.

Tous les terrains ne lui conviennent pas; il produit peu dans les sols légers: dans ceux qui retiennent l'eau, la partie extérieure du cep périt de bonne heure, la racine seule se conserve et repousse, mais le nouveau cep périt encore après s'être reconstitué. Son produit est alors nul, et le meilleur parti à prendre est de le greffer ou de l'arracher.

Il redoute les retours de sève, surtout lorsque le froid se produit quand le sol est humide. Il est sujet à perdre ses fruits sous les coups du soleil et en souffre beaucoup.

Quoique le Morrastel soit fertile et se couvre de raisins, la quantité de vin qu'il produit reste toujours assez limitée parce que les petits grains de son raisin donnent peu de jus. Dans les terrains profonds et fertiles, il s'emporte en bois, sa production est alors moindre que dans les coteaux, et son vin est moins bon. Il est rare qu'il donne plus de 50 hectolitres à l'hectare, et le plus souvent il se limite de 25 à 30 hectolitres, mais ce produit est régulier. Il ne suit pas, comme l'Aramon, la fertilité du terrain; les grains de son raisin restent toujours petits et n'acquièrent pas les fortes dimensions qui aident tant à la fertilité de certains cépages; dans les bons fonds, ses sarments et ses feuilles se développent souvent outre mesure, plutôt au détriment qu'à l'avantage des fruits.

Le Morrastel doit donc être planté dans les terrains de coteaux. On le mélange ordinairement avec le Grenache et la Carignane, avec l'Aramon, auxquels il se marie bien et dont il colore les moûts.

Le raisin du Morrastel, à grosse grappe, à petit grain un peu âpre et cependant douceâtre, à pulpe molle peu rafraîchissante, à peau épaisse, est presque immangeable, quoiqu'il donne d'excellent vin.

Le Morrastel se greffe bien sur cep américain (Rupestris, Riparia, Solonis, Taylor, Jacquez); alors ses qualités de fertilité s'accentuent et se développent remarquablement. C'est un cépage de coteau à multiplier.

Dégénérescence. — Le Morrastel ne dégénère pas comme l'Aramon, les Terrets, les Clairettes. Néanmoins, il craint les sols humides, dans lesquels il perd sa durée et sa fertilité; il devient alors sujet à la coulure et se couvre de petits grains, dont beaucoup restent verts.

Origine. — Ce cépage paraît être originaire d'Espagne : dans son *Ampélographie des vignes de l'Andalousie*, Don Simon-Roxas Clemente a décrit, sous le n° 43, un Morrastel dont quelques caractères se rapportent au nôtre, mais qui ne nous paraît pas identique.

[1] A Launac, près de Montpellier.

On trouve aussi dans les anciennes vignes de la région quelques variétés de Morrastel, qu'on rejette des plantations à cause de leur propension à couler et du grand nombre de petits grains, tantôt mûrs, tantôt verts, qu'on rencontre dans le raisin, mélangés aux autres.

Le cépage décrit par Don Simon paraît très estimé et sert comme le nôtre à colorer les bons vins.

D'après M. Laure, le Morrastel porte aussi, dans le Var, le nom de *Mataro*. C'est celui d'une ville de Catalogne qui indiquerait une origine espagnole.

Culture et vinification du Morrastel. — Le Morrastel, étant un cépage de coteau, fructifère sur ses yeux inférieurs et donnant des vins de qualité, doit être conduit à la taille courte de un à deux yeux francs, sur trois à cinq coursons. Son port érigé permet de le cultiver jusqu'à la fin de juillet sans endommager les sarments. On espace les fumures à deux ou trois années d'intervalle.

Mêlé à l'Aramon de coteau, à la vendange, dans la proportion d'un tiers ou d'un quart, il lui donne beaucoup de qualité, et doit être traité comme lui pour la vendange et la vinification.

Quand on le récolte seul, il donne des vins plus corsés et colorés. Il convient, dans ce cas, de le laisser mûrir quelques jours de plus et de prolonger la cuvaison jusqu'à huit à dix jours. Le Morrastel peut alors donner des vins de 12° et même plus, qui ont tous les caractères des gros vins du Midi destinés au coupage des petits vins.

S'il est vendangé un peu plus vert, de 10° 1/2 à 11° Beaumé, et cuvé en foudre pendant sept ou huit jours seulement, il donne un vin fin de couleur superbe, que je mets au premier rang des vins rouges de la région par le bouquet et la délicatesse qu'il acquiert au bout de quelques années.

Ce sera un cépage à vin fin très distingué quand on demandera ce genre de vin au Midi, et qu'on le payera à sa valeur.

Espar. — Synonymie : *Espar. Spar* (Hérault, Gard); *Plant de Saint-Gilles* (Gard); *Mataro* (Pyrénées-Orientales); *Mourvède, Mourvèdre, Mourvès, Tinto* (Bouches-du-Rhône, Var); *Benadu* ou *Benada* (à Tarascon); *Mourvègue* (Basses-Alpes); *Berardi, Balzac, Benicarlo, Camarèze, Tinto, Moustardié, Estrangle-Chien, Negre-Trinchiera* (Vaucluse, Var, Alpes-Maritimes, etc.[1]).

Les caractères de l'Espar sont les suivants :

Souche : assez forte, élevée, robuste, de longue durée, fertile.

Sarments : très érigés, de consistance solide, rouge foncé, forts, à entre-nœuds courts, nœuds renflés.

Bourgeonnement : très tomenteux, blanc, tardif.

Feuilles : assez grandes, moyennement découpées, à cinq lobes, vert foncé, cotonneuses en dessous, ce qui leur donne un aspect blanc, rugueuses par-dessus; pétioles et nervures rouges très foncés; à l'arrière-saison, les feuilles se frappent de rouge sur les bords.

Grappe : ligneuse, dure, moyenne, à petites ailes, ce qui lui donne une forme conique. *Grains* : noirs, serrés, ronds, égaux, assez petits, un peu plus gros que ceux du Morrastel, fleuris, doux et sucrés, d'un goût un peu acerbe, désagréables à manger. Pulpe molle et assez juteuse. Suc légèrement coloré à sa grande maturité. La première grappe est placée tout à fait à la base du sarment au deuxième nœud, quelquefois au premier.

Maturité : vers la fin de septembre.

L'Espar est un des cépages les plus importants de la région; il est beaucoup plus répandu que le Morrastel, avec lequel il est assez souvent confondu. Ces deux cépages me paraissent d'ailleurs appartenir à des tribus très voisines et offrent de nombreuses analogies; mais l'Espar, quoique se plaisant dans les mêmes sols que le Morrastel, est moins délicat que lui pour le choix du terrain et moins exigeant pour les soins et la culture; il est aussi un peu moins précoce. Sa synonymie, qui est une des plus riches, prouve à quel point il a été répandu dans toute la région[2].

Les sols de coteaux pierreux, assez consistants et profonds, formés de cailloux roulés et improprement nommés *grès* dans le Midi, sont ceux qui lui conviennent le mieux. Il se plaît aussi dans les terrains calcaires et argileux, substantiels et profonds, pourvu qu'ils soient bien égouttés. Il y donne les produits les plus abondants. Il produit peu dans les sols légers.

[1] Dans la Notice que M. Pellicot consacre au *Mourvèdre*, dans le *Vigneron Provençal* (pag. 37 et suivantes), en traitant de la monographie des cépages provençaux, il s'exprime ainsi qu'il suit :

« C'est le cépage capital de la contrée sous le rapport des qualités du vin ; c'est aussi le plus multiplié ».

D'après lui, sa synonymie serait la suivante : « *Mourvède, Mourvèdre, Mourvèze, Catalan, Nègré* (Départements de l'ancienne Provence). Ce cépage est aussi « l'*Espar*, le *Plant de Saint-Gilles*, du Gard et de l'Hérault ; le *Benada* de Vaucluse, où il est aussi connu sous le nom de *Tinto* ; c'est le *Mataro* des Pyrénées-« Orientales ; le *Balzac* de la Charente ».

[2] M. Pellicot dit l'avoir reçu de la collection du Luxembourg sous le nom de *Bonavis* de la Drôme, nom qui signifie, en Provençal comme en Languedocien, *Bona vesa*, bon sarment, du latin *Visula*.

Comme le Morrastel, il est peu sujet à la coulure, débourre tard et ne craint pas les gelées, charge régulièrement, ne charbonne pas, n'est point attaqué par les insectes; son fruit résiste bien à l'Oïdium et n'est pas sujet à pourrir. Il produit un vin foncé, d'une belle couleur, un peu dur et austère, d'un goût agréable, qui s'améliore en vieillissant et dure fort longtemps. C'est un des meilleurs vins de commerce et de coupage de la région.

Quand l'année permet de le vendanger dans un état de maturité avancée, il donne un bon vin de liqueur.

C'est le cépage le plus estimé et le plus répandu dans la Provence, dans le Comtat, dans le Gard, où il couvre seul de vastes terrains. Il est aussi très cultivé dans l'Hérault et l'Aude, mélangé à d'autres cépages. Dans les Pyrénées-Orientales, on le retrouve encore sous le nom de *Mataro*, mélangé au Grenache et à la Carignane.

L'Espar doit la préférence dont il est l'objet à sa rusticité, qui en permet la plantation dans une foule de sols; à sa vigueur, à sa forme érigée qui en facilite la culture au moyen des instruments de labour; à la grande régularité de ses produits, car, outre les avantages qui ont été énoncés plus haut, il n'est point sujet aux retours de sève.

Il ne suit pas, comme l'Aramon, la fertilité du terrain, aussi exige-t-il peu d'engrais. Dans les vignes qu'il forme exclusivement, le labour à l'araire est si facile qu'il est seul usité. Ces diverses circonstances font de l'Espar le cépage de la région le moins coûteux pour les frais de culture.

Il ne produit guère au delà de 50 hectolitres par hectare; dans les terrains légers, sa production s'abaisse considérablement et descend à 25, à 15 et même à 10 hectolitres par hectare.

L'Espar est un des cépages les moins attaqués par les insectes ampélophages, tels que l'Altise, l'Attelabe, le Gribouri, la Pyrale, la Cochylis, etc., mais il résiste peu au Phylloxera, et, comme le Morrastel, il succombe vite aux attaques de cet insecte.

Il est attaqué par l'Oïdium, aussi est-il nécessaire de le soufrer avec soin en mai, juin et juillet.

Il est très atteint par le Mildiou lorsque les invasions de cette maladie cryptogamique sont générales, aussi perd-il alors la plupart de ses feuilles; ses fruits s'étiolent et mûrissent mal. Le Mildiou est cependant moins précoce dans son apparition sur l'Espar que sur le Jacquez et la Carignane, mais ses attaques prennent assez d'intensité pour en amoindrir considérablement la récolte s'il n'est pas combattu par les traitements cuivrés. Il faut donc soufrer avec soin l'Espar et lui appliquer les traitements cuivrés, comme à l'Aramon et au Morrastel.

Dégénérescence. — L'Espar n'est pas sujet à dégénérer quoiqu'il perde sa fertilité dans les sols trop légers et dans les terrains mouilleux.

Origine. — L'Espar est d'origine espagnole, ainsi que l'indiquent les différents noms qu'il porte.

Le nom de Mourvèdre, qu'il porte en Provence, lui vient de la ville de Murviedro, dans le royaume de Valence, d'où il a été probablement tiré.

Celui de Mataro, qu'on lui donne en Roussillon, est tiré de la ville du même nom, en Catalogne.

Le comte Odart a consacré, dans l'*Ampélographie universelle*, deux articles à l'Espar, sous les noms de *Mourrède* et de *Tintilla* (pag. 472 et 512, 5e édit.). Il en donne une longue synonymie, car ce cépage n'est pas seulement cultivé en Espagne et dans la région méridionale, mais encore dans les Charentes, la Vienne, la Dordogne, etc. Le Dr Baumes, de Nîmes, en a fait l'objet d'un article important sous le nom d'*Espar*. M. Pellicot l'a spécialement mentionné et étudié sous le nom de *Mourvèdre* comme un des cépages principaux du Var et des départements de l'ancienne Provence. Il est mentionné par Garidel sous le nom de *Mourvégué*. Don Simon l'a décrit dans son *Ampélographie de l'Andalousie*, au n° 39, sous le nom de *Tintillo, Tinto, Tinta, Alicante*. Les caractères qu'il indique ne laissent aucune incertitude sur l'identité de son cépage et de celui qui nous occupe.

Culture et vinification de l'Espar. — Quoique l'Espar soit un cépage de coteau, les sols profonds et fertiles un peu forts lui conviennent aussi. Son port très érigé permet de le cultiver en tout temps avec les instruments aratoires. Il commence à fructifier dès la seconde année de sa plantation. Il doit être conduit à la taille courte sur un ou deux bourgeons francs et sur quatre à six coursons.

Il convient de le planter en carré, à 1m,50 en tout sens, sur défoncement, si le sol n'est ni trop rocheux, ni trop rocailleux, ou dans des trous de 0m,45 à 0m,50 de profondeur et d'ouverture.

Il se greffe avec une égale facilité sur les porte-greffes américains les plus répandus, tels que Riparia, Rupestris, Yorks, Taylors, Jacquez, etc.

La production modérée de l'Espar le rend peu exigeant sous le rapport de l'engrais; il convient cependant de le fumer chaque trois ou quatre ans afin de soutenir sa végétation.

L'Espar mûrit quelques jours après l'Aramon et le Morrastel, mais il peut être vendangé en même temps. La densité de son moût varie de 10 à 12°, et même 13° de l'aréomètre Beaumé, selon qu'il a été vendangé par un temps sec et chaud, du 5 au 25 septembre.

Quand il est récolté mélangé à l'Aramon, au Cinsaut, au Terret, auxquels il donne du corps et de la couleur, il ne doit pas cuver plus de sept ou huit jours; mais quand il est vendangé seul ou mélangé au Grenache et à la Carignane, et que le moût atteint 11° Beaumé et même plus, il convient de le faire cuver plus longtemps afin de lui faire prendre plus de goût, plus de vinosité et plus de couleur. On peut le laisser en cuve sans inconvénient jusqu'à dix et même quinze jours. Mais, dans ce cas, la cuve doit être fermée et disposée comme un foudre, dont la trappe supérieure resterait seule entr'ouverte. On en obtient ainsi les gros vins de coupage au moyen desquels on soutient et on améliore les petits vins de plaine ou des arrière-côtes.

Quand on laisse la maturité de l'Espar se prolonger, le raisin se ride et donne des moûts très sucrés qui atteignent 15° Beaumé et même plus. On en fait alors un vin de liqueur très estimé, soit qu'on le laisse cuver quelques jours afin de le colorer davantage, soit qu'on le foule et qu'on le presse sans le laisser en cuve.

Carignane. — Synonymie : *Carignane, Crignane, Calignan, Carignan, Bois dur, Plant d'Espagne* (Hérault, Aude, Gard, Pyrénées-Orientales); *Catalan*, à Marseillan (Hérault); *Mataro*, à Saint-Gilles (Gard); *Monestel* (Var); *Plant de Lédenon*, à Aix (Provence); *Tinto*, à Cariñiena (Espagne).

Les caractères de la Carignane ou Crignane sont les suivants :

Souche : forte, élevée, de durée moyenne, très fertile.

Sarments : érigés, rouge clair, durs et cassants, forts, très vigoureux; entre-nœuds serrés à la base, mais longs sur le reste des sarments, nœuds colorés et assez gros.

Bourgeonnement : tomenteux, blanc, tardif.

Feuilles : grandes, larges, fortes, tourmentées, à cinq lobes, profondément divisées et dentelées, d'un vert moyen, assez cotonneuses en dessous, un peu rugueuses par-dessus; à pétioles gros et forts, colorés de rouge; elles sont frappées de rouge vineux à l'arrière-saison sur les bords, et assez souvent sur la feuille entière et même sur les rameaux entiers.

Grappe : grosse et forte, dure, ligneuse, divisée en plusieurs lobes sans ailes régulières. *Grains* : assez gros, obronds, noirs, juteux, fermes, égaux, peu agréables à manger. La première grappe est placée ordinairement au troisième nœud.

Maturité : du 15 au 20 septembre.

On ne connaît pas de variété rose ou blanche de la Carignane.

La Carignane est surtout cultivée dans les Pyrénées-Orientales, l'Aude et l'Hérault, moins dans le Gard, et beaucoup moins encore dans la Provence. C'est un cépage très important qui, dans certains vignobles du département de l'Aude, est prédominant et cultivé seul; dans les autres, on le mélange au Grenache, à l'Espar, au Morrastel, à l'Aramon, avec lesquels il fait d'excellent vin. Il entre pour une part très considérable dans la reconstitution des vignobles sur porte-greffes américains de l'Hérault, de l'Aude, des Pyrénées-Orientales.

Le vin qu'on désigne sous le nom de *gros vin du Midi* ou vin de coupage provient principalement du mélange de la Carignane, de l'Espar, du Morrastel, qui donne la couleur, le corps et le feu, et du Grenache, qui lui donne aussi du corps et de la souplesse.

Le port de la Carignane annonce la richesse et la vigueur par ses forts sarments élancés, ses larges feuilles, ses belles et nombreuses grappes.

Elle se plaît sur le littoral, à peu de distance de la mer, bien mieux que dans l'intérieur, où elle est beaucoup plus sujette à couler et à charbonner. Elle préfère les terrains substantiels, un peu élevés, à l'abri de l'humidité; les sols rocailleux un peu forts lui conviennent aussi. Les terrains humides, trop rapprochés des plaines, lui sont défavorables; elle y charbonne presque continuellement.

C'est un cépage qui débourre tard et ne craint pas les premières gelées blanches, mais dans les sols de plaine il est parfois très maltraité par les gelées tardives d'avril et de mai.

Il est peu sujet aux ravages des insectes. Il résiste assez bien à la pourriture quoique ses fruits se maintiennent moins bien que ceux du Morrastel et de l'Espar. Il est moins éprouvé que ces deux cépages par les chaleurs et les coups de soleil, et ses fruits sont moins échaudés.

Il mûrit un peu plus tard que l'Aramon; il est très fertile; cependant son produit varie beaucoup selon les années. Dans certains terrains il proportionne, comme l'Aramon, ses produits à la fertilité du sol. Il est exigeant pour la culture et les engrais.

Il donne un bon vin, coloré, rude, spiritueux, ayant de la durée; quand ses produits sont très abondants, le vin est moins bon, comme dans le cas de l'Aramon.

A côté de ces avantages, la Carignane présente le grave inconvénient d'être en quelque sorte le cépage d'élection des maladies cryptogamiques les plus dangereuses pour la vigne. Ainsi, elle est fort sujette à la coulure dans les années humides; non seulement le raisin s'éclaircit, mais il tombe tout entier, couvert de taches et de blessures noires sur les grains, les pédicelles et les pédoncules; le tissu du bourgeon lui-même est profondément lacéré par les mêmes blessures noires. C'est l'affection que les vignerons désignent vulgairement sous le nom de *Charbon*, et à laquelle MM. Dunal et Esprit Fabre ont donné celui d'*Anthracnose* ou Maladie noire. De tous les cépages de grande culture pour la production du vin, la Carignane est un de ceux qui, dans les années humides, souffrent le plus de cette grave maladie. Les plus belles apparences de récolte disparaissent sous son influence. L'Anthracnose ou Charbon de la vigne est causée et caractérisée par le développement d'une cryptogame parasite : le *Sphaceloma ampelinum*, qu'on trouve dans les taches noires des ceps attaqués par le Charbon. Aucun cépage n'en est plus atteint que la Carignane.

Elle est également très sujette à être attaquée par l'Oïdium. C'est par elle que commencent les invasions de cette cryptogame parasite, alors que les autres cépages n'en présentent encore aucune trace. Il n'est pas rare de l'observer, en avril, quelques jours après la sortie des bourgeons; dans ce cas, si l'Oïdium n'est pas énergiquement soufré, il envahit la vigne, se propage rapidement sur les autres variétés, en rabougrit les sarments et en détruit les raisins. La Carignane est réellement le cépage propagateur de l'Oïdium, aussi les vignobles qui en sont formés en ont-ils souffert plus que tous les autres. De tous nos cépages de grande culture, c'est celui qui doit être le plus énergiquement soufré, soit pour combattre la Coulure et le Charbon, soit pour combattre l'Oïdium. Sous l'influence réitérée du soufre, la Carignane perd de ses inconvénients, elle fleurit mieux, charbonne moins, se débarrasse de l'Oïdium et acquiert une magnifique végétation. Ses fruits deviennent alors d'une beauté, d'une intensité de couleur remarquables. Le soufre, plus que pour toute autre variété de vigne, est devenu indispensable pour assurer les résultats de sa culture.

La Carignane est aussi très sujette à être attaquée par le *Peronospora viticola*, cryptogame qui occasionne la grave maladie récemment connue sous le nom de *Mildew* ou *Mildiou* et qui excite depuis quelques années de vives inquiétudes. La Carignane présente donc le très grave inconvénient d'être celui de nos cépages cultivés qu'attaquent de préférence les cryptogames parasites les plus redoutables : Oïdium, Peronospora, Sphaceloma, dont l'action est si funeste à la vigne. Les attaques de ces parasites compromettent souvent sa récolte quand elles ne sont pas combattues par le soufre et les traitements cuivrés, mais le cépage est si robuste qu'il se rétablit facilement et qu'il conserve sa vigueur et sa fertilité les années suivantes.

Insectes ampélophages. — Le Phylloxera rabougrit et fait périr la Carignane comme la plupart de nos autres variétés cultivées. Elle est peu attaquée par les insectes ampélophages, tels que l'Altise, l'Attelabe, le Gribouri, mais elle est plus sujette aux ravages de la Pyrale.

Dégénérescence. — La Carignane est peu sujette à dégénérer; cependant, sa fertilité diminue considérablement dans les terrains bas, trop frais ou sujets aux humidités favorables au développement de l'Anthracnose. On observe même que, dans les sols qui lui conviennent peu, lorsque les grappes maîtresses ont disparu, elle donne lieu, sur certains ceps et quelquefois dans la vigne entière, à une production considérable de grappillons qui poussent au bout des sarments, et dont le vin est de qualité inférieure.

Malgré tous ces inconvénients, la Carignane est un des cépages les plus fertiles et les plus répandus de la région; elle produit en moyenne, selon les terrains, de 30 à 70 hectolitres par hectare. Dans les années d'abondance, certaines vignes en bon sol produisent encore plus. On la cultive assez facilement au moyen d'instruments de labour, jusqu'à la fin de juin, à cause de son port érigé, ce qui est une considération importante partout où la main-d'œuvre est rare et chère.

Origine. — La Carignane, ainsi que l'indiquent ses différents noms, est d'origine espagnole. Son nom de Carignane ou Crignane lui vient de *Cariñena*, en Aragon, localité qui produit un vin rouge renommé. On la désigne, à Cariñena, sous le nom de *Tinto*. Le nom très usité de *Carignan* est une corruption des précédents et ne lui convient pas, car il indiquerait une origine italienne que rien ne justifie. Le nom de *Mataro*, qu'il porte à Saint-Gilles, est celui d'une ville de la Catalogne où il est cultivé et d'où il a été probablement tiré; mais ce nom doit être réformé pour éviter toute confusion avec le vrai *Mataro* du Roussillon, qui est l'Espar du Languedoc et le Mourvèdre de la Provence.

Aucun des cépages que mentionne Don Simon-Roxas Clemente, dans son *Ampélographie de l'Andalousie*, ne paraît se rapporter à la Carignane. Elle paraît donc être originaire de l'Aragon ou de la Catalogne plutôt que du sud de l'Espagne.

Le comte Odart lui a consacré une Notice dans l'*Ampélographie universelle*.

M. A. Pellicot en a fait, dans le *Vigneron Provençal*, sous le nom de *Monestel*, le sujet d'un article spécial.

Garidel la mentionne sous le nom de *Catalan*, parmi les cépages provençaux cultivés, il y a deux siècles, dans les environs d'Aix.

La Carignane est répandue depuis fort longtemps sur notre littoral méditerranéen. On la rencontre non seulement en Roussillon et dans le Narbonnais, mais encore aux environs de Montpellier, dans un grand nombre de vignes très anciennes. Il est probable qu'elle y existe depuis une époque fort reculée, antérieure ou au moins contemporaine de celle où la ville de Montpellier et son territoire faisaient partie des États du roi d'Aragon, au XIIe siècle. On peut donc considérer que, depuis sept siècles au moins, la Carignane est cultivée dans nos vignobles, où elle occupe actuellement un des premiers rangs, et qu'à ce titre elle est un des cépages qui appartiennent au littoral français de la Méditerranée autant qu'à celui de l'Espagne.

Culture et vinification de la Carignane. — La Carignane est un cépage de coteau. Elle ne prospère que dans les terrains élevés, secs, bien ressuyés, à l'abri des humidités et des mouillures persistantes. Étant très sujette aux maladies cryptogamiques les plus dangereuses dont la vigne souffre tant dans les milieux humides par le sol et l'atmosphère, elle se plaît de préférence dans les localités sèches et très ventilées, où elle est à l'abri des brouillards et des rosées, qu'on observe si communément dans certaines plaines, près des cours d'eau.

C'est le plus fertile de nos cépages de coteau.

La Carignane est moins exigeante que l'Aramon, et végète et fructifie dans les sols maigres et rocailleux où l'Aramon réussit mal. Quoique relativement très fertile, elle produit beaucoup moins que l'Aramon dans les terrains gras et profonds, et le vin qu'on en retire perd beaucoup des qualités qu'il acquiert dans le coteau.

Les sols destinés à la Carignane doivent être préparés avec soin, défoncés et drainés s'ils peuvent être infiltrés par les humidités de l'hiver. Comme tous les cépages fertiles, elle exige, pour être productive, une culture soignée et des engrais. Ses sarments érigés permettent de lui donner facilement des labours, avec les instruments aratoires, jusqu'à la fin de juillet.

Il faut éviter de mettre en Carignane les vignes de sable et celles qu'on soumet à la submersion, où elle serait trop souvent charbonnée ou mildiousée. En pareil cas, l'Aramon est le cépage qu'on doit préférer. Les terrains de coteau ou de plateaux élevés auxquels on la destine, doivent être plantés en porte-greffes américains, à 1m,50 en tout sens. Selon la nature du sol, on emploiera des Riparia ou des Rupestris dans les terrains rouges, ferrugineux, assez siliceux, avec mélange de calcaire argileux; ou des Jacquez, des Yorks, dans ceux qui sont plus calcaires et mélangés de marnes et d'argile. Quand la proportion de ces derniers éléments est dominante, on risque de voir la vigne s'étioler et périr, malgré la facilité avec laquelle les greffons de Carignane s'adaptent sur les porte-greffes américains.

De tous nos cépages cultivés sur vigne américaine, la Carignane est celui dont les greffes réussissent le mieux et qui donne les plus belles reprises, ainsi que les souches les plus vigoureuses et les plus développées, lorsqu'il est enté sur Riparia, Rupestris, York, Jacquez, Taylor.

Il se met à fruit dès la seconde année de sa plantation.

Depuis que les maladies cryptogamiques ont pu être combattues avec succès au moyen du soufre pour l'Oïdium et l'Anthracnose, et par les traitements cuivrés (bouillie bordelaise ou soufre trituré mélangé de 5 ‰ de sulfate de cuivre) pour le Mildiou et le Black-roth, la culture de la Carignane a pris un développement très considérable. Elle s'étend, avec celle de l'Aramon, à la grande majorité des terrains reconstitués en vignes sur racines américaines. C'est, en effet, un des cépages dont la culture est des plus avantageuses, et qui convient le mieux à un grand nombre de terrains que la vigne seule peut mettre en valeur.

Dans une foule de cas, on mélange les cépages d'Aramon et de Carignane, en plaçant l'Aramon dans les parties inférieures et les plus fertiles du coteau, et la Carignane dans les parties supérieures. La maturité de leurs fruits ayant lieu du 10 au 15 septembre, leur vendange mélangée donne de très bons résultats. On fortifie l'Aramon en corps et en couleur par la Carignane, et on obtient des vins recherchés par le commerce.

Un fait intéressant à signaler, qui prouve l'influence du porte-greffe sur le sujet, est la maturité plus précoce de la Carignane greffée sur Riparia ou Rupestris, comparativement à celle de l'Aramon enté sur les mêmes porte-greffes. Depuis dix ans, je vois les Carignanes ainsi greffées mûrir quelques jours avant les Aramons, tandis que c'est le contraire qu'on observait lorsque ces deux cépages étaient plantés directement, sans passer par la greffe.

Il convient de fumer les vignes de Carignane tous les deux ou trois ans, à raison de 20,000 kilogr. de fumier de ferme par hectare, ou leur équivalent en tourteaux ou engrais chimique.

Le mode d'emploi le plus commode et le plus avantageux pour la bonne répartition de la fumure et comme moyen de culture est celui qui consiste à déchausser les ceps et à mettre autour, dans la cavité pratiquée, l'engrais qui lui est destiné. Cette observation s'applique d'ailleurs à la fumure de tous nos cépages cultivés.

Dans les sols maigres peu fertiles, il convient de tailler la Carignane à un seul bourgeon franc, mais dans ceux qui sont plus profonds, il convient de lui laisser deux yeux francs et de quatre à six coursons.

La Carignane est un des cépages les plus tardifs à débourrer, mais elle pousse avec tant de vigueur que ses bourgeons tendres sont renversés par le vent avec la plus grande facilité. C'est un inconvénient des plus graves pour les jeunes plantiers et les jeunes greffes, dont la végétation est ainsi quelquefois entièrement dévastée. La vigne est alors arrêtée et parfois rabougrie pour plusieurs années. On y remédie par une taille un peu plus longue pendant les deux ou trois premières années. Il convient alors, selon la force de la vigne, de lui laisser deux bourgeons francs dans le coteau, et jusqu'à trois dans les sols profonds.

Pour combattre l'Oïdium et l'Anthracnose, il faut donner à la Carignane, à partir des premiers jours de mai, trois ou quatre soufrages et même plus, en les espaçant à 20 ou 25 jours d'intervalle.

Il ne faut pas perdre de vue qu'avant l'emploi du soufre dans les vignobles de la région méridionale, la culture de la Carignane était en quelque sorte impossible dans un grand nombre de localités où elle est aujourd'hui florissante; la cause en était aux ravages que l'Anthracnose ou Charbon de la vigne lui faisait subir. Depuis l'application du soufre au traitement de l'Oïdium, il a été reconnu que les vignes bien soufrées échappent aux attaques, non seulement de l'Oïdium, mais encore de l'Anthracnose (*Sphaceloma ampelinum*). C'est un fait que j'ai signalé lorsque j'ai étudié l'action du soufre sur la vigne, et qu'il me paraît important de signaler encore. Aucun procédé de culture, autant que le soufrage de la vigne, n'a contribué à étendre la culture de la Carignane, par la double propriété que possède le soufre en poudre de combattre à la fois, sur la Carignane, l'Oïdium et le Sphaceloma de l'Anthracnose.

Le soufre est donc indispensable à cet excellent cépage, un de ceux qui améliorent le plus les vins de la région. Il faut en quelque sorte le maintenir dans le soufre, des premiers jours de mai à la fin de la première quinzaine de juillet. Si la pluie vient à laver le soufrage, il faut le recommencer comme s'il n'avait pas été fait. Les soufrages conviennent aussi pour combattre le Mildiou et le Black-roth, mais alors il convient de mélanger de 3 à 5 % de sulfate de cuivre dans le soufre dont on se sert, et de pratiquer deux applications de bouillie bordelaise à 3 % au moins de sulfate de cuivre : la première vers le 20 mai et la seconde un mois plus tard, après la floraison. Si le Mildiou persiste, on fera une troisième application de bouillie bordelaise dans le mois de juillet.

On mêle souvent la Carignane, dans les vignes de coteau, avec le Morrastel et l'Espar, tous cépages à sarments érigés et à raisins très colorés; on en obtient alors des vins très riches en couleur. Il est à remarquer que ces trois cépages donnent les fruits les plus chargés en matière colorante parmi ceux de nos anciennes cultures, et qu'on ne leur connaît pas de variétés roses ou blanches comme aux Terrets, aux Piquepouls, etc. On verra plus loin qu'on ne connaît pas de variétés noires à certains cépages blancs, comme la Clairette, le Colombaud.

Lorsque la Carignane est mêlée à l'Aramon, on traite sa vendange et sa vinification comme celles de ce dernier cépage. On en obtient alors des vins plus ou moins corsés et colorés, qui se rapprochent de ceux que le commerce désigne sous le nom de *vins de montagne*. C'est principalement par la Carignane qu'on obtient ce genre de vin, dont le degré alcoolique varie entre 11 et 12°, et qui joint à la vinosité le corps et la couleur nécessaires au vin d'expédition. Les beaux vins de Narbonne, si estimés du commerce, sont un type de ce genre de vin.

On les obtient en attendant que la maturité du raisin soit plus avancée, et que le moût atteigne 12° Beaumé, et même plus. On prolonge alors la durée de la cuvaison jusqu'à dix et douze jours, et davantage. Il convient de faire cuver en foudre et de mélanger avec ménagement le vin de presse au vin de goutte.

Le vin de Carignane, astringent, ferme, bien coloré, de bon goût, se conserve longtemps et s'améliore quand il est mis en bouteille. Il acquiert un bouquet agréable quand il provient de sols graveleux, rocailleux, et plus spécialement des dépôts alluvionnaires de cailloux roulés, désignés, en languedocien, sous le nom de *Grès*.

Grenache. — Synonymie : *Grenache, Granache, Alicant, Bois jaune* (Hérault, Aude, Gard, Pyrénées-Orientales); *Roussillon, Rivesaltes, Alicant* (Var et Bouches-du-Rhône); *Carignane jaune* (Aude); *Redoudal* (Haute-Garonne); *Lladoner* (Catalogne); *Granaxa*, à Cariñena (Aragon); *Aragonais* (aux vignobles de Madrid).

Les caractères du Grenache sont les suivants :

Souche : très forte, très élevée, de longue durée, très fertile.

Sarments : érigés, gros à la base, assez fermes, courts, couleur jaune rougeâtre, ponctués çà et là, nœuds gros, peu espacés à la base; l'extrémité du sarment s'aoûte souvent assez mal et se dessèche.

Bourgeonnement : vert, légèrement aranéeux; pousse environ huit jours après l'Aramon et quelques jours avant la Carignane.

Feuille : petite, peu découpée et dentelée, très lisse sur ses deux faces, couleur vert jaunâtre, jaunissant à l'arrière-saison, pétioles et nervures jaunes.

Grappe : grosse, ligneuse, lobée sans régularité; *Grains* légèrement oblongs, sous-moyens, serrés, très fleuris, bien colorés, de nuance bleutée sans être très noirs, très juteux, très sucrés, se passerillant facilement. La première grappe est ordinairement insérée au troisième nœud, très près de la base du sarment. Maturité fin septembre et octobre.

Le Grenache ou Alicant était, avant l'invasion du Phylloxera, un des cépages les plus répandus et les plus cultivés de la région, aussi peut-il être considéré comme un des plus importants, mais les ravages que lui ont fait subir le Phylloxera et le Mildiou ont réduit sa culture.

Le port du Grenache exprime la force et la fertilité. Dans les terrains où il se plaît, les vignes assez nombreuses qui en sont exclusivement composées semblent formées d'arbustes fortement charpentés, élevés de 0m,60 à 0m,75. Aucune autre souche, parmi celles de grande culture, n'atteint aussi vite des dimensions plus fortes que les siennes. C'est un des cépages les plus faciles à reconnaître par son port, la grosseur de sa souche, la couleur jaunâtre de ses sarments, leur grosseur à la base, leur direction érigée, leur longueur très moyenne, les allures et la consistance de la feuille lisse, luisante, vert jaunâtre, et le nombre de ses belles grappes pruinées légèrement bleutées.

Le Grenache est cultivé sur de vastes espaces dans toutes les parties de la région, soit mélangé à d'autres cépages (Morrastel, Espar, Carignane) pour faire les gros vins de coupage, soit tout seul. Le vin qui en provient, dans ce dernier cas, prend alors le nom de *Grenache*, du cep qui l'a produit.

Les sols dans lesquels il se plaît le mieux sont les bonnes terres argilo-calcaires, caillouteuses et siliceuses, assez profondes, bien ressuyées, qui conviennent aussi à l'Aramon. Il y donne de beaux produits en quantité tout en conservant de la qualité.

Il est exigeant et a besoin, pour soutenir ses produits et sa durée, d'engrais et de bonnes cultures.

Dans les sols trop légers qui manquent de consistance, dans ceux où l'élément calcaire fait défaut, le Grenache vieillit vite et ses produits décroissent assez rapidement pour qu'on soit conduit à l'arracher. C'est ce qui a fait dire, par quelques auteurs, que ce cépage n'a point de durée; mais il n'en est point ainsi dans les sols à la fois consistants, caillouteux et ressuyés : on y trouve d'énormes souches séculaires qui se chargent chaque année d'une façon merveilleuse.

Le Grenache débourre un peu plus tôt que l'Espar et la Carignane, mais plus tard que l'Aramon, et, comme sa souche est très haute, il redoute peu la gelée blanche. Les grands froids de l'hiver dans les sols humides l'éprouvent beaucoup plus; les ceps du Grenache périssent alors plus facilement que ceux des variétés précédentes, et il est plus sujet aux retours de sève qui détruisent les yeux des coursons sous leur duvet; mais ces inconvénients, très graves dans les terrains humides et qui atteignent plus ou moins toutes les variétés de vigne, sont bien moindres et disparaissent même, dans les sols caillouteux et secs.

Il coule dans les années humides et se charbonne, mais beaucoup moins que la Carignane, et comme pour elle cet inconvénient est fort atténué par l'emploi du soufre.

Insectes parasites. — Il redoute peu les attaques de l'Attelabe, du Gribouri, qui se jettent de préférence sur l'Aramon, l'Œillade, etc., mais l'Altise dévore volontiers ses feuilles et ses bourgeons. Il a été très ravagé par le Phylloxera, et il succombe vite à ses attaques.

Maladies cryptogamiques. — Il est peu sujet à l'Oïdium; c'est même un des cépages qui en sont toujours attaqués les derniers; cependant il finit par en subir aussi les atteintes, et ses récoltes en sont alors très diminuées, surtout lorsque la saison des vendanges est humide.

Il est très attaqué par le Peronospora du Mildew; de tous les cépages méridionaux, c'est celui qui est à la fois un des premiers atteints et le plus maltraité. Il en souffre tellement qu'on voit des souches entières en mourir. Les traitements cuivrés par la bouillie bordelaise et les soufres en poudre cuivrés lui sont indispensables.

Il charge régulièrement et donne un vin très remarquable par ses qualités. Quand il est fait en rouge, ce vin est corsé, moelleux, fin, spiritueux, d'une belle couleur rouge mordoré; en vieillissant, il devient encore plus spiritueux et sa couleur jaunit. Allié à d'autres cépages, tels que l'Aramon, le Terret, l'Espar, le Morrastel, la Carignane, il communique à leurs vins la finesse et le moelleux qui lui sont propres et les améliore. Il entre pour beaucoup dans la plupart des grands crus de Roussillon; ainsi, les vins de Banyuls, de Port-Vendres, de Collioure, sont formés de Grenache, de Carignane; ceux de Rivesaltes sont produits par le Grenache, la Carignane et l'Espar, etc. On le trouve aussi dans les bons vins de la côte du Rhône, on pourrait dire dans tous ou presque tous ceux de la région.

Quand il est vendangé à un degré de maturité avancée, on en fait du vin blanc ou du vin rouge tirant sur l'orangé, d'une haute qualité, qui ne le cède à aucun autre. Les moûts du Grenache marquent alors de 16 à 20° Beaumé, et même davantage. On connaît la grande réputation des Grenaches de Collioure et de Banyuls.

Le Grenache produit, selon les sols, de 20 à 25 hectolitres à l'hectare. Quand on le récolte déjà desséché ou passarillé, cette quantité diminue encore. Elle augmente au contraire considérablement quand la vigne est largement pourvue d'engrais, et qu'elle est plantée dans les bons sols profonds. Certains Grenaches produisent alors de 60 à 75 hectolitres par hectare.

Les grandes qualités qui font du Grenache un des cépages les plus remarquables de la région méridionale en ont autrefois fort étendu la culture. Sa résistance à l'Oïdium a encore augmenté ces avantages; aussi pouvait-il être considéré comme un des cépages les plus généralement répandus de la région. Depuis la destruction des vignes par le Phylloxera, cette situation a bien changé. Dans les reconstitutions sur vigne américaine, on greffe généralement peu de Grenache, tandis qu'on multiplie la Carignane, dont la fertilité est supérieure et le vin plus coloré.

Origine. — Le Grenache est d'origine espagnole. D'après le comte Odart, il a été tiré originairement du camp de Cariñena, en Aragon, où il a fait la réputation des vins de cette localité, et importé sur le littoral français de la Méditerranée. Il porte, en Aragon, le nom de *Granaxa*, sous lequel je l'ai reçu de la localité de *Cariñena*, et celui de *Lladoner*, en Catalogne. Son nom d'*Alicante*, fort répandu dans le midi de la France, indique aussi un des vignobles d'où il a été probablement importé.

Le comte Odart lui a consacré, dans son *Ampélographie universelle*, une Notice intéressante.

M. Pellicot en a fait, dans le *Vigneron Provençal*, une étude spéciale.

Le Grenache ne paraît mentionné ni par Olivier de Serres, ni par Don Simon, ni par Garidel.

Dégénérescence. — Le Grenache n'est pas sujet à dégénérer; il se conserve très vieux avec tous ses caractères et sa fertilité. Cependant, comme il craint les grands froids et qu'il est sujet à périr par des températures inférieures à 10°, on risque, après les hivers longs et rudes comme ceux de 1839, 1850 et 1879, de le voir se démembrer. Il repousse alors, mais il est moins fertile. Dans les sols humides, le Grenache se démembre et perd sa fertilité. Il coule constamment.

Culture et vinification du Grenache. — Le Grenache se plaît de préférence dans les terrains substantiels argilo-calcaires, mélangés de silice, à l'abri de l'humidité; c'est un cépage de coteau auquel il faut un climat sec et chaud, et qui donne des vins d'une haute qualité.

On lui applique généralement, pour la plantation, la taille, la distribution des engrais, les labours, les mêmes procédés de culture qu'à la Carignane, à l'Espar, au Morrastel, avec lesquels il est souvent associé.

Il se greffe avec facilité et succès sur les porte-greffes américains les plus usités, tels que les Riparia, les Rupestris, les Jacquez. On pourra donc, quand on le voudra, reconstituer promptement les belles et nombreuses vignes de Grenache de notre région méridionale.

Quoique le Grenache résiste assez bien à l'Oïdium et qu'il soit moins sujet à être ravagé par l'Anthracnose que la Carignane, il convient cependant de lui donner trois soufrages, des premiers jours de mai à la première quinzaine de juillet.

Comme il est très attaqué par le Peronospora du Mildew, on doit lui appliquer, aux mêmes époques, plusieurs traitements cuivrés, soit par les poudres, soit par la bouillie bordelaise.

Dans les terrains où il se plaît, et sous l'influence d'une bonne culture, la souche du Grenache acquiert les plus fortes dimensions, et elle végète si vigoureusement que la culture à bras d'hommes devient seule possible.

De pareilles vignes, dont les raisins mûrissent régulièrement sans pourriture, donnent des produits de haute qualité.

Les vins qui proviennent du Grenache ont généralement un excellent goût, une spirituosité, un corps et, en même temps, une finesse très appréciée. Ils sont susceptibles de faire des vins fins de haute valeur, et améliorent ceux des cépages avec lesquels ils sont mélangés.

On peut vendanger le Grenache selon le vin qu'on veut en obtenir, du 15 septembre au 15 octobre, et plus tard même. Si on le destine à produire un vin de table ordinaire, on le vendange en même temps que la Carignane, lorsque les moûts donnent de 10 à 11° Beaumé, et on le laisse cuver en foudre six à sept jours. Le vin est alors fin, d'une jolie couleur mordorée, et très agréable au goût. Il est susceptible d'acquérir en bouteille un bouquet développé. Vendangé à une maturité plus avancée et mélangé aux cépages à raisins très colorés, il produit les vins de coupage les plus estimés. On prolonge alors la durée de la cuvaison, selon le corps et la couleur que peut donner au vin l'état de maturité et de conservation des raisins.

On fait avec le Grenache des vins de *Rancio*, rouges ou blancs mordorés, selon qu'après avoir attendu le raisin jusqu'à son extrême maturité on en laisse cuver le moût avec la grappe pendant deux ou trois jours, ou qu'on le recueille immédiatement dans des fûts méchés, où il est traité comme les vins blancs. Selon les années, les Grenaches venus en coteau donnent des moûts de 15 à 20° Beaumé, et souvent plus. Ils produisent alors, lorsqu'ils sont convenablement traités, des vins de liqueur égaux aux meilleurs vins de ce genre.

Le Grenache est un cépage précieux au point de vue de la qualité des vins qu'il produit; il est l'honneur des vignobles dans lesquels il est cultivé.

Grenache blanc. — Le *Grenache blanc* est une variété du précédent; il en a les caractères et les avantages, mais sa maturité est plus tardive; il n'est guère cultivé qu'en Roussillon, où il produit des vins d'une qualité fort remarquable. La grappe et le grain sont plus gros que dans le Grenache noir; le grain est blanc verdâtre. On le désigne aussi sous le nom de *Silla blanc*.

Grenache rose. — Cette belle variété, peu répandue dans la région, est cultivée en Roussillon, mais beaucoup moins que le Grenache noir. On le désigne sous le nom de *Silla rose*. Il est un peu plus étalé que le Grenache noir, et possède d'ailleurs les mêmes caractères.

On cultive les Grenaches blancs et roses dans les mêmes sols et dans les mêmes conditions que le Grenache noir. Ces deux cépages sont de maturité tardive (fin septembre et commencement octobre), et produisent des vins blancs de haute qualité.

Œillade. — Synonymie : *Œillade, Uliado, Ouillade* (Hérault, Aude, Gard, Var, Bouches-du-Rhône, Pyrénées-Orientales).

Les caractères de l'Œillade sont les suivants :

Souche : moyenne, vigoureuse, fertile.

Sarments : demi-érigés, forts, demi-durs, rouges, nœuds moyennement espacés, assez renflés.

Feuille : forte, assez grande, vert foncé, bien découpée, à cinq lobes, bien dentelée, assez cotonneuse à la face inférieure, un peu rugueuse à la face supérieure, légèrement tourmentée, un peu plus longue que large; pétioles moyens.

Grappe : grosse, belle, à pédoncule tendre, tantôt ailée, tantôt divisée en plusieurs lobes sans qu'ils affectent la forme d'ailes. *Grains* oblongs, gros, peu serrés, d'un beau noir violet, très fleuris, assez sucrés, frais, croquants, charnus, excellents à manger. Le degré glucométrique est peu élevé et ne dépasse guère 9 à 10°. La première grappe est placée tout à fait à la base du sarment, au premier ou au deuxième nœud.

Bourgeonnement : blanc, tomenteux; se produit en temps moyen, huit à dix jours après celui de l'Aramon.

Maturité : fin août. Précoce.

L'Œillade est assez répandue dans la région, mais elle est beaucoup moins importante que les cépages précédents. On la trouve en assez grande quantité dans les anciennes vignes des départements de l'Hérault et du Gard, mélangée aux anciens plants du pays : le Terret, l'Aspiran, le Charge-Mulet, la Clairette; elle est moins commune ailleurs, et on la conserve beaucoup plus comme raisin de table précoce et d'ornement que pour la cuve.

L'Œillade débourre d'assez bonne heure, plus tard cependant que l'Aramon; dans les terrains bas, elle craint la gelée. Elle produit en coteau un bon vin très estimé, et à ce titre elle devrait être conservée dans les vignobles à vin fin, comme ceux de Saint-Georges et et de Langlade. Ce vin est d'une grande finesse, moelleux, parfumé, spiritueux, d'une belle couleur rouge, mais qui n'est point foncée.

L'Œillade se plaît dans les terrains de coteau, de fertilité moyenne, secs et caillouteux. Quoique très fertile certaines années, elle ne charge pas toujours régulièrement, et elle est assez sujette à la coulure; ses raisins, gros et charnus, recouverts d'une peau fine, d'une maturité précoce, sont piqués par les mouches et les abeilles et sujets à pourrir. Leur poids, qui souvent les fait traîner par terre, aggrave encore cet inconvénient.

On confond souvent l'Œillade avec le Cinsaut, à cause de la similitude des raisins de ces deux cépages, dont les grains ont de l'analogie, mais les souches et les sarments, ainsi que les feuilles diffèrent complètement. Le cep de l'Œillade est plus gros et plus fort; les sarments sont plus vigoureux, plus longs, moins étalés que ceux du Cinsaut. Les feuilles sont plus grandes, à sinus moins profonds, et moins lobées que celles du Cinsaut. Les fruits diffèrent par le goût et surtout par le degré glucométrique. Ceux du Cinsaut donnent des moûts plus épais et plus sucrés, bien supérieurs à ceux de l'Œillade. Ce sont deux cépages qui n'appartiennent pas au même type.

L'Œillade peut produire, selon les terrains, de 25 à 50 hectolitres par hectare, quelquefois plus.

Elle n'est que peu sujette à l'Oïdium et aux insectes, ainsi qu'au Peronospora et au Phylloxera, mais la grosseur et la délicatesse de ses fruits obligent à la soufrer avec soin et à lui donner les traitements cuivrés, nécessaires pour combattre le Mildiou et le Black-roth.

L'Œillade n'est pas sujette à dégénérer et à perdre sa fertilité, quoiqu'elle soit atteinte par la coulure dans les années froides et humides.

On la conserve comme raisin de table partout où elle est connue, mais on la multiplie peu pour la cuve, parce que le commerce préfère dans les vins la couleur et la fermeté à la finesse et à la souplesse. L'Aramon, qui donne, en quantité bien supérieure, un vin aussi coloré que celui de l'Œillade, quoique moins délicat, est d'un revenu plus avantageux, et lui est préféré dans les vignobles dont les produits ne sont pas classés.

Origine. — L'Œillade est considérée comme un des anciens plants du pays, et paraît être en effet originaire des départements languedociens, d'où elle s'est répandue dans le reste de la région et les départements voisins. Comme elle est précoce et fort belle, elle peut avec succès être cultivée plus au Nord. Magnol cite l'*Ouliade* dans son *Botanicum Monspeliense* (1686). Elle n'est mentionnée ni par Olivier de Serres ni par Garidel.

Œillade blanche. — Synonymie : *Œillade blanche, Picardan* (Hérault); *Gallet* (Gard); *Araignan* (Var, Bouches-du-Rhône); *Milhaud blanc*.

Les caractères de l'Œillade blanche ou Picardan ont assez de ressemblance avec ceux de l'Œillade noire, mais ils ne sont pas identiques, sauf la couleur du raisin, comme cela arrive dans un assez grand nombre de tribus. Ainsi les sarments sont plus érigés, leur bois un peu plus clair, le vert des feuilles plus jaune, leurs découpures plus profondes.

Les raisins se ressemblent à la couleur près; le goût de ceux du Picardan est très fin, très doux et relevé d'un très léger goût de musc qui les rend agréables, mais très rassasiants. Comme fertilité, ce cépage nous paraît ne pas valoir l'Œillade noire quoiqu'il s'en rapproche. Il débourre de bonne heure et redoute les gelées blanches.

Il est très sujet à l'Oïdium et souffre considérablement de ses atteintes, ce qui l'a fait réformer dans de nombreux vignobles. Il est, comme la Carignane, envahi des premiers et a besoin d'être surveillé et soufré avec un soin particulier.

Ce cépage existe encore dans les anciennes vignes de l'Hérault et du Gard, où il devait autrefois être très répandu, car il a donné son nom de *Picardan* à un genre de vin blanc très estimé qu'on a dû faire anciennement avec ses raisins, mais qu'on produit aujourd'hui en grande quantité avec ceux de la Clairette blanche.

Le cépage désigné dans le Var sous le nom d'*Araignan*, et qui, d'après M. Pellicot, serait le même que le *Milhaud blanc*, serait l'Œillade blanche qui nous occupe, car l'Œillade blanche est synonyme, d'après le comte Odart, avec le Milhaud blanc.

Depuis quelque temps on ne le multiplie plus, et il finira par devenir très rare dans les vignobles de la région, s'il n'en disparaît pas.

Origine. — Ce cépage est originaire de la région, où il est certainement fort ancien. Olivier de Serres fait mention, parmi ceux qu'il cite comme cultivés de son temps, d'un *Piquardant*, qui pourrait bien être celui qui nous occupe. Garidel le cite sous le nom d'*Araignan* parmi ceux qui sont cultivés aux environs d'Aix, en Provence. Magnol cite aussi le Piquardant parmi les cépages languedociens cultivés de son temps, aux environs de Montpellier.

Cinsaut. — Synonymie : *Cinsaut, Cinq-Saou* (Hérault); *Boudalès, Bourdalès* (Pyrénées-Orientales); *Plant d'Arles* (Bouches-du-Rhône); *Milhaud du Pradel, Milhau, Prunelas* (Tarn-et-Garonne); *Cuviller* (Isère); *Prunella* (Gers); *Morterille noire* (Haute-Garonne); *Gros Marocain* (Charente).

Le Cinsaut a été confondu, par la plupart des auteurs, avec l'Œillade noire. Ces deux cépages ont des analogies qui les rapprochent sous le rapport du raisin, mais ils diffèrent complètement par les sarments, les feuilles et le port.

Le Cinsaut est le type de la tribu mentionnée par le comte Odart, dans l'*Ampélographie universelle*, sous les noms d'*Ouillade, Cinq saous, Boudalès, Milhaud, Marocain*. Ses caractères sont les suivants :

Souche : de force moyenne, très fertile, à sarments étalés.

Sarments : surbaissés, minces, fins, peu allongés, courts dans les sols maigres, couleur rouge assez foncée, nœuds espacés, de grosseur moyenne.

Feuilles : plus petites que celles de l'Œillade, plus profondément découpées, à cinq lobes bien accusés, peu dentelées, d'un vert moins foncé et plus jaune, un peu moins rugueuses sur leur face supérieure et cotonneuses à leur face inférieure.

Grappe : grosse et belle comme celle de l'Œillade, à pédoncule tendre. *Grains :* oblongs, gros, plus forts que ceux de l'Œillade portés sur des pédoncules et des pédicelles minces et allongés, où ils sont comme suspendus; d'un beau noir violet fleuri, même saveur agréable, très sucrés, charnus et croquants.

Bourgeonnement : blanc tirant sur le vert, assez tomenteux; débourrant tardivement.

Maturité : du 15 au 30 août, un peu plus précoce que celle de l'Œillade.

Le Cinsaut est cultivé comme l'Œillade et souvent confondu avec elle; cependant, il est d'une fertilité plus régulière et plus soutenue; il débourre plus tard qu'elle et mûrit avant; il coule moins; il est moins riche en sarments et en feuillage, mais plus riche en fruit. Il souffre moins du grillage pendant les grandes chaleurs de l'été. C'est un très beau et très bon raisin de table, précoce, d'un goût fin, très sucré, charnu et cependant juteux. Sa précocité, jointe à ses qualités et à sa beauté, en ont fait un raisin de table recherché, quoiqu'il soit souvent trop sucré et qu'il provoque vite la satiété. C'est un des raisins noirs qu'on expédie avec le plus de succès aux marchés de Paris, où il est des plus appréciés.

Comme raisin de cuve, il produit un excellent vin, moelleux, d'une belle couleur rouge, qui cependant n'est pas foncée, et d'un parfum qui rappelle celui du fruit; ce parfum se développe avec l'âge et acquiert même assez d'intensité, mais il est très agréable quand le Cinsaut est allié à d'autres espèces, comme l'Aspiran, le Grenache, l'Aramon, le Morrastel.

Il se plaît dans les sols chauds, caillouteux, élevés, de consistance un peu forte, comme les terrains de grès de Saint-Georges et des environs de Montpellier, et les coteaux en garrigue.

Il donne un produit moyen plus élevé que celui de l'Œillade, et surtout plus régulier (de 30 à 60 hectolitres par hectare). Son vin est plus corsé et plus moelleux.

Maladies cryptogamiques et attaques des Insectes. — Il est peu sujet aux attaques des insectes et de l'Oïdium, mais très recherché par les guêpes et les abeilles, à cause de sa précocité et de sa douceur; aussi faut-il l'éloigner des mouches à miel qui le pillent et le détruisent, autant que les muscats. Comme l'Œillade, il pourrit les années humides et s'égrène quand on le vendange un peu tard. Il est assez vivement attaqué par le Peronospora du Mildew; il est peu sujet à charbonner. Il convient cependant, à cause de la délicatesse et de la grosseur de ses fruits, de le tenir bien soufré, du 10 mai au 15 juillet, et de le traiter aux mêmes époques par les poudres de soufre et les bouillies cuivrées.

C'est un excellent raisin de cuve particulièrement doué de la propriété de parfumer les vins dans lesquels il entre, et qui doit être multiplié dans les vignes où l'on voudra obtenir des produits fins et délicats. Dans les vignes nouvellement reconstituées sur porte-greffes américains, on fait intervenir le Cinsaut dans les coteaux ou dans les *grès* où on veut obtenir des vins fins comme à Saint-Georges, Langlade, etc. On le greffe avec plein succès sur Riparia, Rupestris, Yorks, etc. Le Cinsaut est donc un cépage important dont la culture est destinée à s'étendre dans les terrains pierreux et rocailleux, susceptibles de produire des vins fins.

La beauté des fruits du Cinsaut et sa fertilité l'ont répandu dans une foule de localités, quoiqu'il soit un peu faible de végétation. Il porte de gros et beaux raisins sur des sarments courts et grêles; *« il se fond en fruits »*, disent les vignerons.

La synonymie du Cinsaut est très étendue : aux synonymes que nous avons donnés il faut joindre celui de *Piquepoul d'Uzès*, sous lequel on le désigne dans les vignobles des environs de Béziers, et celui de *Picardan*, qu'on lui attribuerait dans le Var, d'après M. Pellicot. Ces désignations, qui empruntent les noms de cépages très connus et d'un type entièrement différent, doivent être réformées. Il faut aussi le séparer de l'*Œillade, Uliade, Ouillade*, noms sous lesquels on le désigne fréquemment.

Le Cinsaut est un cépage fort ancien : Olivier de Serres le mentionne parmi ceux cultivés en France, de son temps; Garidel le mentionne aussi sous le nom de *Plant d'Arles*. Magnol, dans son *Botanicum Monspeliense*, mentionne, parmi les cépages cultivés dans l'Hérault, le Marrouquin (*Antiquorum Duracina*), qui se rapporte très probablement à notre Cinsaut. Ce sont autant de témoignages de son ancienneté.

Culture et vinification. — La culture et la vinification du Cinsaut doivent être conduites comme celles des cépages qui précèdent, et qui entrent dans les vins fins.

Origine. — Comme l'Œillade, c'est un des anciens plants du pays qui paraît être originaire de la région.

Aspirans. — Les Aspirans forment une tribu intéressante qui comprend trois variétés bien distinctes : à fruit noir, à fruit gris, à fruit blanc. On les trouve surtout répandus dans les trois départements du Bas-Languedoc, où ils sont classés parmi les meilleurs des raisins de table. On les cultive peu comme raisins de cuve. La variété noire est la plus répandue et la plus estimée.

Aspiran noir. — Synonymie : *Spiran, Espiran, Epiran, Verdal* (Hérault); *Piran* (Gard); *Riveyrenc* (Aude et Pyrénées-Orientales).

Les caractères de l'Aspiran sont les suivants :

Souche : forte, d'une grande longévité, fertile.

Sarments : demi-érigés, fins, assez forts, longs, couleur rouge gris clair, glauques, nœuds espacés, moyennement renflés.

Feuille : assez grande, mince, de forme élégante, à cinq lobes, dont les sinus sont profondément découpés, bien dentelée, d'un vert jaunâtre, bordée de rouge çà et là à l'arrière-saison. Revers sans coton; pétioles frappés légèrement de rouge à l'arrière-saison.

Grappe : moyenne, un peu lobée, à ailes prononcées, très jolie, à pédoncule rouge, demi-ligneux. *Grains :* plus ou moins serrés selon l'année, de grosseur moyenne, légèrement oblongs, violets, très pruinés, à peau fine, très juteux, croquants, durs et légèrement acidulés, ne rassasiant jamais, délicieux à manger.

Bourgeonnement : d'un vert rouge, légèrement tomenteux; peu précoce.

Maturité : commencement de septembre.

L'Aspiran est élégant dans son port, dans ses formes, dans ses feuilles et ses fruits. Il est difficile de ne point le reconnaître quand on l'a vu une fois, car ses caractères sont tranchés. Il est intéressant dans la région, surtout dans les trois départements du Bas-Languedoc, où il est généralement préféré aux autres raisins pour la table. On le recherche moins en Provence, où, d'après le Dr Baumes, il n'a plus la même qualité. Comme il ne rassasie jamais, qu'il est exquis et très salubre, on en mange dans le Midi d'énormes quantités; aussi, pendant la fin du mois d'août, tout le mois de septembre et une partie d'octobre, entre-t-il pour une portion notable dans l'alimentation publique. Il se conserve peu dans le fruitier, où il est sujet à pourrir. Il faut le consommer frais. Aucun raisin n'est plus léger, plus agréable et d'une digestion plus facile.

Il est aussi très estimé pour la cuve, quoiqu'il donne des moûts faibles en couleur et d'un degré glucométrique peu élevé; son vin est vif, pétillant, fin, délicat, légèrement parfumé, d'une jolie couleur rouge clair, excellent pour la table, quoiqu'il ne soit pas de longue durée; mais pour le commerce il manque de couleur, d'alcool et d'une certaine rudesse, qu'on recherche comme un signe de fermeté.

L'Aspiran pourrait, comme le Cinsaut et l'Œillade, entrer dans la composition des vins fins de la région méridionale. On trouve d'ailleurs ces trois cépages dans les anciennes vignes de Saint-Georges, près Montpellier, dont le vin jouit d'une juste réputation. Il croît et donne des produits dans tous les terrains, mais il se plaît plus particulièrement dans les sols rocailleux, assez substantiels, où on en obtient les meilleures récoltes. Il débourre, en temps moyen, plus tard que l'Aramon, un peu après l'Œillade; il n'est pas exposé aux gelées, car sa souche est assez haute; il coule peu, n'est pas atteint plus particulièrement par les insectes ou par l'Oïdium et les autres maladies cryptogamiques, mais, comme tous les cépages de coteau, il a peu résisté aux attaques du Phylloxera. Il redoute peu le grillage pendant les chaleurs, pourrit facilement en temps humide, à cause de la finesse de sa peau. Il charge régulièrement et peut produire de 25 à 50 hectolitres par hectare, selon les terrains et la culture.

Il se greffe avec succès sur américain : Riparia, Rupestris, York, Jacquez, Solonis, etc. Le vin d'Aspiran étant faible de couleur et d'alcool, le cépage est peu employé pour la reconstitution des nouvelles vignes par lesquelles on remplace celles que le Phylloxera a détruites.

L'Aspiran n'est pas sujet à *dégénérer*. Dans de très vieilles vignes où j'ai eu l'occasion de l'observer, je l'ai toujours vu fertile et vigoureux, conservant tous ses caractères.

Malgré toutes ses qualités comme fruit de table, l'Aspiran est peu exporté sur les marchés du Nord, hors de la région; il n'est guère connu et apprécié que dans le Bas-Languedoc, et peut-être en Roussillon; ailleurs, et surtout plus au nord, quoiqu'il soit assez précoce, on n'a pu en obtenir de très bons fruits, même en attendant longtemps leur maturité. Cela vient probablement des conditions qu'exige ce raisin pour atteindre un état qui développe convenablement ses qualités. Il a besoin, à la fois, d'une somme de chaleur et de lumière assez considérable qu'il ne trouve que dans certaines parties du Midi, et en même temps de l'humidité atmosphérique qu'apporte le voisinage de la mer ou des grandes masses d'eau. Ces conditions sont difficiles à remplir ailleurs que dans quelques portions de notre région méridionale. D'autres cépages, l'Aramon par exemple, partagent avec lui la même particularité. Dans notre Midi français, ils occupent comme précocité la fin de la troisième époque, et sont, au Nord, classés dans la cinquième. La qualité des Aspirans comme raisin de table varie, même dans le Midi, selon les localités; ainsi, il existe aux environs de Montpellier un village renommé par ses Aspirans, c'est *Pignan*. Ils y sont précoces et réellement exquis. Pignan approvisionne de préférence le marché de Montpellier.

Aspiran gris. — *Verdal* (Hérault).

L'Aspiran gris est une variété du précédent, qui n'en diffère guère que par la couleur du raisin et le ton plus clair des feuilles et des sarments. Il est également agréable à manger et mûrit aux mêmes époques. Le raisin est d'un gris clair particulier, qui tantôt passe au vert sur les grains à l'ombre, tantôt au violet très léger, dans les parties qui sont frappées par le soleil. Il existe un assez grand nombre de sous-variétés d'Aspirans gris, qui diffèrent surtout par la nuance du raisin. Le nom de *Verdal*, qu'on lui donne souvent, dérive de l'apparence verte que conservent ses fruits sur les treilles et les hautains, et même sur les sujets en souches, selon les expositions. Les variétés que nous connaissons ne nous paraissent pas assez définies pour mériter une description séparée : elles ont toutes le caractère commun à l'Aspiran, élégance de port, de feuillage, belles grappes de grosseur moyenne, très pruinées, ce qui leur donne un aspect d'une fraîcheur veloutée particulière; goût délicieux.

L'Aspiran gris fait d'excellent vin blanc, très clair et d'une transparence toute particulière. On ne le cultive pas pour la cuve. On en trouve un cep en treille devant la plupart des habitations en Languedoc.

Aspiran blanc. — L'Aspiran blanc est la troisième variété de l'Aspiran. Elle diffère un peu des deux précédentes, quoique les sarments, la feuille et le raisin aient les mêmes caractères. Le ton et la couleur en sont encore plus clairs que dans la variété grise. La couleur du raisin est très blanche, quoique tirant un peu sur le vert, et relevée par la poussière glauque qui s'y trouve abondamment.

Cet Aspiran m'a paru moins fertile que les deux autres, quoiqu'il produise d'une manière satisfaisante. Il est comme eux excellent à manger, mais il n'acquiert sa maturité que quelques jours plus tard. Son raisin est si élégant, si frais, il orne si bien un dessert, que sa place est marquée dans toutes les collections de cépages du Midi, dans lesquelles on voudra réunir les beaux et bons raisins de table.

Origine. — L'Aspiran, dont le type paraît être plus spécialement l'Aspiran noir, est originaire du Bas-Languedoc; il est probablement très ancien, car on en trouve de très vieux dans les vignes les plus âgées. Il est considéré comme un des *anciens* plants du pays.

Quoique l'usage ait prévalu de le nommer *Aspiran*, son vrai nom est *Espiran*; c'est celui que lui donne Magnol, un de nos meilleurs botanistes montpelliérains. C'est celui qu'il porte en languedocien, à Pignan, où il est cultivé de temps immémorial, ainsi que dans les villages des environs de Montpellier. Le nom français de *Aspiran*, qui a prévalu, est aussi celui d'un village voisin des bords de l'Hérault; mais, à notre avis, cette ressemblance de nom n'est que fortuite, car rien ne prouve que l'*Aspiran* ait été tiré du village d'Aspiran, où il n'est pas l'objet d'une culture spéciale. Ni Olivier de Serres, ni Garidel ne mentionnent l'Aspiran dans les cépages qu'ils ont cités.

Terrets. — Les Terrets forment, dans la région méridionale, une tribu fort importante, cultivée pour la table et la cuve, mais surtout pour la cuve. Elle comprend, outre des sous-variétés mal définies, trois variétés principales : la noire, la rose ou grise, et la blanche.

On trouve principalement les Terrets, comme les Aspirans, dans les trois départements qui formaient autrefois le Bas-Languedoc.

La variété noire et la rose sont les plus répandues.

Terret noir. — Synonymie : *Terret noir*, *Tarret* (Hérault, Gard, Aude, Pyrénées-Orientales).

Les caractères du Terret sont les suivants :

Souche : moyenne, peu ramassée, plutôt un peu grêle, disposée à vieillir assez vite, très fertile.

Sarments : érigés, peu abondants, vigoureux, noués long, assez forts, nœuds bien accusés; couleur rouge clair.

Feuille : de grandeur moyenne, presque lisse, un peu cotonneuse sur le revers, à cinq lobes, dont les supérieurs sont bien accusés, tandis qu'à la partie inférieure de la feuille ils se confondent avec les dentelures, qui sont grossières; couleur vert clair. Pédoncules verts, se desséchant et tombant vite à l'arrière-saison.

Grappe : grosse, forte, à grains serrés, irrégulièrement ailée; à queue dure, ligneuse, avec pédoncules ligneux, tenaces.

Grains : gros, rouge violet clair, obronds, à peau ferme et dure, croquants, très juteux, légèrement acidulés, d'une saveur fraîche et agréable. Bons à manger vers la fin de septembre.

Bourgeonnement : blanc tomenteux, très tardif.

Maturité : tardive; du 1er au 10 octobre, selon les années. Les Terrets débourrent très tard et mûrissent de même. Ils résistent bien à la pourriture.

Le Terret a été un des cépages les plus importants dans l'Hérault, le Gard et une portion de l'Aude, mais cette importance décroît tous les jours. Dans l'Hérault, ce cépage était, il y a soixante ans, un des plus répandus; c'est lui qui formait le fond de la plupart des plantations, soit dans la plaine, où il ne redoute ni la gelée ni la pourriture, soit sur les coteaux, où il produit de bons vins, frais, légers et bouquetés, mais peu colorés. Aujourd'hui, le Terret noir est à peu près abandonné; on le remplace par l'Aramon, plus précoce, plus productif, et dont le vin a une couleur d'un plus beau rouge.

Le Terret noir est à la fois un raisin de cuve et de table; dans l'arrière-saison, alors que les Aspirans passent, il les remplace et entre dans l'alimentation pour une part importante. C'est un cépage qui se met vite à fruit, avec lequel on commence à récolter dès la troisième année; il ne pousse des sarments que sur les yeux des coursons et fort peu sur le vieux bois, aussi ne présente-t-il pas ce luxe de végétation adventive qu'on trouve chez les Aramons, les Clairettes, les Piquepouls, et qui oblige assez souvent à les ébourgeonner. Il vieillit vite. Il produit abondamment et régulièrement. Dans les terres bien ressuyées, graveleuses et un peu fortes où il se plaît, il peut donner de 60 à 75 hectolitres par hectare.

Il croît et fructifie dans tous les terrains; aussi, le cultive-t-on dans la plaine et sur les coteaux. Dans la plaine, parce qu'il débourre très tard et n'est que bien rarement gelé, car ses raisins à peau dure et ferme résistent bien à la pourriture; sur le coteau, parce qu'il y est encore plus fertile qu'un grand nombre d'autres cépages et qu'il ne redoute pas les insectes.

Si on réforme aujourd'hui le Terret, qui peuplait tant d'anciennes vignes, cela tient aux raisons suivantes :

D'abord, dans les sols de plaine, le vin qu'il produit manque de solidité et de couleur; il y est moins fertile que l'Aramon, tout en produisant des vins moins recherchés par le commerce. Il vieillit beaucoup plus vite. Enfin, de tous nos cépages, c'est celui qui *dégénère* le plus fréquemment; ainsi il est sujet à devenir *coulard* et *avalidouire*. Il est *coulard* lorsque, sur toutes les grappes du cep, les grains coulent les uns après les autres, et qu'il ne reste plus qu'une grappe démembrée avec deux, trois ou quatre grains seulement. Chaque année, le même phénomène se reproduit, et la souche devient infertile.

Il est *avalidouire* lorsque, sur le cep, toutes les grappes se dessèchent, à la floraison, à leur insertion sur le sarment et sans avoir noué. C'est après la floraison que le raisin desséché disparaît sans laisser de traces.

Les ceps ainsi dégénérés ne reprennent plus leur fertilité; il ne reste plus qu'à les greffer ou à les arracher. Les années humides et les sols mouilleux, en influant sur les divers organes de la fleur et sur leur disposition, paraissent être les causes les plus actives de cette altération, très rare dans le coteau sec et pierreux.

Les Terrets de toutes variétés ont été profondément atteints depuis l'invasion de l'Oïdium; ils ne dépérissent pas sous l'influence des ravages de la cryptogame parasite, car l'emploi du soufre les en débarrasse et leur donne une remarquable vigueur, mais ils sont attaqués beaucoup plus qu'autrefois par le *Rougeau*, que j'ai décrit et désigné, en 1853, sous le nom de *Rougeau des Terrets*. Sous l'influence de cette maladie, les feuilles rougissent et se crispent, le raisin se flétrit, les sarments subissent un commencement de dessiccation; la végétation des ceps semble s'arrêter, la maturité des fruits ne se fait plus, ou bien elle est entravée, et la récolte est compromise. Ces effets se produisent principalement à la fin de juillet et dans le courant d'août, à l'époque où se font sentir les chaleurs et la sécheresse d'été, et dans la plupart des terrains sujets aux humidités et mal ressuyés. Enfin, les raisins des Terrets sont assez facilement grillés par les coups de soleil.

Les Terrets ont été très vite détruits par le Phylloxera, auquel ils n'opposent aucune résistance. Ils sont gravement atteints par le Peronospora du Mildiou, et ont besoin de traitements cuivrés multipliés et bien faits; ils ne sont pas sujets aux attaques de l'Anthracnose. Les insectes ampélophages: Altises, Attelabes, Gribouris, les attaquent peu, mais ils sont très ravagés et dévastés par la Pyrale et la Cochylis.

Toutes ces causes, jointes au défaut de précocité, ont fait abandonner la culture du Terret dans les terres assez profondes et fertiles. L'Aramon l'y remplace avec avantage, et, dans ce cas, nous ne saurions le regretter.

Mais il n'en est pas de même dans les coteaux. Le vin qu'il y produit est de bonne qualité; il n'est pas chargé en couleur, mais dans les bonnes années, il est léger, bouqueté, et me paraît se classer parmi les bons ordinaires de la région. Aujourd'hui, un pareil vin n'a guère de prix pour le commerce, qui recherche avant tout la fermeté et la couleur; mais, si les besoins viennent à changer et qu'on demande de jolis vins frais, légers et parfumés, on reviendra au Terret dans les coteaux graveleux. Les crus de Saint-Georges et de Langlade étaient autrefois peuplés, à l'époque de leur plus grande réputation, principalement par des Terrets accompagnés d'Œillades, de Cinsauts et d'Aspirans. Aujourd'hui, les meilleurs vins de ces localités proviennent encore des mêmes cépages.

Les Terrets se greffent avec succès sur les espèces américaines comme nos autres cépages de la région. Ils y acquièrent même une vigueur particulière sur Riparia et Rupestris. On pourra donc, quand on le voudra, reconstituer facilement des vignes de Terrets.

Culture et vinification. — On applique aux Terrets les mêmes procédés de culture et de vinification qu'aux autres cépages de la région, pour la plantation, la taille, les fumures, les labours. Comme tous les cépages à grands rendements, ils exigent, dans les sols de plaine ou dans les terrains profonds, une culture intensive et de fréquents apports d'engrais pour soutenir leur fertilité. Ils sont moins exigeants dans la garrigue et sur le coteau. On doit faire peu cuver la vendange du Terret noir; après sa mise en fûts, on doit en soutirer le vin de bonne heure, après les premiers froids. Quand on en fait du vin blanc, ce qui convient dès que les raisins commencent à s'altérer et à pourrir, on les foule avec soin, et on recueille les moûts à mesure qu'ils s'écoulent, pour remplir les fûts dans lesquels ils doivent fermenter. Ces fûts doivent être bien méchés à l'allumette soufrée. Une fois la fermentation terminée, on remplit la futaille. Les marcs doivent être pressés tous les jours, à mesure que le moût est écoulé, et avant qu'ils fermentent. On a soin de séparer les dernières pressées des premières, pour éviter toute coloration du vin.

Origine. — Le Terret est originaire du Bas-Languedoc et probablement de l'Hérault, où il est multiplié plus que partout ailleurs. C'est un de ceux qu'on place au premier rang parmi les *plants dits du pays*. Il est très ancien. On ne sait rien de son origine. Il n'a pas de synonymes. Olivier de Serres n'en fait pas mention, mais il est cité par Magnol sous le nom de *Terret*. Il ne figure pas parmi les cépages mentionnés par Garidel. Comme il mûrit fort tard, on ne peut le cultiver que dans les parties de la région méridionale à la fois chaudes et sèches, et, comme il craint l'excès de chaleur, il ne convient pas aux climats trop brûlants. De là, probablement, la cause qui a empêché sa culture de se répandre hors de son pays d'origine.

Il existe un assez grand nombre de variétés de Terrets, comme cela arrive pour tous les cépages très anciens et très cultivés, mais ces variétés sont elles-mêmes, le plus souvent, mal définies et incertaines, en ce qui concerne au moins les Terrets noirs. Le sol, la culture et l'exposition, ainsi que la tendance naturelle de ce cépage aux modifications spontanées, peuvent expliquer la formation de ces sous-variétés, mais elles ne me paraissent pas comporter une certitude suffisante. Le Terret gris ou Terret bourret et le Terret blanc sont au contraire parfaitement caractérisés et bien connus.

Terret bourret. — Synonymie : *Terret bourret, Terret gris* (toute la région).

Ce Terret présente pour la souche, le port, les sarments, la feuille et le fruit, les caractères du Terret noir.

Il paraît cependant plus vigoureux; il est beaucoup plus fertile, et la couleur du sarment et de la feuille est un peu plus claire que dans la variété noire. Le raisin est d'une couleur rose tirant sur le gris, assez prononcée, mais il donne un jus tout à fait incolore, et entre dans la confection des vins blancs communs.

Le Terret bourret est un des cépages à vin blanc les plus répandus dans le Bas-Languedoc; les bas-fonds sujets aux gelées en sont plantés pour la plupart; il y est d'une grande fertilité, et, comme il pousse tard, il y redoute moins la gelée que les autres cépages. Dans certains sols, il produit autant que l'Aramon et plus régulièrement. Aussi peut-il y donner 100 hectolitres par hectare; certaines années, ce produit est susceptible de doubler. Il est vrai qu'il se réduit considérablement lorsque les vignes sont ravagées par les gelées tardives, car les seconds bourgeons du Terret ne sont pas fructifères comme ceux de l'Aramon; alors ils ne produisent guère que des grappillons qui n'arrivent pas à maturité.

Dans les sols moins riches, lorsque sa fertilité n'est pas exagérée (50 à 60 hectolitres par hectare), le vin qu'il produit est de bonne qualité, solide, corsé, spiritueux, incolore, mais il manque généralement de finesse et d'agrément.

Dans les sols fertiles, il produit les meilleurs vins de chaudière; lorsque les vendanges ne sont pas trop humides et qu'on le récolte sans pluies, on en obtient un vin capiteux, dont l'alcool est de qualité supérieure.

Depuis quelques années, les Terrets bourrets se montrent sujets aux mêmes inconvénients que le Terret noir pour le rougeau; ils vieillissent vite comme lui, et leur vin, qui est blanc, a souvent moins de valeur que le rouge; aussi le remplace-t-on par l'Aramon. Le Terret gris est bien moins sujet à dégénérer que le noir; sa fertilité se soutient généralement très bien. Il est sujet à varier pour la couleur de ses fruits; il n'est pas rare de lui voir produire à la fois, sur le même cep, des raisins blancs, gris et noirs. Parfois, le raisin est moitié gris et moitié blanc, moitié noir, moitié gris. Les grains sont quelquefois mi-gris, mi-noirs. Cette tendance à changer de couleur se manifeste surtout du gris vers le noir; la tendance à passer du noir au gris ou au blanc est beaucoup plus rare.

Le Terret gris est agréable à manger, mais il est moins estimé que le noir.

Culture et vinification. — Le Terret bourret, étant un cépage dont la production est très abondante, doit être traité comme le Terret noir, et *a fortiori*, par les procédés de la culture intensive, et greffé sur Riparia ou Rupestris. On doit le tailler à deux yeux francs, lui laisser de quatre à six coursons, le fumer abondamment, lui donner de nombreux labours, le soufrer soigneusement avec des poudres de soufre contenant de 3 à 5 % de sulfate de cuivre, et lui appliquer un ou deux traitements à la bouillie bordelaise dans les années humides.

Comme il ne sert qu'à faire des vins blancs et qu'il ne redoute pas la pourriture, on peut le vendanger très tard et en obtenir des vins assez alcooliques. Sa grappe étant très dure et ses grains très fermes, il doit être foulé et pressé avec soin, le moût rapidement séparé du marc est versé dans des fûts bien méchés où il fermente sans prendre ni couleur ni mauvais goût.

Origine. — Les variations spontanées de la couleur des fruits du Terret gris indiquent son origine; elle est la même que celle du Terret noir, mais sa plus grande résistance aux *dégénérescences* et sa plus grande fertilité doivent le faire considérer comme le type de la tribu des Terrets, dont les variétés à fruits noirs et à fruits blancs seraient des modifications spontanées, fixées et propagées par sélection des sarments pour chaque couleur de raisin.

Terret blanc. — Synonymie : *Terret blanc* (toute la région).

Ce Terret possède les mêmes caractères généraux que les deux précédents quant à la vigueur, aux sarments et à la feuille. Le ton de ces dernières est cependant d'un vert un peu plus clair. Ses grappes sont d'un blanc très pâle et assez belles.

Il est généralement moins fertile que le Terret gris et mûrit un peu plus tôt.

Le vin qu'il produit est aussi de meilleure qualité.

Ses raisins se conservent bien dans l'arrière-saison. Ce cépage est peu répandu. Quant à son origine, nous le considérons comme dérivant du Terret gris par modification spontanée et par sélection des sarments.

Le Terret blanc, cépage fertile et de grand rendement, comporte une culture intensive, et doit être traité selon les indications que nous avons données pour les vignes à produits d'abondance.

Brun-fourca. — Synonymie : *Brun-fourca* (Var, Bouches-du-Rhône, Hérault, Gard); *Farnous* (Provence); *Moulan, Moulard, Morrastel fleuri, Mourastel floura, Floura, Moureau* (Hérault).

Les caractères du Brun-fourca sont les suivants :

Souche : moyenne, assez vigoureuse dans les terrains où elle se plaît, très fertile.

Sarments : érigés, forts, d'un rouge gris clair poussiéré, très lisses, longs, entre-nœuds longs, nœuds assez forts.

Feuilles : moyennes, plutôt petites, lisses sur les deux faces, luisantes, un peu recoquillées en dedans, d'un beau vert pendant la végétation; teintées en rouge, en entier, ou seulement sur les bords, pendant l'arrière-saison; de forme arrondie, presque entières, à cinq lobes peu accusés, à dentelures fortes et sans profondeur.

Grappe : ligneuse, grosse, ailée, à gros *grains* oblongs, d'un beau noir bleuté, très fleuris ou pruinés, charnus, de saveur à la fois sucrée et acidule, s'égrenant facilement lorsqu'ils sont mûrs. De gros grains jaunes, qui ne se colorent pas quoique mûrs, restent parfois dans la grappe; certains ceps produisent un assez grand nombre de grappillons.

Le Brun-fourca débourre tard, avec un très petit bourgeon d'un vert jaunâtre particulier, légèrement aranéeux, presque lisse. Le raisin se montre dès la sortie du bourgeon; il se développe très vigoureusement et mûrit de bonne heure (du 1er au 10 septembre). Les raisins sont volumineux et à gros grains, couverts de *fleur* si abondamment que le cépage a été nommé *farnous* (farineux) en Provence, *Morrastel-flourat* ou simplement *Flourat* en Languedoc.

Les fruits sont massés à la base des sarments, très rapprochés les uns des autres, et forment comme un monceau de raisins.

Dans les terrains où il se plait, le Brun-fourca est un des cépages fertiles de la région, et le vin qu'il produit est bon et d'une belle couleur. Il suit assez volontiers la fertilité du sol, comme l'Aramon, ce qui est un précieux avantage. Les terrains profonds et surtout bien ressuyés, en terre franche un peu graveleuse, lui conviennent particulièrement; il y donne 75 hectolitres à l'hectare, et quelquefois plus. Il prend de boutures avec la plus grande facilité, et donne la même année de longs sarments. Dès la troisième année il est à fruit, et commence à produire.

Il a besoin d'être soutenu par des engrais et de bonnes cultures; quand il est négligé, il produit peu et dure peu; dans les terrains rocailleux et dans ceux qui sont trop arides et trop faibles, sa fertilité et sa durée se réduisent beaucoup.

Le Brun-fourca est, au contraire, fertile dans les bons terrains; il débourre tard et redoute peu les gelées de printemps; il n'est pas sujet à la coulure. On le vendange de très bonne heure, et il produit un bon vin limpide et de belle couleur; tels sont ses avantages. D'autre part, ses inconvénients sont nombreux. Il ne croît pas bien dans tous les terrains, alors il produit peu et dépérit vite; il est fort sujet aux retours de sève, et en souffre plusieurs années de suite, car il ne refait pas son bois avec facilité. Il souffre, comme le Grenache, des grands froids de l'hiver. Les insectes ampélophages le ravagent souvent. Il résiste peu au Phylloxera et succombe vite quand il en est attaqué. La Pyrale le dévaste. Les Altises l'attaquent avec une préférence marquée et lui font subir de grands dommages. Les seconds bourgeons ne sont pas fructifères comme ceux de l'Aramon. Il s'égrène avec la plus grande facilité et pourrit très vite, aussi a-t-il besoin d'être activement vendangé; tels sont ses défauts. Ils sont assez nombreux pour l'avoir fait réformer dans un grand nombre de localités.

Maladies cryptogamiques. — Quoique le Brun-fourca ne soit pas spécialement sujet aux maladies cryptogamiques : *Oïdium*, *Sphaceloma* de l'Anthracnose, *Peronospora* du Mildiou, il en souffre cependant assez pour que le soufrage et l'application des traitements cuivrés lui soient nécessaires comme aux autres cépages de la région.

Le Brun-fourca se greffe bien sur vigne américaine. On lui applique les procédés de culture et de vinification déjà décrits pour l'Aramon, la Carignane, etc.

On ne connaît pas de variétés roses ou blanches de Brun-fourca.

Il ne paraît pas sujet à dégénérer, quoiqu'on trouve parfois chez lui des ceps *avalidouires*[1], et quoiqu'il coule souvent dans les mauvais terrains, où ses grappes, à grains très serrés, mûrissent d'une manière inégale.

Origine. — Le Brun-fourca paraît être originaire de Provence, où il est beaucoup plus répandu que dans les départements du Bas-Languedoc. C'est un cépage moins connu que les précédents, quoique sa culture soit ancienne.

Il est mentionné par Garidel sous le nom de *Riu-brun*. M. Pellicot lui a consacré un article dans le *Vigneron Provençal*.

Piquepouls. — Les Piquepouls forment, dans la région méridionale, une tribu bien caractérisée et importante. Ils comprennent les trois variétés : noire, rose et blanche.

On les cultive exclusivement comme raisins de cuve, car ils sont presque immangeables. On les trouve dans les Bouches-du-Rhône et le Gard, mais beaucoup moins que dans l'Hérault, où ils couvrent de vastes surfaces, ainsi que dans l'Aude et les Pyrénées-Orientales.

La variété noire est la moins répandue; la rose est la plus cultivée; la blanche tend à se répandre.

[1] Voir, pag. 70, la note sur les ceps *avalidouires* et *coulards*.

Piquepoul noir. — Synonymie : *Piquepoul noir*, *Picpouille*, *Picapulla* (Hérault, Gard, Bouches-du-Rhône, Pyrénées-Orientales).

Les caractères du Piquepoul noir sont les suivants :

Souche : forte, très vigoureuse, de longue durée, fertile.

Sarments : érigés, forts, vigoureux, noués court, anguleux, assez rayés, nœuds forts, rouge clair.

Feuilles : moyennes, un peu rugueuses sur les deux faces, quelques villosités sans coton à la face inférieure, à cinq lobes moyennement découpés, les deux sinus supérieurs plus profonds que les autres; bien dentelées, d'une couleur vert gai, jaunissant à l'arrière-saison, sans se frapper de rouge; chez les variétés rose et blanche, pédoncules verts; dans la variété rouge, la feuille rougit un peu ainsi que son pédoncule.

Grappe : moyenne, ligneuse, très ailée, à grains serrés. *Grains* : petits, un peu oblongs, noirs, très juteux, sujets à s'égrener, à suc très doux, à peau fine, assez sujets à pourrir.

Maturité : tardive, fin septembre ou premiers jours d'octobre.

Bourgeonnement : tardif; bourgeon tomenteux, vert blanc.

Ces caractères s'appliquent également aux trois variétés, sauf la couleur du raisin.

Le Piquepoul noir est plus répandu dans le Roussillon que dans le Languedoc et la Provence. On le réforme généralement. Il produit cependant un bon vin, assez fin et très spiritueux, mais il est moins fertile que l'Espar, le Morrastel, le Carignane, etc., et son vin est moins ferme et moins coloré. On le trouve mêlé çà et là aux cépages qui forment les vieilles vignes, mais on n'en plante plus, ou fort peu.

C'est par excellence le cépage des terrains pauvres et arides; il y végète vigoureusement et y donne quelque produit. Dans les bonnes terres il est d'une vigueur exubérante; comme ses fruits sont à petits grains, il n'est pas très productif.

Le Piquepoul gris étant de beaucoup le plus important des trois variétés, nous réservons pour ce cépage les détails qui concernent la culture des Piquepouls.

Piquepoul rose ou gris. — La description des caractères du Piquepoul noir s'applique au Piquepoul rose, sauf la couleur des raisins qui, dans celui-ci, est d'un rose foncé tirant sur le gris. D'ailleurs, le Piquepoul gris se transforme, sur le même cep, en Piquepoul noir, par modification spontanée, et *vice versa*, de même que le Terret gris en Terret noir; les cas de cette transformation sont assez fréquents.

Le Piquepoul rose, plus fertile et plus vigoureux que le noir, paraît être le type de cette tribu. La culture de ce cépage est importante dans les arrondissements de Béziers et de Montpellier, où de vastes vignobles en sont exclusivement plantés. Depuis la destruction des vignes par le Phylloxera, on l'a multiplié avec succès sur les plages sablonneuses du littoral.

De tous les cépages, c'est celui qui s'accommode le mieux des terrains pauvres et arides; il y croît vigoureusement et y donne relativement de bons produits. Sa grande vigueur le rend particulièrement propre à devenir sujet de greffe, dans les sols où les variétés qu'on veut greffer ne prospèreraient pas suffisamment.

On considérait autrefois, avant la destruction des vignes par le Phylloxera, les terrains caillouteux et un peu forts comme ceux qui conviennent le mieux aux Piquepouls. On les cultivait cependant, avec succès, depuis fort longtemps dans les plages les plus sablonneuses, entre Agde et Marseillan, considérées comme terrains pauvres, qu'on ne pouvait guère exploiter que par le Piquepoul. Depuis la plantation des vignes dans les sables, on l'a considérablement multiplié sur les plages du littoral, où il paraît produire plus abondamment que dans tout autre terrain.

Le Piquepoul est exclusivement un raisin de cuve; dans les sols de coteau, il produit de 20 à 40 hectolitres par hectare. Cette production est beaucoup plus considérable dans les sables de nos plages. Sa longévité est très grande. Le vin qui en provient porte le nom générique du cépage : *Piquepoul*. Il est incolore, limpide, spiritueux, fin, pétillant, bouqueté, sec et très agréable. Le Piquepoul de bon cru est comparable aux meilleurs vins blancs analogues aux Sauternes. Il est regrettable que ce genre de vin ne soit pas mieux connu hors des lieux de production. Mêlé aux vins rouges, il leur donne de la finesse, de la spirituosité et une qualité particulière.

Le Piquepoul pousse tard et n'est pas sujet à la gelée; son raisin, placé à la base même du sarment, paraît dès la sortie du bourgeon.

S'il ne redoute pas la gelée, il est plus sensible à la coulure; les années à printemps humide lui sont fatales : on voit, à la fin de mai et dans la première quinzaine de juin, des récoltes de Piquepouls disparaître, pour ainsi dire, sous l'influence des brouillards.

Dégénérescence. — On trouve quelques Piquepouls *araliclouères*, c'est-à-dire dont la grappe, après avoir fleuri, se détache à son point d'insertion sur le sarment, et disparaît en entier; mais ce cas est beaucoup moins fréquent que chez les Terrets.

Attaques des Insectes. — Les insectes ampélophages n'ont point de préférence pour le Piquepoul, aussi est-il peu sujet à leurs attaques. Il est cependant très ravagé par la Pyrale et la Cochylis dans les années où ces deux Lépidoptères se multiplient dans les vignes du littoral.

Maladies cryptogamiques. — L'Oïdium l'envahit avec une intensité toute particulière et en détruit les récoltes en peu de jours si l'on n'en surveille pas soigneusement les atteintes. Il ne se montre pas sur le Piquepoul aussitôt que sur la Carignane, mais les dégâts qu'il lui fait subir sont au moins aussi grands. Les vignes de Piquepoul ont été des plus éprouvées depuis l'apparition de l'Oïdium. Beaucoup d'entre elles, réduites dès les premières années à une infertilité complète, ont été arrachées; d'autres ont été greffées. Depuis que le soufrage est adopté, les Piquepouls ont repris leur fertilité et donnent de bons produits.

Le Piquepoul mûrit tard et ne doit être vendangé que lorsqu'il est complètement mûr; alors la peau du raisin, réduite à son épaisseur la plus faible, se détache du grain aussitôt qu'on le touche. Dans ces conditions, son moût donne, à l'aréomètre de Beaumé, de 12 à 14°. Sa vendange a lieu ordinairement du 10 au 25 octobre.

Il présente encore, plus que sa variété noire, l'inconvénient de s'égrener avec une grande facilité et de pourrir vite. Le Piquepoul a besoin d'un climat chaud, car sa maturité se fait tard, et d'un automne sans pluies, mais accompagné de vents marins, dont l'humidité fait gonfler les raisins. C'est dans ces conditions qu'il donne les meilleurs produits.

Les communes de Pomerols, Pinet, Mèze, Marseillan, Florensac, ainsi que les localités à proximité du littoral, dans l'Hérault, forment, sous le nom de vignobles *de la Marine*, le centre de la grande culture des Piquepouls; on en trouve aussi de fort distingués aux environs de Montpellier, et çà et là sur une foule de points de la région, mais plus particulièrement dans le Bas-Languedoc.

Piquepoul blanc. — Le Piquepoul blanc est la variété blanche de la tribu des Piquepouls. Il ne présente rien de particulier que la couleur de son raisin. Il paraît être aussi fertile que le rose, et comme il mûrit un peu plus tôt, il est susceptible de donner des vins blancs plus corsés, qui se rapprochent de ceux de la Clairette.

C'est un cépage beaucoup moins répandu que le rose; on le cultive plus spécialement dans les communes de Pinet et de Pomerols.

Origine. — Le Piquepoul est un cépage très ancien; bien qu'il soit cultivé en Espagne, il paraît être originaire du Bas-Languedoc, où il est répandu plus que partout ailleurs. Olivier de Serres le mentionne, sous le nom de *Pique-poule*, au nombre des cépages cultivés de son temps.

Culture et vinification des Piquepouls. — On cultive le *Piquepoul noir* comme les divers cépages de coteau que nous venons successivement d'examiner. Nous n'avons à entrer, à son égard, dans aucun détail particulier, soit pour la plantation, la taille, le greffage sur vigne américaine, etc. Ce cépage est d'ailleurs de ceux qu'on réforme dans la reconstitution des vignobles détruits par le Phylloxera; ce n'est donc qu'accidentellement qu'on en rencontrera çà et là quelques ceps dans les vignobles où il était autrefois répandu.

Tout autre est le rôle du Piquepoul gris et du Piquepoul blanc. Ces deux cépages entrent pour une part importante dans la reconstitution des vignobles producteurs de vin blanc. On les cultive, pour la plantation, la taille et la fumure, comme l'Ugni blanc, les Terrets gris et blancs, à raison de 4,000 à 4,500 pieds par hectare, et greffés sur sujet américain (Riparia, Rupestris, etc).

Dans les terrains de sable de nos plages du littoral, à l'abri des attaques du Phylloxera, plantés directement de bouture, sans qu'il soit nécessaire de les greffer, sous l'influence d'un apport d'engrais annuel (Tourteaux moulus, à la dose de 250 à 300 grammes par pied, ou engrais chimiques), la fertilité du Piquepoul augmente considérablement, elle atteint et dépasse 100 hectolitres par hectare. Le sol de sable est soigneusement couvert d'un paillis de litières, tiré des marais roseliers du littoral, afin d'éviter le déplacement du sable, sous l'influence des coups de vents fréquents qui balayent la côte; on l'entretient net de mauvaises herbes. On multiplie les soufrages et les traitements cuivrés pour combattre les maladies cryptogamiques.

Ainsi traité et vendangé dans les conditions de maturité un peu tardive que nous avons indiquées plus haut, lorsque la peau du raisin commence à s'altérer et que le fruit se fond en jus, le Piquepoul gris est devenu un cépage donnant à la fois des produits de quantité et de qualité très rémunérateurs.

Les vignobles créés dans les sables par la Compagnie des Salins, à Aiguesmortes, et sur les plages qui s'étendent de Cette à Agde, présentent les exemples les plus complets de la culture de l'Aramon et du Piquepoul sur les terrains du littoral. Depuis quelques années, ces plages, jadis abandonnées, sont couvertes des plus riches vignobles. Leur surface s'élève, dans l'Hérault seul, à 2,848 hectares.

La vinification, en vin blanc, du Piquepoul doit être conduite avec beaucoup d'activité, afin d'en obtenir les vins incolores, vifs et brillants qui caractérisent les produits de ce cépage, et les font spécialement rechercher par le commerce.

Calitors. — La tribu des Calitors est répandue en Provence et dans le Bas-Languedoc, mais beaucoup plus dans la première de ces contrées que dans la dernière. On les trouve dans le Gard plus que dans l'Hérault et l'Aude, et dans les Bouches-du-Rhône et le Var plus que dans le Gard. Ils sont connus sous un assez grand nombre de noms différents, et leurs qualités varient selon le sol et l'exposition. On ne les rencontre plus guère que çà et là, dans les vieilles vignes. On les réforme généralement partout malgré leur vigueur, parce que leur fertilité, dans les sols profonds, n'étant comparable ni à celle de l'Aramon, ni à celle du Terret, ils ne donnent qu'un vin sans couleur, de qualité ordinaire, faible en alcool, et qu'ils sont fort sujets à pourrir.

On en connaît trois variétés : la noire, la grise et la blanche.

Calitor noir. — Synonymie : *Calitor noir, Fouiral, Counseron, Nœuds courts, Piquepoul sorbier, Charge-mulet, Ramonen* (Hérault, Gard); *Braquet* (à Nice); *Pecoui-touar, Touar, Brachet, Valbounin* (Provence); *Mouillas* (Aude); *Pampoul, Garrigua, Binxeilla* (Pyrénées-Orientales).

Les caractères du Charge-mulet ou Fouiral de l'Hérault, Calitor noir du Gard, etc., sont les suivants :

Souche : forte, très vigoureuse, fertile, de longue durée.

Sarments : demi-érigés, forts, noués court, couleur rouge clair, rayés.

Feuille : moyenne, vert foncé, à cinq lobes très découpés, à dentelures profondes et aiguës, à sinus inférieurs moins profonds que les supérieurs; un peu rugueuses dessus, à revers blanchâtre et cotonneux.

Grappe : assez forte, cylindrique, couleur rouge-violet clair. *Grains :* assez gros, ronds, juteux, à suc très doux et fade, à peau fine, sujets à pourrir.

Bourgeonnement : blanc, cotonneux en temps moyen, un peu après le Grenache.

Maturité : assez tardive, vers la fin de septembre.

L'importance du Charge-mulet diminue tous les jours. Dans le Bas-Languedoc, il est considéré comme un cépage de peu de valeur, malgré sa force et ses belles apparences, et on le réforme partout. Il donne cependant, à Nice, sous le nom de Braquet ou Brachet, des vins estimés.

Ce cépage ne présente d'ailleurs rien de bien remarquable sous le rapport de son bourgeonnement, de sa résistance à la gelée et à la coulure, de sa propension à être attaqué par les insectes et l'Oïdium. Nous devons mentionner cependant sa résistance au Phylloxera, qui est supérieure à celle de la plupart des variétés de la *Vitis vinifera*, sauf le Colombaud, qui l'emporte encore sur lui. Il est également peu attaqué par l'Oïdium. Il est ravagé par le Peronospora du Mildiou, mais il en souffre moins que le Grenache et la Carignane.

Le Calitor est un cépage de Coteau; il y gagne beaucoup en qualité et y est aussi productif qu'en plaine, où ses fruits restent mols, lâches et mal colorés, ce qui lui a valu le nom de Fouiral, Foirard, etc. Planté dans la garrigue, ses raisins deviennent comestibles et agréables à manger; son vin est fin, léger, assez spiritueux, et s'allie bien à ceux des cépages plus colorés. On lui préfère, avec raison, l'Aramon, l'Œillade, le Cinsaut, plus fertiles, et dont les vins sont supérieurs au sien.

Toutes les variétés de Calitor sont sujettes à pourrir.

Calitor blanc. — La variété blanche est connue plus spécialement sous le nom de *Calitor blanc*, elle est fertile, et, pour cette raison, cultivée dans le Gard, où elle est assez répandue.

Charge-mulet ou **Calitor gris.** — La variété grise se rencontre çà et là dans les vieilles vignes de Piquepoul; on la désigne, dans quelques communes de l'Hérault, sous le nom de *Saoûle-Bouvier*. Elle produit un assez bon vin blanc, inférieur toutefois à celui du Piquepoul, et n'est pas comme lui l'objet d'une culture spéciale.

Origine. — La tribu des Charge-mulets ou Calitors, etc., est fort ancienne; on la voit répandue dans toute la Provence et dans le Bas-Languedoc sous un assez grand nombre de noms, et il est naturel de penser qu'elle est originaire de l'une ou de l'autre de ces contrées; Olivier de Serres en fait mention sous deux noms différents : *Foirard* et *Colitor*. Foirard et Fouiral sont tout à fait synonymes, et indiquent suffisamment les propriétés laxatives de la variété qui nous occupe. Quant à la dénomination de Colitor, elle est la reproduction à peu près exacte du Calitor, nom qu'il porte aujourd'hui. Ce dernier nous paraîtrait devoir être adopté de préférence aux autres, à cause de son ancienneté. Le botaniste Magnol le mentionne sous le nom de *Efoiran*. Garidel ne l'a pas compris dans la nomenclature des cépages de la Provence.

Bouteillan. — Ce cépage se rencontre peu dans les vignobles du Languedoc, mais il est plus répandu dans ceux de la Provence. Quoiqu'il soit fort différent du Calitor noir, il a été confondu avec lui, sous les noms de *Fouiral* et de *Charge-mulet*, *Cargomuou*, *Pisse-vin*, qu'on applique parfois, comme l'a justement observé M. Pellicot, à plusieurs cépages abondamment pourvus de gros raisins noirs.

Synonymie : *Bouteillan*, *Gros Bouteillan* (Var), *Sigoyer* (Hautes-Alpes), d'après M. Pulliat.

Souche : vigoureuse dans les sols riches et profonds; fécond dans les mêmes terrains et surtout dans les calcaires; peu productif dans les coteaux pierreux et dans la garrigue, ainsi que sur les cailloux roulés siliceux (grès) où domine la silice; d'assez longue durée.

Sarments : forts, érigés, à nœuds espacés, blanc jaunâtre, arrondis à la base, ce qui contraste avec ceux du Calitor, qui souvent sont aplatis et plus court-noués.

Feuille : de grandeur moyenne, d'un vert gai, lisse et luisante dessus, à revers glabre; peu découpée, à lobe médian très court, ce qui lui donne une forme un peu carrée.

Grappe : grosse, courte, cylindrique, forte; à gros *grains* ronds, noirs, juteux, plus foncés que ceux du Calitor, à peau fine, sujets à pourrir; peu comestibles.

Maturité : tardive, quoiqu'il débourre en temps moyen comme le Grenache. Assez sujet aux gelées blanches.

Le Bouteillan est très ravagé par l'Oïdium; il en est encore plus attaqué que la Carignane, et a besoin d'être constamment soufré. Ce grave défaut, joint à la médiocre qualité de son vin, à la tendance de ses fruits à pourrir, à sa faible résistance aux attaques du Phylloxera et du Mildiou, en ont fait abandonner la culture dans les vignes nouvellement reconstituées sur cep américain. On lui préfère l'Aramon, plus fertile, plus résistant au Phylloxera et aux maladies cryptogamiques, et dont le vin est supérieur, surtout dans le coteau.

Origine. — Le Bouteillan est un cépage ancien, puisqu'il est cité par Garidel au nombre des cépages provençaux cultivés, il y a deux siècles, aux environs d'Aix. Il est originaire de la Provence et n'est guère cultivé que dans les vignobles de cette contrée. Il n'est mentionné ni par Olivier de Serres ni par Magnol.

Clairettes. — La tribu des Clairettes est une des plus importantes de la région méridionale par l'excellente qualité des vins blancs qu'elle produit. On n'en cultive guère que deux variétés, l'une blanche et l'autre rose, également propres, l'une et l'autre, à donner de très bons raisins de table et d'ornement et des vins blancs du plus haut mérite. On ne connaît point de Clairette noire, violette ou rouge, capable de donner des vins rouges, ce qui caractérise, au point de vue des produits, les propriétés si remarquables du type auquel appartient la Clairette. Sauf la couleur du raisin, qui est d'un très joli rose clair, ce qui s'applique à la description de la Clairette blanche peut être attribué à la rose. Cette dernière passe cependant pour être un peu plus fertile et pour donner des vins plus secs.

La Clairette blanche paraît être le type de cette tribu à laquelle se rattacheraient la *Bourboulenque* et une autre variété désignée sous le nom de *Clairette rousse*, caractérisées l'une et l'autre par une foliation cotonneuse au revers, et d'un vert foncé sur la face supérieure comme celle de la Clairette, mais à fruits blancs bien inférieurs, et dont le vin est peu recommandable. Nous nous bornerons à les citer sans les décrire, car elles paraissent abandonnées par les viticulteurs.

Clairette blanche. — Synonymie : *Clairette*, *Clarette* (toute la région): *Blanquette* (quelques communes de l'Aude); *Colticour* (Tarn-et-Garonne); *Malvoisie* (Gironde et Lot-et-Garonne); *Petite Clarette* ou *Clarette de Trans* (Var), pour la distinguer de l'*Uni blanc*, auquel on donne aussi le nom de *Clarette* dans quelques communes du Var.

Les caractères de la Clairette blanche sont les suivants :

Souche : forte, très nouée, atteignant une grande longévité, très fertile.

Sarments : érigés, longs, fins, lisses, rayés longitudinalement, glauques, à entre-nœuds moyens, couleur rouge très clair, fermes, assez durs, contenant peu de moelle.

Feuille : moyenne, à cinq lobes peu découpés, surtout à la partie inférieure, face supérieure rugueuse et d'un vert très foncé, revers très cotonneux et tout blanc, pétiole teinté de rose.

Grappe : fort jolie, moyenne, assez longue, ailée, dont les grains ne sont pas serrés. *Grains :* oblongs, sous-moyens, d'un blanc transparent, très élégants de forme et de couleur, pruinés, d'une saveur douce et cependant relevée, très agréables à manger, à peau fine, susceptibles de se passeriller au soleil quand la saison est sèche.

Bourgeonnement : blanc, très tomenteux, assez tardif.

Maturité : tardive, du 1er au 15 octobre.

La Clairette est peu sujette aux ravages des gelées blanches et des froids rigoureux. C'est un cépage des plus robustes.

On la trouve répandue en abondance dans toute la région. Elle porte si bien son nom caractéristique de Clairette, avec ses jolies grappes élégantes, à grains transparents, oblongs, blancs ambrés, et ses feuilles blanches au revers, contrastant avec le vert foncé de la page supérieure, ses sarments longs et fins de couleur claire, qu'elle a peu ou point de synonymes dans la région. On ne peut la méconnaître dès qu'on l'a vue une fois. Dans quelques localités, et notamment dans l'Aude, on la désigne bien sous le nom de *Blanquette*, mais ce n'est que tout à fait local. D'ailleurs, il ne faut pas la confondre avec la Blanquette qui sert à faire le vin blanc connu sous le nom de Blanquette de Limoux; ce sont deux cépages bien distincts et sans analogie. Le vrai nom de cette dernière est le *Mauzac*[1].

La Clairette est cultivée sur de vastes surfaces pour la production du vin blanc. On la plante aussi dans quelques vignes rouges pour donner au vin du corps et de l'agrément. Quoiqu'on la rencontre dans toute la région, c'est dans l'Hérault que sa culture paraît avoir pris le plus grand développement. On la trouve surtout dans les communes de Marseillan, Mèze, Florensac, Pomerols, Pinet, Adissan, Maraussan, Cazouls-les-Béziers, etc.

La Clairette forme exclusivement de grandes vignes, dont on tire les vins blancs très estimés, connus sous le nom de *Picardans*.

La Clairette est essentiellement un cépage de coteau qui doit être conduit en souches basses, d'après les mêmes principes que les autres cépages de la région, sauf quelques modifications qui tiennent principalement à sa grande vigueur.

On plante la Clairette sur défoncement, à trous ou au pal, selon les terrains; on forme la souche sur trois ou quatre bras, à 0m,20 de hauteur environ du sol à la naissance des bras; comme la Clairette est d'une très grande vigueur, on lui donne un assez grand nombre de coursons, et on taille toujours à deux yeux francs. J'ai vu laisser de six à douze coursons sur les souches d'une Clairette en coteau, de 100 ans d'âge environ, plantées à 1m,50 en carré. La vigne était encore dans toute sa vigueur et portait bien cette grande quantité de bois. On écime les bourgeons au moment de la floraison pour faire retenir le fruit et combattre la coulure. La vigueur de la Clairette lui fait supporter sans inconvénient ce traitement, dont beaucoup d'autres cépages ne s'accommoderaient pas.

La Clairette ainsi cultivée est d'une durée pour ainsi dire illimitée; j'en ai exploité, à Marseillan, dont l'âge était inconnu, et que les hommes les plus anciens de la commune n'avaient vues qu'à l'état de vignes vieilles; ces Clairettes, plus que séculaires, étaient dans un état de conservation excellent, et donnaient des produits considérables. Aussi dit-on qu'une vigne de Clairettes n'est jamais vieille.

Ce cépage est si robuste qu'il résiste même à l'abandon sans culture. J'ai vu des vignes centenaires dans ce cas; après une série d'années, la Clairette a été retaillée, le sol défriché, et, un an après, elle recommençait à donner des produits.

A côté de ces faits, qui attestent la force et la durée de ce cépage, il faut en mentionner d'autres qui rendent sa culture assez chanceuse; ainsi, il est sujet à être attaqué par le *Charbon* ou *Maladie noire*. Toutes les parties vertes des ceps se couvrent de taches noires plus ou moins profondes, par lesquelles elles sont déformées, rabougries ou détruites; de là une maladie particulière qui stérilise les souches et les fait périr. On observe que tout à coup les coursons meurent, et que de longs sarments anormaux poussent du tronc en rampant sur le sol. Quand il en pousse d'autres sur les bras de la souche, ils sont de contexture lâche et molle, comme cariés à l'intérieur, et ne tardent pas à périr. C'est vers le milieu de la vigne principalement qu'on trouve le plus grand nombre de ceps ainsi atteints; le mal augmente chaque année et s'étend de proche en proche, de sorte que les produits finissent par devenir nuls. Le Charbon est la cause la plus fréquente de la *coulure* des raisins, pour les cépages chez lesquels il se manifeste.

On ne connaît pas de remède certain contre cet état de dépérissement de la Clairette; il arrive quelquefois qu'après avoir ainsi langui longtemps, elle se remet à la suite d'années sèches, et reprend sa fertilité. Cette maladie a été décrite par M. E. Fabre, d'Agde, sous le nom d'*Anthracnose ponctuée* ou Maladie noire ponctuée, à cause de l'apparence des sarments qui semblent cariés et noircis à l'intérieur et qui sont comme ponctués à la surface; il en est de même des organes verts du cep : feuilles, vrilles, raisins; ils sont plus ou moins déformés et criblés de points noirs de grandeur variable. La Clairette est alors attaquée par le cryptogame parasite, désigné sous le nom de *Sphaceloma vitis* qui se développe sur elle avec une intensité dangereuse et un caractère trop souvent destructeur. On a cru remarquer que l'Anthracnose se développe de préférence sur les Clairettes lorsqu'elles ont été fumées, et qu'on leur a ainsi donné une vigueur exubérante. Cette cause peut contribuer à activer le mal, mais l'origine de ce dernier me paraît être différente.

La maladie des Clairettes s'observe surtout dans les terrains argileux et tenaces, susceptibles de devenir mouilleux pendant les

[1] Les **Mauzacs** forment une tribu caractérisée par des ceps à raisins noirs, rosés et blancs, ce qui établit entre eux et les Clairettes des différences fondamentales outre celles qui dérivent de la forme des raisins, des feuilles et des sarments. C'est le Mauzac blanc qui produit le vin connu sous le nom de Blanquette de Limoux. Les Mauzacs sont cultivés non seulement dans l'Aude, mais dans le Tarn, le Lot et le Gers.

Le *Mauzac blanc*, type de la tribu, a les synonymes suivants : *Feuille ronde, Blanquette, Picardan*. Ses caractères sont : *Souche* moyenne, vigoureuse, fertile; *Sarments* étalés, moyens, rouge clair, court-noués; *Feuille* petite, très verte, presque ronde, légèrement recoquillée, rugueuse dessus, un peu cotonneuse dessous, à sinus peu accusés, à petite denture aiguë. *Grappe* moyenne, conique, assez garnie, ailée, à queue ligneuse assez courte; *Grains* sous-moyens, ronds, légèrement déprimés, fermes, juteux, sucrés, d'un joli jaune doré; *Maturité* du 15 au 20 septembre; *Bourgeonnement* en temps moyen, tomenteux, teinté de violet.

Le *Mauzac noir* et le *Mauzac rose* ne diffèrent du précédent que par la couleur des raisins; nous ne leur connaissons pas de synonymes. Les Mauzacs produisent des vins estimés. Le blanc est le plus cultivé et aussi le plus répandu.

années humides et dans les localités où les brouillards sont fréquents et prolongés. C'est à la suite d'humidités persistantes qu'on voit les jeunes Clairettes contracter l'Anthracnose, et, comme dans les terrains peu inclinés le centre de la vigne est ordinairement plus exposé à l'humidité que les bords, à cause des fossés dont ceux-ci sont entourés, c'est au milieu de la vigne ou dans ses parties déprimées que le mal commence. Les Clairettes plantées en terrain bien ressuyé, en dehors de l'action des brouillards, ne sont guère attaquées de cette maladie, et j'ai même réussi à rétablir, par un drainage énergique, des vignes qui en étaient atteintes. Les humidités persistantes paraissent donc en être une des causes principales; c'est pour cette raison que le drainage est un des moyens de remédier à l'Anthracnose ponctuée, ou plutôt de l'empêcher de se manifester, car les Clairettes qui en sont attaquées en souffrent beaucoup et se rétablissent rarement bien.

Comme les sols où ce cépage donne ses meilleurs produits sont ceux dont le terrain est marneux, argileux et assez profond, la plupart ont besoin de drainage, car un petit nombre seulement se trouvent dans des conditions où l'assèchement se fait spontanément.

Dégénérescence. — La Clairette est encore sujette à d'autres inconvénients; on trouve çà et là, dans les vignes de ce cépage, des souches sur lesquelles le raisin disparaît aussitôt après la floraison; elles deviennent *avalidoufres*, comme cela a lieu pour celles de Terret. Le raisin se dessèche à son insertion sur le sarment, et il tombe sans laisser de traces. On désigne les ceps qui présentent cette particularité sous le nom de *Clairettes de Saint-Jean*, sans doute à cause de l'époque où se produit la chute des raisins. Ordinairement, ce sont ces Clairettes dégénérées qui se couvrent du plus grand nombre de fleurs. On trouve aussi dans les Clairettes des *ceps coulards*, dont les raisins ne portent que deux, trois ou quatre grains[1]. Le seul parti à prendre pour les uns et pour les autres, afin de les remettre à fruit, est de les greffer.

Il est à remarquer que la Clairette rose ne présente pas d'individus dégénérés (*avalidoufres* ou *coulards*), ce qui porte à croire, d'après M. Cazalis-Allut, qu'elle est moins anciennement cultivée que la blanche. On n'observe pas parmi les Clairettes des ceps sur lesquels les raisins varient de couleur, du blanc au rose ou du rose au blanc, comme sur les Terrets et les Piquepouls.

La Clairette, dont la durée est si longue, se met à fruit dès la troisième année, quelquefois à la seconde, et sa fertilité se soutient d'une manière continue; cependant elle reste fort longtemps à l'état de *Plantier*, c'est-à-dire avec les apparences de la jeunesse. La souche, qui devient si forte et si nouée, ne grossit que plus tard, vers 30 ou 40 ans, à l'âge où beaucoup d'autres espèces déclinent et dépérissent.

La Clairette croît avec vigueur dans tous les sols à l'abri des brouillards et des humidités; les terrains marneux, forts, pierreux, profonds et bien ressuyés sont ceux où elle réussit le mieux. Les terrains légers siliceux lui conviennent aussi. Elle pousse tard et laisse paraître, en débourrant, un bourgeon tout blanc, dont le fruit se montre avec les premières feuilles. Elle est peu sujette à la gelée, mais elle redoute beaucoup les milieux humides, où elle coule et contracte l'Anthracnose.

Elle est peu attaquée par la plupart des insectes ampélophages, mais elle résiste peu aux atteintes du Phylloxera. L'Oïdium ne l'envahit guère qu'à l'époque des chaleurs; néanmoins, quand il est négligé, il y commet de grands dégâts. Elle est très attaquée par le Peronospora du Mildiou, elle a donc besoin de soufrages et de traitements cuivrés faits avec soin et réitérés.

On vendange tard la Clairette afin d'obtenir une maturité suffisante, aussi redoute-t-elle la pourriture dans les années humides, à cause de la finesse de la peau de ses grains; d'un autre côté, comme elle se dessèche facilement sur la souche, on peut l'attendre fort longtemps dans les années chaudes où l'automne n'est pas pluvieux, et en obtenir des vins secs et des vins de liqueur de qualité supérieure.

Le produit de la Clairette est des plus variables. On l'observe fréquemment entre 15 et 50 hectolitres à l'hectare; ce sont

[1] On rencontre principalement les ceps *avalidoufres* dans les vignes de Terrets et de Clairettes, tantôt isolés, tantôt par groupes de deux, trois ou quatre souches. J'en ai trouvé aussi parmi des Brun-fourca, des Grenaches, des Maccabéos et des Morrastels, rabougris par un sol mouilleux, où ils dépérissaient, mais ce cas est beaucoup plus rare.

Les ceps avalidoufres présentent d'ailleurs, dans leur mode de floraison, une particularité très remarquable que j'ai signalée en 1863, lorsque j'en fis plus spécialement l'étude. Leur fleur s'ouvre entièrement sur la grappe sans que la corolle s'en détache; les cinq pétales dont elle est composée restent adhérents à la base de l'ovaire après s'être complètement épanouis. Le pistil et les étamines paraissent d'ailleurs normalement constitués. Dans le mode de floraison ordinaire de la vigne, les pétales de la corolle se détachent par en bas, restent réunis par leur sommet et forment un petit capuchon à cinq découpures, qui tombe poussé par l'épanouissement du pistil et des étamines. Il en résulte que l'aspect de deux fleurs, l'une fertile, l'autre avalidoufre, est très différent.

Les fleurs avalidoufres paraissent plus vertes, plus épaisses que les autres, et comme doubles. On les distingue facilement de loin, pour peu qu'on en ait l'habitude. Elles présentent la singulière particularité de ne posséder qu'une odeur très faible et quelquefois nulle.

Chez les Clairettes et les Terrets noirs, les ceps ainsi dégénérés sont pleins de vigueur et de force. Leurs sarments et leurs provins reproduisent des ceps infertiles comme eux, et je n'en connais pas encore qu'un traitement quelconque ait guéris de ce défaut de fructification. Chez les Maccabéos et les Morrastels, au contraire, je n'ai trouvé *avalidoufres* que de rares ceps sans vigueur, rabougris par une humidité du sol surabondante, ce qui indique probablement la cause première de cette singulière altération. Elle se produit d'ailleurs spontanément, sans cause apparente autre qu'un excès d'humidité, dans les vignes les plus fortes et les mieux cultivées.

On trouve aussi, sur les Terrets, les Clairettes, les Piquepouls, les Brun-fourca, etc., des raisins dont tous les grains coulent, à l'exception de deux ou trois, qui deviennent gros, tandis que les autres avortent ou restent toujours verts et très petits. On les désigne sous le nom de *coulards*. Ils fleurissent comme ceux des vignes ordinaires, sans que leur inflorescence soit modifiée. Ce sont encore les terrains mouilleux qui présentent le plus souvent des *coulards*, quoiqu'on les trouve aussi dans les autres. On a soin de les greffer comme les avalidoufres, car ils ne redeviennent pas fertiles. Les ceps *coulards* sont dans un état intermédiaire entre le cep fertile et celui qui est devenu avalidoufre, mais la transformation ne se continue pas, et le coulard ne devient pas avalidoufre. On ne rencontre pas, sur les mêmes souches, des raisins normaux et des avalidoufres ou des coulards. Chacun d'eux se trouve toujours séparément sur une souche qui est entièrement normale, ou avalidoufre, ou coularde.

ordinairement les vignes vieilles qui produisent le plus et qui font aussi les vins de la meilleure qualité. La moyenne paraît atteindre environ 25 hectolitres par hectare.

Les vins de Clairette, désignés en Languedoc sous le nom de *Picardans*, sont pleins, corsés, très agréables, et conservent, les premières années, un goût de fruit prononcé. Ils sont secs ou doux, selon le degré de maturité qu'on laisse atteindre au raisin.

Les vins secs imitent avec succès les vins de Madère. Les vins doux prennent, avec l'âge, un arome et un goût de Rancio fort remarquables. On ne vendange guère les vins secs que lorsque le moût atteint de 14 à 15°, et on attend ordinairement 16° de l'aréomètre de Beaumé. On fait les vins doux lorsque le moût arrive de 18 à 20°; il s'épaissit quelquefois davantage, par exemple, lorsqu'à une série de jours humides qui a poussé à la maturité succèdent les vents du nord si connus sous les noms de *Tramontane* et de *Mistral*. Alors le raisin, dont la peau est très attendrie, se dessèche et se passarille; la quantité est très diminuée, mais les qualités deviennent supérieures. Le degré du moût peut dépasser 20° et atteindre jusqu'à 25°.

La Clairette donne d'excellents raisins de table, qui se conservent fort longtemps intacts. Suspendus au moyen de fils ou placés sur des claies couvertes d'une légère couche de paille, dans un fruitier sec exposé au Nord, ils se rident légèrement, prennent un goût parfait et arrivent, sans se gâter, jusqu'en avril. C'est un des meilleurs raisins à conserver pour l'hiver. Il est susceptible de voyager sans altération, aussi a-t-il pris une place importante parmi les raisins de table.

Cultivée en treille, la Clairette est d'une fertilité extraordinaire. Ses raisins sont encore agréables à manger malgré leur excès de production, mais ils ne font qu'un vin peu alcoolique et peu corsé. Il leur faut la maturité que donne la souche, pour qu'ils puissent produire des vins de qualité.

La possession de vignes de Clairettes vieilles et fertiles, comme on en trouve dans les territoires des communes citées plus haut, constitue une richesse toute particulière, dont la valeur augmentera sans cesse, car on plante peu de Clairette comparativement aux autres variétés de vignes. Les produits de ce cépage seront de plus en plus recherchés, soit sous forme de vins, soit sous forme de raisins de table.

Origine. — La Clairette est un des cépages les plus anciens de la région; elle paraît en être originaire. C'est, dans le Bas-Languedoc, une des espèces connues sous le nom de *plant du pays*. Au vignoble de Marseillan, indiqué sur les cartes de Cassini, il y a plus de deux siècles et demi, la Clairette tient un des premiers rangs. Olivier de Serres la mentionne, sous le nom de *Clerette*, parmi les espèces cultivées de son temps. Elle est citée de même par Magnol et Garidel parmi les cépages cultivés, il y a deux siècles, dans le Bas-Languedoc et dans la Provence. Ce beau cépage pourrait bien être originaire des bords de la rivière de l'Hérault, où on le trouve si largement répandu dans les vignobles, depuis Clermont jusqu'à Agde.

Culture et vinification de la Clairette. — Les vignes de Clairettes ayant été, pour la plupart, détruites par le Phylloxera, les détails qui précèdent s'appliquent plus spécialement à l'ancien vignoble. Dans celui de récente reconstitution sur cep américain, les Clairettes sont encore rares, car il fallait d'abord pourvoir au plus pressé et refaire les vignes qui produisent la boisson alimentaire et courante, avant de reconstituer celles à vins fins secs et liquoreux. On a donc planté d'abord les sols les plus fertiles et les cépages qui s'y plaisent de préférence, réservant les autres pour le moment où la consommation se porterait vers les vins de coteau, plus chers et plus difficiles à produire, comme les vins de liqueur. Les Clairettes sont au nombre de ces cépages; ils ne tarderont pas à reprendre leur importance relative.

La vraie place de la Clairette est dans le coteau sec, pierreux, bien ressuyé, en sol assez profond, argilo-calcaire, avec des éléments siliceux et graveleux qui le rendent perméable sans souffrir des sécheresses d'été. Elle ne réussit pas dans la plaine; elle y prend trop de vigueur, y coule constamment et y contracte les maladies cryptogamiques les plus dangereuses, auxquelles elle est particulièrement disposée, telles que l'Anthracnose, le Mildiou et l'Oïdium. Aucun de nos cépages n'est plus sujet à être détruit par le Sphaceloma de l'Anthracnose ou Charbon de la vigne, qui sévit dans les terrains humides et dans les localités visitées par les brouillards; il faudra donc choisir les terrains élevés, bien ventilés, où elle sera à l'abri du Charbon. Elle devra être assujettie en outre aux soufrages et aux traitements cuivrés, comme la Carignane.

On cultive la Clairette, comme les autres cépages de la région, en souches basses, plantées à 1m,50 en carré.

On l'établit, selon les terrains, sur Riparia, Rupestris, Taylor, York, Jacquez. Elle se greffe bien sur ces divers sujets. Il convient, les premières années, d'allonger un peu la taille pour éviter le décollement des bourgeons, facilement abattus par le vent. On doit tenir les greffes bien buttées et soutenues par un tuteur, pour qu'elles ne soient pas renversées et que les raisins ne traînent pas sur le sol. On ne doit fumer les Clairettes qu'avec ménagement et avec des engrais appropriés, qui n'en excitent pas trop la végétation, comme les terreaux, les composts. On doit éviter de leur donner des engrais de décomposition trop facile et surtout des matières fécales, pour que la qualité des fruits n'en soit pas dépréciée et afin d'en écarter l'Anthracnose.

La terre doit être ameublie et les herbes détruites par de fréquents labours.

On ne vendange les Clairettes que lorsque les raisins sont d'une maturité très avancée, et on fait même dans ce but plusieurs cueillettes si la maturité est inégale ou si on voit des fruits s'altérer trop vite quand les autres sont encore verts. Selon que les années sont sèches ou humides, les raisins se rident, se dessèchent en partie, ou subissent un commencement d'altération qui fait tomber leur peau en sphacèle. Ils se fondent alors en jus, et donnent des moûts d'un degré élevé suivant la nature du terrain, l'âge et la fertilité de la vigne.

C'est ici l'occasion de constater les différences fondamentales que présentent, d'une manière générale, les vendanges pour la préparation des vins rouges et celle des vins blancs.

On doit s'efforcer, pour faire les vins rouges et les réussir, de récolter des fruits mûrs, mais sans aucune altération qui puisse agir sur la matière colorante et sur les parties astringentes de la peau et de la grappe des raisins; mais, quand il s'agit de faire des vins blancs, il faut surtout viser à la douceur et au parfum du moût qui, étant immédiatement séparé des rafles et des pellicules, ne s'imprègne pas de leur goût comme le vin rouge, avec lequel elles fermentent à une température élevée. On peut donc retarder assez longtemps l'époque de la vendange des raisins blancs pour en obtenir tout le sucre qu'ils peuvent rendre sans s'altérer et sans se perdre, tandis qu'il faut cueillir les raisins rouges avant toute altération des parties constituantes de la grappe.

Les Clairettes sont conduites au pressoir et versées dans des maies, où on les foule avec beaucoup de soin pour en extraire le plus de moût possible du premier jet. Les raisins bien foulés sont jetés dans une cuve où ils s'égouttent pendant quelques heures, et sont ensuite portés sur le pressoir. On entonne les moûts dans des fûts ou dans des foudres bien méchés, dans lesquels ils fermentent avec plus ou moins de force selon le degré glucométrique qu'ils ont atteint.

On ne sucre pas les moûts de Clairette, mais on les additionne, selon les années, de deux à trois degrés d'alcool de vin, soit pour rendre plus secs et plus corsés les Picardans secs, soit pour conserver aux vins blancs doux plus de sucre et plus de liqueur. Les vins blancs de Clairette gagnent beaucoup à être souvent soutirés dans des fûts méchés à l'allumette soufrée.

Muscats. — Les Muscats forment une tribu très ancienne et sont répandus dans toute la région. Les variétés cultivées pour en obtenir du vin sont en même temps bonnes à manger, mais il en est un grand nombre qu'on réserve pour la table seulement, et qui ne donnent à la cuve que des produits insuffisants ou médiocres. Nous les examinerons à la suite des variétés qui forment les vignobles, pour ne pas diviser l'étude des sujets les plus intéressants de cette tribu.

Les grands crus de Muscat sont rares; on les trouve dans la région, à Rivesaltes, à Frontignan, à Maraussan, à Cazouls près Béziers et à Lunel. On en fait aussi sur d'autres points du Midi, notamment dans les Bouches-du-Rhône et dans le Var, en associant au raisin Muscat d'autres cépages blancs; mais la quantité en est trop petite pour donner lieu à un commerce important, et leur réputation n'est point établie comme celle des crus cités plus haut.

Le Muscat cultivé à Frontignan, à Maraussan, à Cazouls et à Lunel, dans l'Hérault, à Rivesaltes dans les Pyrénées-Orientales, est le même; c'est, dans cette tribu, le cépage le plus important. Le Muscat de Corse est une variété distincte dont les produits sont loin d'égaler ceux du précédent. Les vignobles les plus considérables sont ceux de Maraussan et de Cazouls-les-Béziers, qui s'étendent aussi sur les communes voisines et couvrent des centaines d'hectares. Maraussan est le centre de la grande production des Muscats de l'Hérault; elle y est beaucoup plus importante que partout ailleurs; on y trouve des vins de qualité supérieure, qui peuvent être assimilés, selon les points du territoire où ils sont récoltés, à ceux de Frontignan et de Lunel; ils présentent, soit le parfum exalté et la spirituosité des premiers, soit la légèreté et la délicatesse des seconds, et se distinguent eux-mêmes par une douceur moelleuse et un arome qui leur donnent un cachet particulier.

Muscat blanc de Frontignan. — Synonymie : Le Muscat blanc cultivé dans l'Hérault est plus particulièrement connu sous le nom de *Muscat de Frontignan*; on ne lui donne pas d'autre dénomination.

Ses caractères sont les suivants :

Souche : moyenne, vigoureuse, de longue durée, fertile.

Sarments : étalés, assez forts, de longueur moyenne, plus courts dans les terrains maigres; couleur rouge brun; rayés, devenant plus gris en hiver; nœuds rapprochés, assez renflés.

Feuille : moyenne, mince, unie, sinus peu profonds, à cinq lobes; mais paraissant plutôt trilobée, garnie de fortes dents aiguës allongées, caractéristiques qu'on retrouve souvent chez diverses variétés de Muscats; d'un beau vert, plus pâle sur le revers que sur la face supérieure, à nervures saillantes, légèrement jaunies, lisses dessus et dessous, légèrement retournées en cornet, à pétiole assez long, d'un vert jaune.

Grappe : moyenne, allongée, cylindrique, assez régulière, quelquefois ailée, à queue longue et verte. *Grains :* moyens, ronds, un peu déprimés au sommet, jaune ambré, transparents, fortement dorés par le soleil; se passarillant facilement; à pédicelles assez longs, peu serrés, ordinairement égaux, à chair ferme très sucrée, d'un goût musqué très développé, délicieux à manger, mais prenant à la gorge et provoquant vite la satiété. Quelques grappes sont parfois cylindriques, allongées et à grains serrés.

Bourgeonnement : vert, légèrement aranéeux, presque lisse, précoce, un peu après l'Aramon.

Maturité : précoce; du 20 au 25 août pour la table; septembre et octobre pour la vendange.

Le Muscat de Frontignan est un des raisins les plus agréables à manger, et, comme il est précoce, on en trouve toujours quelques pieds autour des habitations, soit en souche, soit en treille. Il est beaucoup plus fertile cultivé en treille, et donne ainsi des quantités considérables de raisins, mais il ne produit alors que du vin médiocre. En souche, il n'est pas toujours très fructifère; aussi, les vignobles de Muscat ne sont-ils pas faciles à créer partout comme ceux des autres cépages. Ces vignobles sont eux-mêmes peu étendus lorsqu'on les compare à ceux de la région, qui sont plantés en vignes rouges. Ils couvraient cependant plusieurs milliers d'hectares, à Maraussan, Cazouls, Maureilhan, etc., centre de la grande production des Muscats de l'Hérault, et leur culture y était en progression lorsque le Phylloxera les a envahis et ruinés.

Les viticulteurs travaillent actuellement à la reconstitution de ces vignobles précieux, qui paraissent ne prospérer que dans des localités déterminées, désignées par une longue expérience, et qui n'étaient plantées que du seul cépage dont les fruits possèdent la douceur, le parfum exalté et la délicatesse qui distinguent le vrai vin Muscat.

Ces considérations confirment l'estime si méritée dont jouit le Muscat de Frontignan. Les terrains à la fois rocailleux ou pierreux et un peu forts, substantiels, mais bien ressuyés, les sols en cailloux roulés siliceux assez profonds, désignés sous le nom de *grès* en languedocien, dans lesquels le raisin peut acquérir la maturité la plus complète et se dessécher en partie sans pourrir, sont les plus favorables au Muscat; il y produit environ de 15 à 25 hectolitres par hectare, parfois beaucoup moins.

Chacun connaît le vin Muscat de Frontignan, type qu'on retrouve dans les deux autres crus de l'Hérault, et ses qualités exquises. C'est, avec le vin Muscat de Rivesaltes, le premier et le plus inimitable des vins de liqueur; suavité, distinction, spirituosité, parfum exquis, le grand Muscat réunit tout. Pour en obtenir ces qualités, il faut le vendanger lorsque son moût donne, à l'aréomètre de Beaumé, de 19 à 20°, et éviter autant que possible la pourriture qui altère les raisins et ôte à leur jus le goût suave de muscat qu'ils possèdent. On vendange quelquefois les moûts à un degré plus élevé; ils sont alors très gras et sirupeux, et mettent un temps considérable à acquérir les qualités qui les rendent propres à être consommés. Quand on les vendange à des degrés trop bas, les Muscats n'ont plus le même corps; ils perdent leur souplesse et sont sujets à devenir secs, mais ils gardent toujours une délicatesse particulière qui dépend du cépage.

Quand le vin Muscat devient vieux, son arome musqué s'atténue. Il prend alors un goût de rancio particulier très distingué, qui lui conserve toujours le premier rang parmi les vins de liqueur.

Le Muscat débourre de bonne heure, il souffre peu des gelées tardives, parce qu'on ne le plante que dans les terrains secs et élevés, mais ailleurs il y serait sujet. Il redoute beaucoup les grandes gelées de l'hiver, et quand il en a été atteint, il s'en remet bien difficilement. Les observations de M. Cazalis-Allut, après les grands froids de 1829, ne laissent point d'incertitude à cet égard; d'après lui, les sarments périssent, la souche elle-même est atteinte, et c'est la racine qui repousse seule lorsque le mal a été profond; dans ce cas, les Muscats perdent leur fertilité.

Dégénérescence. — Les Muscats sont encore sujets à d'autres inconvénients; on en trouve dont les grappes sont en grande partie formées de petits grains, gros comme des pois, et de quelques autres de grosseur ordinaire; il faut avec soin réformer ces sous-variétés infertiles, qui se produisent sans qu'on en connaisse bien la cause, et qu'on trouve parmi les espèces très anciennes et très cultivées, comme les Muscats, les Clairettes, les Malvoisies, etc.

Insectes ampélophages et Maladies cryptogamiques. — Le Muscat de Frontignan est assez sujet à la coulure dans les années humides; il redoute les attaques des insectes ampélophages et souffre des chaleurs trop fortes de l'été; les coups de soleil lui sont contraires et grillent facilement ses raisins. Il souffre beaucoup des attaques de l'Oïdium et y est très sujet. Aussi a-t-il besoin d'être soufré avec un soin particulier. Il résiste assez bien au Phylloxera, mais il finit par succomber à ses attaques. Le Peronospora se développe peu sur le Muscat.

Il faut avoir grand soin d'éloigner les mouches à miel des vignes de Muscats; comme elles sont très avides de leur raisin si doux, elles le dévorent un à un, piquent les grains, les détériorent ou les font pourrir, et compromettent à la fois sa récolte et sa qualité. Les anciens, frappés de cette avidité des abeilles pour les Muscats, désignaient ces derniers sous le nom d'*Apianæ*, du mot *apes* (*abeille*); nous-mêmes, nous désignons le même cépage sous le nom de Muscat, du mot latin *musca* (*mouche*). Les guêpes sont, comme les abeilles, très avides de Muscat, et en ravagent les récoltes. On doit leur faire une chasse incessante.

Le Muscat reste jeune fort longtemps; c'est un cépage qui ne vieillit que lentement, et il n'atteint sa perfection que lorsqu'il est assez âgé; le temps nécessaire pour cette transformation varie selon les terrains, mais il est long comparativement à celui qu'exigent les autres vignes. On voit des Muscats, à 20 ans, qui sont encore *plantiers*, comme cela arrive pour les Clairettes; la durée du Muscat est d'ailleurs très longue.

Culture et vinification des Muscats. — On les cultive comme les autres cépages, en souches espacées de 1m,50 en tout sens, et on les taille court en donnant au courson un œil ou deux francs, suivant la vigueur de la vigne.

Le Phylloxera a presque entièrement détruit les vignes de Muscat de la région méridionale, mais on commence à reconstituer des vignobles de ce cépage dans les localités connues par leurs grands vins Muscats, telles que Frontignan, Rivesaltes, Maraussan, Lunel. Nous ne doutons pas que dans quelques années les nouvelles vignes ne donnent à leur tour des vins qui pourront, avec le temps, devenir dignes de leurs aînés. En attendant, les réserves que possèdent encore les propriétaires des anciennes vignes de grand cru, pourront alimenter la consommation de ces vins exceptionnels. Mais pour que les Muscats retrouvent leurs débouchés comme grands vins de liqueur, il faut que les conditions économiques actuelles changent, et qu'ils n'aient pas à subir la ruineuse concurrence des imitations des vins de *raisins secs vinés* fabriqués à l'étranger, et entrant en France avec des droits dérisoires. De pareils vins, falsification permanente de ceux dont ils empruntent les noms, sont pour ces derniers un vrai fléau, non seulement par leurs bas prix, mais par le discrédit que leurs défauts jettent sur les vins de vrais crus.

On ne cultive les Muscats que sur les coteaux bien exposés ou sur les plateaux élevés, rocailleux et caillouteux, bien ressuyés, en terrain assez profond pour résister aux grandes sécheresses. Ils végètent irrégulièrement en plaine et risquent d'y être assez souvent gelés, car leur bourgeonnement est précoce comme celui de l'Aramon, et ils y coulent fréquemment. Les sols à la fois siliceux et calcaires leur conviennent d'autant mieux qu'en pareil terrain les Riparias (glabre ou tomenteux) réussissent bien, et qu'on les greffe en Muscat de Frontignan avec un succès complet. On plante sur défoncement, en Riparia ou Rupestris racinés, qu'on greffe après deux ans, soit en fente, soit à l'anglaise. On espace les ceps à 1m,50 en carré, et on les forme en souches basses, comme les Piquepouls, les Clairettes, l'Uni blanc. On taille à un œil ou à deux yeux francs, selon la vigueur du plantier, et en formant la souche sur trois ou quatre coursons, avec un tronc de 0m,20 à 0m,25 de hauteur, au-dessus duquel s'élèvent les bras qui portent les coursons.

On ne doit fumer les Muscats, comme les Clairettes, qu'avec ménagement, et plutôt avec des terreaux, des engrais bien consommés, ou encore avec des terres rapportées, qu'avec des fumiers gras. Il faut viser à la fois au bon entretien de la vigne et à l'élaboration la meilleure des fruits.

Les Muscats redoutant les fortes gelées d'hiver, il convient de ne les tailler autant que possible qu'après les grands froids, du 15 février au 15 mars, et de ne pas les déchausser tant qu'on peut craindre des abaissements trop vifs de température.

Comme tous les cépages fins, ils doivent être soufrés avec soin et recevoir les traitements cuivrés contre le Mildiou et le Black-roth, pour éviter toute altération des fruits qui compromettrait la qualité de la récolte. On ameublit le sol et on détruit les mauvaises herbes par de fréquents labours, en évitant toutefois de cultiver aux jours de grandes chaleurs, afin de ne pas échauder les raisins.

Vendange. — On ne doit vendanger les Muscats qu'à leur extrême maturité, afin que le vin acquière la douceur et le moelleux qui doivent le caractériser. On fait plusieurs vendanges à des intervalles de sept à huit jours, à mesure que les raisins ont une maturité suffisante et pour qu'ils ne s'altèrent pas. On ne commence la cueillette des fruits que lorsque le soleil a séché les humidités de la nuit.

On élimine avec soin les raisins gâtés, les grains verts ou moisis. On obtient alors des moûts très droits de goût, et d'un degré glucométrique élevé. Les cueillettes successives ont lieu le plus souvent du 20 septembre au 10 ou au 15 octobre, selon la température et l'état du raisin. Les vendanges chaudes et sèches, mais accompagnées de rosées et de vents marins, sont les plus favorables pour obtenir les meilleures maturités.

Les moûts de Muscat de 16 à 18° de Beaumé sont ceux qui donnent les qualités courantes dont on conserve la douceur par une addition de un à deux degrés d'alcool de vin bien choisi; au-dessus de 18° glucométriques, les moûts donnent des vins supérieurs qui conservent une douceur et une souplesse inimitables.

On foule avec soin la vendange dès qu'elle est arrivée au pressoir; on laisse égoutter ce premier jus, et on charge aussitôt le marc. Le produit des premières serres, obtenu sans qu'il soit nécessaire de tailler le marc, est réuni au moût de première goutte et versé à mesure dans des fûts neufs de 250 à 500 litres, méchés à l'allumette soufrée, ou dans des foudres préparés de même, de 25 à 50 hectolitres de capacité. Les marcs sont taillés plusieurs fois et amenés à un état de siccité très avancé. On conserve à part le produit de chaque taille. Les gâteaux de marc sec renferment encore des quantités de sucre considérables. On en fait des piquettes, etc.

Le Muscat fermente lentement au bout de quelques jours dans les fûts où il a été versé; c'est lorsque cette première fermentation s'est déclarée, ou lorsqu'elle subit un temps d'arrêt, qu'on ajoute au vin l'alcool destiné à lui conserver sa douceur. Dans les grandes années, il n'est pas nécessaire de procéder à cette opération. Dans tous les cas, elle ne doit être faite que peu à peu, de manière à ne pas arrêter la fermentation et à incorporer l'alcool au vin sans y produire les précipités susceptibles de le dénaturer. On soutire plusieurs fois le vin Muscat dans le courant de la première année, afin de le séparer des lies qui se forment incessamment, et dont les dépôts renferment les ferments par lesquels sont provoquées les fermentations secondaires qui diminuent la liqueur du vin et lui donnent un état de sécheresse trop avancé.

Le vin Muscat une fois clarifié est inaltérable. Il se colore dans les fûts ou dans les bouteilles en vidange, mais il ne se pique pas et ne contracte pas de mauvais goût. On ne doit le conserver que dans des fûts très solides et bien étanches, car il filtre à travers les joints et les bois poreux avec la plus grande facilité, comme les liquides d'une fluidité particulière, tels que l'huile fine.

Origine. — L'origine du Muscat de Frontignan est fort ancienne. Le vignoble de Frontignan, d'où il provient, est lui-même très ancien et remonte au temps de la création des vignobles dans cette commune, antérieurement à l'époque carlovingienne de notre histoire. La ville de Montpellier, dans le XIIe et le XIIIe siècle, faisait déjà un commerce considérable des vins de ses environs, et parmi eux de vins muscats. Les Romains connaissaient les Muscats (*Apianæ*), et en possédaient plusieurs variétés; il serait fort possible que celle dont nous parlons eût été cultivée par eux et nous fût ainsi venue de l'antiquité, à travers le moyen âge et les temps modernes. Olivier de Serres parle des *Muscats* cultivés à Frontignan, à Mireval, etc., où on les trouve encore aujourd'hui. Magnol et Garidel les mentionnent aussi parmi les cépages cultivés de leur temps.

Muscat rouge. — On cultive à Frontignan, dans quelques vignes, une variété de Muscat à fruits violets, de laquelle on tire un vin rosé très fin et très recherché. Ses caractères, sauf la couleur du raisin, ressemblent à ceux du Muscat blanc de Frontignan. On préfère ce dernier lorsqu'il s'agit de former des vignes, à cause de la belle couleur ambrée qu'il donne au vin et peut-être aussi parce que sa fertilité est plus soutenue. Le Muscat rouge est plutôt considéré comme un raisin de table, quoiqu'il donne aussi au pressoir des vins très distingués.

Muscat rose, Muscat gris, Muscat rouge (Odart). — Ce Muscat n'est guère cultivé que dans les collections, mais nous le mentionnons après le Muscat noir pour donner la série blanche, noire, rose, des vrais Muscats. Je l'ai trouvé très rapproché du Muscat blanc de Frontignan (qu'on peut considérer comme le type de la tribu des Muscats), mais il n'est pas identique avec ce dernier. Il en diffère par la couleur du raisin, et par sa *grappe*, qui est plus lâche; il est moins musqué et moins fertile. Le *grain* est rond et de couleur rouge clair. La *souche* est vigoureuse, de grosseur moyenne, à *sarments* étalés; sa foliation rappelle celle du Muscat blanc. Le fruit mûrit à la même époque.

Muscat blanc du Puy-de-Dôme, Muscat Eugénien (Odart). — Ce Muscat, décrit par le comte Odart comme une des meilleures variétés de Muscat blanc précoce, ne diffère guère du Muscat blanc de Frontignan; sauf la couleur, il m'a paru identique au Muscat rose. Il mûrit du 1er au 8 septembre.

Ses caractères sont les suivants : *Souche* moyenne, vigoureuse; *Sarments* étalés, rouges, court-noués; *Feuille* découpée, à dents longues et aiguës, caractéristiques des Muscats; *Grappe* cylindrique; *Grains* ronds, assez écartés. Même *maturité*. Il est moins musqué et moins fertile que le Muscat blanc commun.

Le **Muscat blanc de Syrie, Muscat de Smyrne, Isaker Daisico** est, comme les précédents, très rapproché de notre Muscat blanc de Frontignan, quoiqu'il en diffère par quelques caractères, tels que la grappe qui est plus lâche, plus cylindrique, à grains plus petits, croquants, moins musqués, très agréables à manger, moins fertile. Un peu plus précoce. C'est un excellent raisin de table.

Moscatella bianca et **Moscatella nera** (Corse). — On cultive en Corse deux variétés de Muscats pour la cuve et pour la table, l'une blanche, sous le nom de *Moscatella bianca*, l'autre noire, *Moscatella nera*, qui n'est que la variété colorée de la précédente. On en tire le vin muscat du cap Corse. Ces deux cépages ne sont pas identiques à notre Muscat blanc de Frontignan et ne donnent pas des vins aussi estimés. Leurs sarments sont moins étalés que ceux de ce dernier. Leurs fruits sont à la fois moins précoces, moins fins, d'un goût musqué moins prononcé. Ils sont plus gros, à grappes ailées, à grains ronds légèrement obronds, plus charnus. La foliation de ces deux variétés rappelle bien celle des Muscats. Ce sont de bons raisins de table, très agréables au goût.

Leurs caractères sont les suivants :

Souche : forte et vigoureuse, fertile.

Sarments : demi-érigés, court-noués, gros et forts, rouge clair, à nœuds bien détachés.

Feuille : moyenne, du type des Muscats, à sinus ouverts assez prononcés, à grosses dents longues et aiguës, un peu repliée en cornet, lisse dessus et au revers, vert jaunâtre, à grosses nervures.

Grappe : moyenne, cylindro-conique, ailée et allongée, peu tassée, à beaux *grains* blancs ou noirs selon la variété, ronds, parfois légèrement obronds, assez gros, charnus, croquants, d'un goût musqué mitigé, peu fatigant.

Maturité : pour la table du 10 au 15 septembre.

Les Muscats noirs forment une intéressante série de cépages au nombre desquels, après le Muscat noir de Frontignan et le Moscatella nera de Corse que nous avons mentionnés, se trouvent les suivants :

Muscat violet de Madère ou **Muscat rouge de Madère Vendel** (Odart). — Excellente variété de Muscat, originaire de Madère et importé à Tours, de Madère et de Portugal, par M. Vendel. Le comte Odart l'a décrit dans l'*Ampélographie universelle*.

Souche : presque érigée, vigoureuse, de fertilité moyenne.

Sarments : gros et forts, gris rougeâtre.

Feuille : moyenne, presque pleine, à dents fortes et aiguës comme celle des Muscats, consistante, lisse dessus, légèrement cotonneuse dessous.

Grappe : moyenne, claire, cylindrique, à grains ronds noirs, d'une jolie grosseur, juteux, d'un goût très fin musqué.

Maturité : précoce, du 28 août au 5 septembre.

C'est un raisin de table qui doit faire aussi de très bon vin, car il se passarille facilement. Il est assez sujet à la coulure.

Muscat Caillaba (Hautes-Pyrénées), **Muscat noir du Jura, Caylor noir musqué, Muscat d'Eisenstadt.** Les cépages désignés par les noms qui précèdent se rapportent au même Muscat. Il est cultivé comme raisin de table très précoce (première quinzaine d'août) au nord comme au midi de la France et jusqu'en Allemagne. Il se distingue des variétés précédentes par sa foliation à *feuilles* presque entières, lisses sur les deux faces, petites, à dents aiguës. La *souche* est forte, à *sarments* érigés, teintés de rouge. La *grappe* est cylindrique, sous-moyenne, à queue courte, ligneuse; à *grains* ronds, à peine moyens, assez espacés, bien noirs, fleuris, juteux, d'un goût de musc très fin. Le cep est fertile et de moyenne grandeur.

Il a été décrit par Bosc, sous le nom de *Caillaba*, et mentionné par le comte Odart, qui le tenait en grande estime. MM. H. Bouschet et Pulliat mentionnent aussi ce cépage et ses synonymes comme identiques.

La **Moscatea** de Nice, décrite par M. H. Bouschet, est supérieure, dit-il, au Muscat noir de l'Hérault, par la beauté de ses grappes, la grosseur de ses grains d'un noir violet. Son feuillage est profondément découpé et à dents très aiguës.

Le **Moscateo,** Muscat violet d'origine espagnole, ressemble au Muscat noir de l'Hérault, mais lui serait préférable comme raisin de table, par sa grappe plus forte, cylindrique, à grains ronds plus gros.

L'**Aleatico** de la Toscane et de la Corse mérite d'être mentionné parmi les bons Muscats noirs de cuve et de table. Il donne le meilleur vin de liqueur de la Toscane. C'est un Muscat très précoce à débourrer, dont le bourgeonnement glabre est teinté de rouge vert.

La *souche* est moyenne, à *sarments* demi-érigés, assez forts, rouge clair; *feuilles* moyennes, glabres sur les deux faces, à sinus bien dessinés bordés de dents aiguës, colorées de vert jaune. Les *grappes* sont de grosseur moyenne, cylindriques et longues, parfois coniques, à *grains* tantôt clairs, tantôt serrés, souvent inégaux, bien fleuris, noirs, ronds, un peu déprimés, sous-moyens, d'un goût musqué très doux et très fin. Excellent à manger. Il mûrit du 5 au 10 septembre, et se passarille quand le temps est sec et qu'on en retarde la vendange. Il est assez fertile, mais moins que notre Muscat blanc.

L'Aleatico a une grande analogie avec notre Muscat noir de l'Hérault, quoiqu'il ne soit pas le même.

On cultive aussi en Toscane un *Aleatico à raisins blancs*, mais il est beaucoup moins répandu et moins estimé que le rouge.

Le **Muscat-Hambourg** est un des cépages nouveaux et des plus remarquables sous tous les rapports qui ont enrichi, depuis une trentaine d'années, notre région méridionale française.

Depuis trente ans que je le possède à Launac, près Montpellier, j'ai pu l'étudier sous notre climat et dans notre sol, et reconnaître que dans les conditions les plus diverses, il se place au premier rang des cépages fins qui conviennent à la fois pour la cuve et pour la table.

Le *Muscat-Hambourg* nous vient d'Angleterre. Je dois la possession de cette belle variété de vigne au Dr Hogg, de la Société royale d'Horticulture de Londres, l'un des pomologistes les plus distingués et les plus connus de l'Angleterre. Il me le signalait comme digne d'attention, mais le passage des serres anglaises au grand soleil des coteaux du Midi pouvait modifier les qualités de ce Muscat, et c'était à titre d'essai qu'il m'était adressé avec d'autres variétés remarquables des *Grapperies*.

L'expérience est faite aujourd'hui; elle s'est trouvée toute à l'avantage de ce précieux cépage, dont les qualités m'ont paru se développer sous le climat de Montpellier. En voici la description :

Muscat-Hambourg, Snow's Muscat-Hambourg[1].

Souche : forte, vivace, fertile, ayant tous les caractères d'une longue durée.

Sarments : étalés, longs et forts, court-noués, rouge cannelle, un peu plus colorés sur les nœuds; *Bourgeons* peu saillants; *Vrilles* moyennes et plutôt petites.

Feuilles : moyennes, ayant bien les allures et la forme qui caractérisent la feuille des Muscats; à cinq lobes, dont les deux premiers, à partir du pétiole, sont presque pleins, à sinus pétiolaire bien dessiné, à dents aiguës, longues et inégales. Le limbe de la feuille est légèrement tourmenté, rugueux dessus, sans coton dessous. Les bords sont frappés de jaune et de rouge; la couleur est vert jaunâtre à la maturité du fruit. Le pétiole est rose et les nervures sont jaunes.

Grappe : grande et forte quoique molle et peu serrée, verte d'abord, puis rose à l'extrême maturité, mais ligneuse à l'origine de son insertion sur le sarment. Elle est belle, de forme ailée et pyramidale, à gros *grains* oblongs, un peu charnus, assez souvent inégaux, d'un beau noir, à pinceau coloré. Les grains sont portés sur des pédicelles longs et fins, et peu garnis de pépins; le plus souvent, ils n'en renferment qu'un ou deux. Leur saveur est exquise, fine, musquée et relevée, sans être fatigante; ils sont à la fois juteux et croquants. C'est un des meilleurs, sinon le meilleur, des raisins de table de notre région, qui en possède tant.

Le Muscat-Hambourg est donc à la fois beau et bon, et de plus il est fertile. De même qu'en Provence on désigne le Muscat d'Alexandrie sous le nom de Panse musquée blanche, celui de Panse musquée noire me paraît convenir au Muscat-Hambourg et le caractériser au milieu des autres Muscats. Son raisin possède la précieuse propriété de se conserver jusqu'à l'arrière-saison la plus avancée. Il suffit de l'étendre sur la paille ou de le suspendre dans le fruitier. Comme raisin de conserve, en hiver, il est aussi de la plus haute distinction; son goût musqué prend une finesse toute particulière et s'allie à beaucoup de sucre et à un parfum des plus délicats[2].

Le Muscat-Hambourg est précoce; il mûrit à la fin d'août ou dans les premiers jours de septembre, à peu près comme notre Aramon, qu'il rappelle d'ailleurs par son port étalé, sa vigueur, la beauté des grappes, quoique les feuilles et la forme des grains soient bien différentes. Si on destine les fruits du Muscat-Hambourg à être conservés, on les cueille du 10 au 12 septembre, lorsqu'ils sont dans toute leur perfection comme raisins de table, et que le temps est encore assez sec et chaud pour les préserver de toute détérioration.

Le Muscat-Hambourg fructifie bien sur les yeux de la base des sarments; formé en souche, comme les vignes de nos cultures et taillé à deux yeux francs, il se couvre de beaux raisins analogues à ceux des Cinsauts et des Œillades. Cultivé et conduit en treille et en cordons, il produit abondamment. Le terrain qui convient le mieux à ce beau cépage est un sol substantiel, bien ressuyé, qui ne craigne pas la sécheresse. Comme pour toutes les variétés à gros grains et à grandes grappes, un sol trop sec ou trop maigre lui fait perdre sa beauté et diminue beaucoup sa fertilité. Alors il coule souvent, ses grappes s'éclaircissent outre mesure et se déforment.

Le Muscat-Hambourg débourre d'assez bonne heure; il est intermédiaire entre l'Aramon et le Grenache. Le bourgeon est gros, blanc, tomenteux; la jeune feuille apparaît cotonneuse dessus et dessous. Les fruits placés de la quatrième à la sixième feuille sont gros et apparents dès le débourrement.

Placé au premier rang parmi les raisins de table, le Muscat-Hambourg est aussi un très bon raisin de cuve. J'en ai fait d'excellent vin en le récoltant lorsque le moût s'épaissit assez pour donner de 16 à 18° Beaumé. On y arrive en attendant l'extrême maturité du

[1] Fruit-Manuel du Dr Hogg.

[2] « Aucun autre Muscat, si ce n'est le Muscat d'Alexandrie (dit M. H. Bouschet dans sa brochure des *Raisins du verger*), ne peut rivaliser avec le Muscat-»Hambourg pour la grandeur et la beauté des grappes et pour la grosseur des grains, et encore il a l'avantage de porter des raisins mieux fournis parce qu'il est »moins sujet à la coulure. Je ne saurais mieux en donner une idée qu'en les comparant à ceux de notre *Aramon*. Ses grains un peu inégaux en diffèrent par leur »forme légèrement oblongue et pas tout à fait aussi développée; ils ont tous deux la même couleur. Le Muscat-Hambourg a la peau assez épaisse, la chair fondante, très juteuse, agréablement parfumée, d'une saveur musquée pas trop prononcée, mais bien suffisante pour en faire un délicieux raisin de table ».

fruit, qui jouit alors de la propriété de se dessécher ou de se *passariller*, comme la Clairette et le Muscat de Frontignan. Traité comme le moût de ce dernier, il donne un vin de liqueur rosé, dont le goût et l'arome sont des plus distingués.

Le Muscat-Hambourg est un des cépages qui résistent le mieux aux attaques du Phylloxera. Il finit cependant par succomber, mais après la plupart de nos cépages de culture (Aramons, Carignanes, Morrastels, Clairettes, Muscat blanc, etc.). Il est d'ailleurs peu sujet aux ravages des autres insectes ampélophages. Ses fruits souffrent beaucoup des ravages des abeilles et des guêpes. Il est peu attaqué par les maladies cryptogamiques; il a besoin cependant d'être soigneusement soufré et d'être assujetti aux traitements cupriques pour mettre ses fruits à l'abri de toute altération.

Le Muscat-Hambourg se greffe bien sur les espèces américaines (Riparia, Rupestris, York, Taylor, Jacquez, etc.). On doit le cultiver comme le Muscat de Frontignan, en plantant les porte-greffes de 1m,50 à 1m,60 en carré et en observant les mêmes principes de culture pour la taille, les fumures, les soufrages, les labours et les vendanges. Dans les terrains qui lui conviennent, il peut produire de 25 à 30 hectolitres de vin distingué par hectare.

Ce cépage nous paraît donc réunir toutes les conditions des bonnes variétés de vigne pour la cuve, tout en produisant le premier de nos raisins de table.

Origine. — Le Muscat-Hambourg est un semis de Snow. Il nous est arrivé des serres anglaises comme nouveauté à essayer. Après trente années d'expérience, nous lui reconnaissons les attributions des cépages d'élite perfectionnés par une longue culture : vigueur, fertilité du cep, précocité, saveur exquise, beauté et facilité de conservation du fruit. C'est une des plus précieuses acquisitions que les semis aient données à la viticulture.

Muscat noir d'Alexandrie. — Ce Muscat se rapproche par certaines analogies du Muscat-Hambourg, mais il y a entre eux des différences marquées qui les séparent nettement. C'est cependant un Muscat très distingué, à *souche* bien érigée, fertile; à *grappes* de grandeur moyenne, cylindriques, à petites ailes serrées; les *grains* sont ronds, assez gros (sans atteindre cependant la grosseur de ceux du Muscat-Hambourg), noirs, juteux, d'un léger goût de musc exquis. La *souche* est fertile. Les *sarments* sont gros, forts, érigés, court-noués, rouge cannelle; la *feuille* est moyenne, retournée légèrement en cornet, peu découpée, aussi large que longue, à dents aigues comme celles des Muscats, lisse dessus et dessous.

La *maturité* a lieu vers le 5 septembre; le raisin se passarille facilement quand on l'attend à grande maturité.

Ce Muscat est à sarments très érigés, tandis que ceux du Muscat-Hambourg sont très étalés; ils sont plus gros, plus court-noués que ceux du Hambourg; les feuilles sont plus petites, à dents moins caractérisées. La grappe est moins grande, moins belle; les grains plus petits et ronds, tandis que ceux du Muscat-Hambourg sont plus gros et de forme plus allongée. Il est plus sujet à la coulure, d'un goût musqué moins délicat et moins fin quoique très distingué.

Il est possible que le Muscat-Hambourg ait été obtenu d'un semis de Muscat noir d'Alexandrie.

Muscat d'Alexandrie (Congrès pomologique); *Panse musquée* (en Provence et en Languedoc); *Augibi Muscat* (dans la vallée de l'Hérault); *Muscat de Rome, Muscat Romain, Uva Salamanna* (Italie du Nord); *Muscat d'Espagne, Moscatel gordo bianco, Moscatel gorron, Moscatel romano* (en Espagne, et dans l'*Ampélographie de l'Andalousie*, Odart); *Zibibbo* (Sicile); *Muscat Caminada* (du comte Odart).

Ce beau cépage est très répandu dans la grande région du bassin de la Méditerranée. Il y donne, en quantité, d'excellents raisins de table d'une grande beauté, mais il a besoin, pour arriver à complète maturité et à sa perfection, d'un climat chaud comme celui de notre région méridionale.

Il est cependant cultivé avec succès dans les serres à raisin, et je dois dire que dans les *Grapperies*, en Angleterre, j'en ai vu et goûté qui pourraient rivaliser avec les fruits les plus beaux des ceps que nous cultivons dans l'Hérault.

Ses caractères sont les suivants :

Souche : forte, très vigoureuse, fertile.

Sarments : demi-érigés, gros et forts, court-noués, de couleur gris roux.

Feuille : moyenne, à sinus bien marqués, à dents aiguës et profondes des Muscats, lisse sur les deux faces, de couleur vert jaune, à forts pétioles verts teintés de jaune.

Grappe : grande et belle, cylindro-conique, à grandes ailes pendantes, assez claire, à queue longue et grosse. *Grains* : ovoïdes, gros, portés sur de longs pédicelles, d'une belle couleur jaune qui se colore en brun doré du côté du soleil, à chair ferme, croquante, juteuse, douce et musquée, agréable à manger, à peau épaisse, ne contenant qu'un ou deux petits pépins.

Bourgeonnement : en temps moyen, comme celui du Grenache, tomenteux et légèrement rosé. Peu sujet aux gelées blanches, mais disposé à la coulure.

Maturité : assez tardive, du 20 au 25 septembre.

Le Muscat d'Alexandrie n'est guère cultivé que pour ses fruits, comme raisin de dessert et d'ornement. C'est à lui qu'on s'adresse de préférence pour faire des grains à l'eau-de-vie et des raisins secs. On en préparait autrefois en assez grande quantité en Provence et dans l'Hérault, à Maraussan.

Il est beaucoup plus fertile en treille et en cordons qu'en souche, mais il y est moins savoureux. C'est un bon raisin de garde pour l'hiver, lorsque l'automne a été sec et qu'il n'a pas de germes de pourriture. Il se pansit (se passarille), se ride et mérite bien son nom de *Panse musquée*. Je l'ai néanmoins trouvé bien inférieur au Muscat-Hambourg pour la finesse et la qualité du raisin, ainsi que pour ses propriétés de conservation.

La Panse musquée a besoin d'un sol assez riche et profond, bien ressuyé, bien exposé, pour mener à bien ses volumineux raisins. Dans les terrains trop secs ou qui manquent de fond, les grappes s'éclaircissent et se dégarnissent, et les grains se développent mal. Comme le cep est sujet à la coulure et qu'il est peu précoce, M. H. Bouschet conseille de pincer l'extrémité des sarments à l'époque de la floraison et de lui appliquer l'incision annulaire un peu avant cette époque.

Le Muscat d'Alexandrie est un des cépages qui résistent le moins aux attaques du Phylloxera. Dans ma collection, je l'ai vu périr des premiers en même temps que les Chasselas. Je n'ai pu le conserver qu'en le greffant sur souche américaine, Riparia ou Rupestris.

Il est sujet aux maladies cryptogamiques : Anthracnose, Oïdium, Mildiou, et a besoin d'en être bien défendu.

On a beaucoup semé le Muscat d'Alexandrie; le *Bowood Muscat*, le *White Romain*, que j'ai reçu d'Angleterre, par le Dr Hogg, me paraissent fort rapprochés de notre Panse musquée et en dériver.

Le Muscat Caminada du comte Odart m'a paru n'être qu'une sélection du Muscat d'Alexandrie et ne pas en différer.

Origine. — Le Muscat d'Alexandrie paraît être d'origine fort ancienne. Sa beauté et sa fertilité l'ont fait rechercher comme raisin de table et d'ornement partout où le climat est assez chaud pour l'amener à bonne maturité. Il est cité parmi les Muscats, par Olivier de Serres. Garidel le mentionne sous le nom de *Muscat de Panse*.

Le **Muscat bifère** est ainsi nommé parce qu'il donne souvent une seconde récolte de grappillons, mais il ne présente rien de remarquable.

On pourrait indéfiniment allonger la liste des Muscats; avant de passer à l'examen de deux cépages musqués qui paraissent hybridés de Chasselas, je me bornerai à citer :

Le **Muscat blanc de Berkeim**, précoce, puisqu'il mûrit vers le 15 août; à *souche* assez vigoureuse, fertile; *sarments* rouges, demi-érigés, gros, court-noués; *feuille* petite, vert jaune, peu lobée, à denture aiguë caractéristique des Muscats, cotonneuse au revers. Jolie *grappe* cylindrique, à *grains* ronds, moyens, assez serrés, juteux, d'un goût fin très agréable. C'est un des raisins de table musqués les plus précoces.

Le **Primavis Muscat,** *Pascal Muscat, Muscat Jésus, Muscat fleur d'orange* (Var, Bouches-du-Rhône); *Tokai des Jardins, Chasselas musqué.*

Cette vigne, d'une grande vigueur et d'une grande fertilité, s'écarte du type des Muscats; elle a des traits communs avec les Chasselas, tout en ayant des fruits d'un goût musqué très fin et très agréable, moins prononcé et moins fatigant que celui du Muscat blanc ordinaire. Elle a bien les caractères d'un hybride qui indique le passage du Muscat au Chasselas.

C'est surtout un raisin de table, quoique en Provence on en fasse du vin Muscat.

Ses caractères sont les suivants :

Souche forte, fertile, à beaux *sarments* demi-érigés, rouge clair, garnis de très fortes vrilles; *feuilles* moyennes, presque pleines, retournées en cornet, à grosse denture, rugueuses et comme gaufrées sur les deux faces, sans coton.

La *grappe* est moyenne, cylindro-conique, à petites ailes serrées, à queue longue et forte, d'un blanc verdâtre particulier; les *grains* sont assez gros, ronds, charnus, croquants, très sujets à se fendre aux moindres humidités et à pourrir; leur goût musqué est très doux et agréable.

Ce cépage débourre de bonne heure, comme les Chasselas, et ses bourgeons sont comme ceux des Chasselas, teintés de la couleur rousse qui les caractérise.

Maturité : du 20 août au 1er septembre.

Il est très attaqué par l'Oïdium et perd souvent ses fruits par les humidités et les piqûres des abeilles et des guêpes. Il est fort sujet aux maladies cryptogamiques et peu résistant au Phylloxera. Ces graves inconvénients le font réformer, car, ou il se perd presque toujours, ou il ne donne que des raisins défectueux. Ce cépage a des caractères si tranchés qu'on ne peut le méconnaître.

C'est à ce type de vigne que se rattache le *Muscat Salamon*, décrit par le comte Odart.

Il n'en est pas de même du **Muscat Troweren,** semis de M. Vibert, d'Angers, qui se distingue par ses jolies *Grappes* de grosseur moyenne, assez longues, cylindriques, claires, à longue queue, garnies de beaux *Grains* blancs, surmoyens, oblongs, croquants, disposés à se passariller, de saveur musquée douce et fine. Les *Feuilles* sont moyennes, lisses sur les deux faces et à denture aiguë et allongée comme celles de la plupart des vrais Muscats.

La *Maturité* des raisins est précoce, et a lieu vers le 1er septembre.

Nous terminerons cette nombreuse tribu des Muscats par le précoce **Musqué de Courtiller** ou **Muscat de Saumur.**

Cette vigne peut être classée parmi les Muscats, à cause du goût musqué de ses raisins, mais elle en diffère par les caractères de ses feuilles. Elle provient, d'après les affirmations de M. Courtiller, citées par le comte Odart, du semis d'un pépin du raisin noir d'Ischia.

Elle se distingue par la précocité de ses fruits, qui mûrissent vers la fin juillet. La *Souche* est peu vigoureuse, assez fertile, à *Sarments* très étalés, garnis de *Feuilles* grandes, rugueuses, vert foncé, cotonneuses au revers, à cinq lobes très accusés, à denture très arrondie.

La *Grappe* est cylindrique, moyenne, à *Grains* serrés, blancs ambrés, assez petits, obronds, très doux, et d'une saveur musquée assez agréable.

Nous ne pousserons pas plus loin l'énumération des variétés qui forment la grande et intéressante tribu des Muscats, où se rencontrent des raisins de toutes les couleurs, de toutes les formes, de toutes les grosseurs et de toutes les époques de maturité, et dont plusieurs donnent à la fois les raisins de table et de cuve les meilleurs et les plus beaux. Ce grand nombre de variétés tient certainement aux semis très multipliés dont les Muscats ont été l'objet de la part des viticulteurs, et en même temps à la persistance des caractères des vignes de cette tribu, par le goût des raisins, et par les dents aiguës de ses feuilles. Il est probable que les vignes de Muscat continueront à être hybridées et semées, et que leur nombre s'augmentera de nouveaux gains; puisse-t-il s'en trouver encore parmi eux qui vaillent le *Muscat-Hambourg* [1] !

Malvoisies. — Les Malvoisies forment une tribu fort nombreuse et très estimée, mais dans la région méridionale qui nous occupe, on n'en cultive qu'un petit nombre de variétés pour la production du vin. Le comte Odart leur a consacré, dans l'*Ampélographie universelle*, un long article dans lequel il cite et décrit 16 Malvoisies blanches et 4 de couleur.

On n'en trouve guère qu'une seule qui soit cultivée dans la région méridionale comme raisin de cuve, c'est la *Malvoisie blanche* des Pyrénées. On la nomme simplement *Malvoisie* dans les Pyrénées-Orientales et dans l'Hérault, où on en rencontre quelques vignes. Les autres cépages désignés sous le nom de Malvoisies n'ont pas de caractères communs, dit le comte Odart, « autres qu'un goût fin qui leur est propre mais qui n'est pas aussi prononcé que celui des Muscats et des Sûrins. Partout où ces cépages sont cultivés en grand, depuis l'île de Madère jusqu'à la Morée inclusivement, quelques sujets de cette tribu produisent un vin généreux et suave, d'un parfum exquis et de couleur ambrée, mais il faut pour cela qu'il soit préparé avec soin ».

Nous décrirons la première, la Malvoisie qui nous paraît la plus importante par la culture dont elle est l'objet, et qui présente un des types de la tribu.

Malvoisie. — Synonymie : *Malvoisie. Malvoisie des Pyrénées.*

Les caractères de cette Malvoisie sont les suivants :

Souche : moyenne, de longue durée, de moyenne fertilité.

Sarments : rampants, fins, de longueur moyenne, ayant beaucoup de moelle, d'une couleur rouge clair, nœuds bien marqués.

[1] Dans ses *Mille variétés de vignes*, M. Pulliat cite environ 30 variétés de Muscats. M. J. de Rovasenda, dans son *Essai d'une Ampélographie universelle*, en cite plus de 130 parmi lesquelles se trouvent de nombreux synonymes. Dans toutes les contrées où la vigne est cultivée, on a semé des Muscats, et on en a obtenu des variétés.

Feuilles : moyennes, presque pleines, à dentelures grossières et inégales, lisses sur les deux faces; quelques villosités sur les nervures; couleur d'un vert franc, jaunissant à l'arrière-saison, et présentant alors çà et là quelques taches rouges.

Grappe : assez volumineuse, ailée, ligneuse, à queue courte; *Grains* obronds, légèrement ovoïdes, de moyenne grosseur, blancs et transparents, dorés du côté du soleil; à peau fine; juteux, très doux et savoureux, pourrissant facilement.

Cette Malvoisie produit des vins excellents, de très longue garde, qui en vieillissant se perfectionnent de la manière la plus remarquable. Elle est peu cultivée, sans doute à cause de sa fertilité, qui n'est que moyenne, et du temps fort long nécessaire aux vins qui en proviennent, pour acquérir leur perfection.

Elle se plait dans les bonnes terres graveleuses, un peu fortes, mais bien ressuyées.

Elle charbonne et coule dans les années humides, et elle redoute beaucoup la pourriture. Elle est d'ailleurs peu sujette aux attaques des insectes et de l'Oïdium, mais elle souffre des invasions du Peronospora du Mildiou, et elle a besoin d'être bien défendue par de nombreux soufrages et des traitements cuivrés.

Dans les sols élevés où elle est cultivée, elle craint peu la gelée; elle débourre en même temps que le Grenache, l'Œillade, etc.

Elle est assez précoce; cependant on ne peut guère la vendanger avant la fin de septembre ou le courant d'octobre, à cause de la maturité complète qu'il faut laisser prendre au raisin. Pour que le vin prenne une qualité convenable, le moût doit donner à l'aréomètre de Beaumé au moins 15°.

On cultive la Malvoisie comme les Muscats, le Piquepoul, et on suit, pour la vendange et la vinification, les mêmes procédés.

Origine. — Les Malvoisies sont d'origine fort ancienne. Elles tirent leur nom de Malvoisie, ville de Grèce, en Morée, plus connue sous le nom de *Nauplie*, ou *Napoli di Malvasia*, aux environs de laquelle on récolte un excellent vin de Malvoisie.

Olivier de Serres parle, dans son *Théâtre d'Agriculture*, de vignes tirées de Grèce par le *sieur de Montbazenc*, et de Malvoisie, par le *sieur de Saint-Drézéry*. Or, Montbazenc et Saint-Drézéry sont deux communes du département de l'Hérault, et peu éloignées l'une et l'autre de Montpellier. Il serait possible que la Malvoisie des Pyrénées fût celle du sieur de Saint-Drézéry, mais ce n'est qu'une hypothèse; comme cette vigne est répandue dans les Pyrénées-Orientales, et qu'on trouve en Espagne plusieurs variétés de Malvoisies, on peut aussi bien supposer qu'elle est originaire du Roussillon ou de la péninsule espagnole.

On trouve parmi les Malvoisies des variétés que la beauté de leurs fruits ainsi que la finesse de leur goût mettent au rang des raisins de table et d'ornement, nous citerons les suivantes :

La **Malvoisie à gros grains**, ou *Varmentino* de la Corse; *Vermentino* de Gênes; *Malvasia grossa* du Haut Douro et de Madère (Odart).

La *Souche* est forte, très vigoureuse, fertile, à gros *Sarments* rouge clair, étalés; les *Feuilles* sont moyennes, à larges sinus peu profonds, à grosse denture, d'un beau vert, lisses dessus, cotonneuses au revers. La *Grappe* est grosse, ailée, claire, à longue queue, garnie de beaux et gros *Grains* blancs, obronds, juteux, excellents. Elle mûrit du 10 au 15 septembre. C'est à la fois un bon raisin de table et de cuve. Je l'ai trouvé sujet au Rougeot et à l'Anthracnose. Il a besoin d'un sol assez fertile, un peu fort et bien ressuyé.

Le **Cherès** du Gard, ou *Tinto blanc* de Vaucluse; *Verdal* des Hautes et Basses-Alpes; *Malvoisie de Silges* (Andalousie), Odart.

Très beau cépage, fertile, vigoureux, à belles *Grappes* coniques, ailées, un peu claires, à gros *Grains* blancs ambrés, oblongs de forme ovoïde, charnus, d'un goût excellent. Les *Feuilles* sont amples, plus larges que longues, à grands sinus, d'un beau vert, lisses dessus, cotonneuses, blanchâtres au revers. La *Maturité* est assez tardive, du 20 au 25 septembre.

Comme le précédent, ce beau cépage produit des raisins de table et de cuve, et a besoin d'un sol assez fertile à l'abri des humidités.

La **Malvoisie de la Chartreuse** est, comme les précédents, un cépage à forte *Souche*, fertile, très vigoureuse, à *Sarments* étalés, longs et forts, dont les *Grappes*, grosses, à longue queue, coniques, ailées, garnies de gros *Grains* blancs de forme glanduleuse, charnus et acidules, sont excellentes pour la table et pour la cuve. Les *Feuilles* sont grandes, consistantes, à larges sinus, cotonneuses au revers. La *Maturité* a lieu vers le 15 septembre.

La **Malvoisie blanche de Tarn-et-Garonne,** *Malvoisie blanche* de la Drôme (Odart), *Malvasia bianca* du Piémont (Pulliat) et de Nice, est une belle variété, qui se rapproche de notre Malvoisie des Pyrénées. Elle a une *Souche* moyenne, fertile, à *Sarments* presque étalés, vigoureux, court-noués, rouge clair cendré. La *Feuille* est moyenne, plus large que longue, à grands sinus très ouverts, lisse dessus et dessous, colorée de vert jaune. La *Grappe* est d'une belle grandeur moyenne, à grandes ailes retombantes, claire, à queue bien détachée, un peu molle. Les *Grains* sont beaux, de moyenne grosseur, oblongs presque ovoïdes, blancs, se colorant au soleil, juteux et fermes, se passarillant à la grande maturité. Excellents au goût. *Maturité* : vers le 15 septembre[1].

On cultive ces Malvoisies en souches basses, taillées selon la fertilité du sol sur deux ou trois yeux.

Elles sont toutes sujettes à charbonner (Anthracnose) dans les années humides, aussi se plaisent-elles de préférence dans les terrains secs et élevés mais fertiles. Assez sujettes aux attaques de l'Oïdium et du Mildiou, elles ont besoin de nombreux soufrages et de traitements cuivrés. Elles ont beaucoup souffert de l'invasion du Phylloxera, auquel elles résistent peu.

Maccabéo. — Synonymie : *Maccabéo, Maccabeu.*

Caractères : *Souche* très forte, de longue durée, fertile.

Sarments : érigés, gros et forts, assez longs, rayés longitudinalement, de couleur rouge, nœuds espacés bien marqués, peu de moelle.

Feuilles : très grandes, tourmentées et lisses, à cinq lobes bien découpés, bien dentelés, à revers assez cotonneux, nervures fortes, belles et colorées en jaune, couleur vert jaunâtre, jaunissant à l'arrière-saison ; pétiole long, fort, coloré en jaune.

Grappe : grosse, très belle, longue, divisée en plusieurs parties, sans ailes régulières, à longue queue ; *Grains :* ronds, de belle grosseur, charnus, portés sur de longs pédicelles, blancs tachetés, dorés du côté du soleil, très doux, d'un goût relevé et fin, un peu sujets à la coulure, se passarillant facilement par une grande maturité.

Maturité : du 1er au 10 octobre.

Le Maccabéo est principalement cultivé dans les Pyrénées-Orientales, à Rivesaltes, où il donne un des plus grands vins de liqueur connus. C'est un magnifique cépage ; sa forte souche, élevée, garnie de beaux sarments, et ses grandes feuilles tourmentées, entremêlées de longs et gros raisins, lui donnent une apparence de force et de richesse toute particulière.

Sa fertilité est satisfaisante, aussi pensons-nous qu'il mériterait d'être cultivé sur une plus grande échelle.

Il m'a paru peu sujet aux attaques des insectes et de l'Oïdium. Il craint les retours de sève et a besoin d'un sol bien ressuyé, caillouteux et pourtant substantiel. Il est sujet à charbonner (Anthracnose) dans les années humides, et à se mildiouser ; aussi a-t-il besoin de soufrages et de traitements cuivrés.

Le Maccabéo produit peu dans les terrains secs et maigres, où il n'est pas suffisamment entretenu ; mais dans les sols de meilleure qualité, sur les coteaux, où il est terré et fumé de temps en temps, il peut produire jusqu'à 30 hectolitres à l'hectare.

On le traite comme les Muscats pour la culture et la vinification.

Origine. — Le Maccabéo paraît être d'origine espagnole. Le comte Odart pense qu'il aura été probablement introduit aux Pyrénées-Orientales, des parties de l'Espagne où il est cultivé. Le même auteur ajoute cependant que M. Jaubert de Passa, homme d'un grand savoir, affirme qu'il a été importé d'Asie Mineure.

Le **San Antoni** des Pyrénées-Orientales est un grand et beau cépage dont les raisins sont estimés pour la table et pour la cuve, mais on ne le rencontre guère que çà et là dans les vignobles du Roussillon.

Ses caractères sont les suivants :

Souche grosse et forte, de longue durée, fertile ; *Sarments* demi-érigés, gros et forts, court-noués, rayés, de couleur rouge ; *Feuille*

[1] Le comte Odart mentionne parmi les Malvoisies blanches les suivantes, que je me bornerai à mentionner : *Malvoisie à feuilles très découpées*, qui ne serait qu'une médiocre variété de Chasselas ; la *Malvoisie de Tarragone* ; le *Spat Malvasier* d'Allemagne ; la *Malvoisie blanche* de Toscane ; la *Malvoisie de Montepulciano* ; la *Petite Malvoisie verte*.

La *Malvoisie de Lipari*, à petites *Feuilles* très découpées, glabres sur les deux faces ; à *Sarments* grêles et longs ; à *Grappes* ailées, longues, claires, quoique bien garnies de *Grains* oblongs de moyenne grosseur, d'une couleur rose clair, dont le goût est fin, relevé et très sucré.

La *Malvoisie fina de Madère*, dont le feuillage est identique à celui du précédent, mais dont les raisins sont blancs et les grains un peu plus gros et plus allongés.

La *Mennolentina de Lipari*, à petites *Grappes* cylindriques, clair-semées de *Grains* blancs, moyens, olivoïdes, variété peu fertile. Ces trois derniers cépages composeraient, d'après le comte Odart, le délicieux vin de Lipari, qu'on exporte en entier en Angleterre.

La *Malvoisie rouge ou rose du Pô*, ou *Malvasia rossa du Piémont, Vallelinor, Malvoisie d'Italie* (Pulliat), jolie variété rose, peu fertile.

La *Malvoisie rousse* de Tarn-et-Garonne, de maturité un peu tardive ; meilleure variété que la précédente.

La *Malvoisie de l'Istrie*, à *Grappes* moyennes, dont les petits *Grains* ellipsoïdes prennent une couleur presque violette, et dont la *Feuille*, très verte mais très cotonneuse au revers, présente comme celle de la Clairette un contraste frappant.

La *Malvoisie noire de Candie*, ou *Malvoisie noire musquée*, complète la série des Malvoisies. Cette vigne est vigoureuse, à *Feuilles* profondément découpées, laciniées, lisses sur les deux faces ; les *Grappes* sont moyennes, à *Grains* ronds, d'un noir bleuâtre, luisant, à saveur musquée.

Les Malvoisies sont beaucoup moins caractérisées que les Muscats. Elles ne se développent bien que sous le climat des contrées riveraines de la Méditerranée, et donnent des vins de liqueur d'une haute distinction.

moyenne ou sous-moyenne, à sinus profonds très échancrés, lisse dessus et au revers; belle *Grappe* surmoyenne, à petites ailes, allongée, de forme conique, à queue courte et ligneuse, bien garnie de beaux *Grains* presque oblongs, noirs, durs, croquants, charnus, fins et acidules, excellents à manger, de longue conservation.

Il débourre en temps moyen, comme le Grenache, et mûrit du 10 au 15 septembre.

C'est un cépage robuste qui résiste assez bien aux maladies cryptogamiques et aux attaques des insectes.

Furmint. — Synonymie : *Tokay.*

Les caractères du Furmint sont les suivants :

Souche moyenne, peu fertile; *Sarments* érigés, moyens, noués court, brun jaunâtre, rayés; *Feuilles* moyennes, trilobées presque entières, plus larges que longues, vert foncé à la face supérieure, à revers blanc très cotonneux, nervures très saillantes; *Grappe* moyenne, à peu près cylindrique, à pédoncule faible et fragile, à *Grains* moyens, de grosseur inégale et mélangés de petits grains, ronds, blanc jaunâtre, tachetés, dorés du côté du soleil, juteux, très doux, se passarillant facilement lorsqu'on leur laisse prendre une grande maturité.

Maturité : précoce, dans les premiers jours de septembre, mais on ne vendange ordinairement qu'en octobre.

Le comte Odart a consacré au Furmint, dans l'***Ampélographie** universelle* (page 307 à 312, 4e édit.), un article descriptif détaillé, dans lequel on trouve la plupart des caractères du Furmint, que nous venons de décrire, et une étude complète de ce cépage.

Le Furmint est cultivé sur une petite échelle dans l'Hérault et dans le Gard, par quelques œnologues distingués. Il est originaire de Hongrie, où il produit dans l'Hegy-allya le grand vin de Tokay.

M. de Villerasc l'importa à Béziers au commencement du siècle; peu après il fut encore envoyé dans l'Hérault par le général de Maureilhan. C'est ainsi qu'il s'est répandu dans le midi de la France.

M. le Dr Déjean, à Montagnac, M. Cazalis-Allut, à Aresquier, M. Baumes, dans le département du Gard, aux environs de Saint-Gilles, l'ont cultivé avec succès, et en ont obtenu des vins exquis, qui ont rivalisé avec les grands vins de Hongrie.

Le vin de Tokay-Princesse de M. le Dr Baumes, primé dans les concours où il a paru, a établi la réputation des vins Tokay, qu'on peut obtenir du Furmint cultivé en Languedoc. Ce cépage se plaît dans les sols bien ressuyés, un peu forts et pierreux. Il est peu fertile, ce qui est un obstacle à la propagation de sa culture.

Il a besoin d'être vendangé lorsqu'il est très mûr et en partie passarillé, ou lorsque la peau du raisin s'altère et tombe en sphacèle. Le grain se fond alors tout en jus et donne un degré glucométrique élevé comme la Clairette et les Muscats. Le comte Odart, dans son *Manuel du Vigneron*, entre dans de nombreux détails sur la fabrication du Tokay de Hongrie. Ils consistent principalement à faire tremper les grains desséchés du raisin avec ceux qui sont encore juteux et à les presser ensemble afin d'en obtenir des moûts d'un degré élevé. On donne ensuite au vin les soins que nous avons indiqués pour les Muscats et les Clairettes.

Le Gibi. — *Augibi* (Hérault, Gard); *Passerille blanche* (Hérault); *Tercia blanc* (Vaucluse); *Panse blanche* (Pyrénées-Orientales). C'est un des plus beaux, des plus forts et des plus vigoureux cépages de nos vignobles. Il devrait y tenir un des premiers rangs, et cependant il n'y forme pas des vignes entières, comme l'Aramon, la Carignane, l'Espar, la Clairette, les Terrets, les Piquepouls, etc. On ne le propage guère que par ceps isolés au milieu de vignes à raisins blancs, rouges ou noirs. Il se distingue au milieu d'elles par la force et la grandeur du cep, qui domine tous les autres, ainsi que par la grosseur de ses grappes, à grains ronds, blancs, mordorés au soleil, par la force des sarments et le beau développement de ses grandes feuilles à forme tourmentée, et d'un beau vert jaunâtre. Il est dans son ensemble l'image de la force et de la vigueur. Notre Passarille blanche possède en outre la remarquable propriété de résister au Phylloxera. Sous ce rapport, il faut le classer au premier rang avec le Colombaud. Je possède encore de vieux ceps de Gibi, antérieurs à l'invasion du Phylloxera, et j'en ai planté directement des jeunes qui ont de 14 à 15 ans, et qui se maintiennent assez bien au milieu de Taylors, de Jacquez américains, porte-greffes phylloxérés.

Les caractères du Gibi sont les suivants :

Souche très grosse et très forte, de longue durée, fertile; *Sarments* demi-érigés, gros et forts, à nœuds saillants, colorés de rouge clair; *Feuille* forte, grande, à larges sinus peu profonds, grosse denture, lisse dessus, cotonneuse au revers, tourmentée, d'un beau vert jaunâtre; *Grappe* grande et grosse, pendante, à grandes ailes, à très grosse queue, ligneuse à l'insertion, bien garnie de beaux *Grains* ronds, de belles dimensions, très doux, d'un goût fin et agréable, assez sujets à pourrir quand ils sont très serrés et venus en sol fertile, mais se passarillant dans les terrains secs. Ils sont de couleur vert jaunâtre se tâchant de plaques brunes du côté du soleil. Le moût du Gibi est très sucré, il n'est pas rare qu'il atteigne 14 et 15° de Beaumé. J'ai souvent pesé des raisins de Gibi de 2 kil. à 2k,50.

Il débourre tard, en même temps que la Carignane, et n'est sujet, ni aux gelées tardives, ni aux attaques des insectes, ni aux maladies cryptogamiques. Ce rare ensemble de qualités, joint à la fertilité du Gibi, aurait dû le faire cultiver seul et en grandes vignes, car il produit un vin sec, austère, généreux, qui s'allie bien avec les Picardans de Clairette et d'Uni blanc.

Le Gibi se greffe bien sur cep américain et donne de très beaux sujets sur Taylor, Jacquez, Riparia, Solonis et surtout sur Rupestris.

On le cultive comme l'Aramon, espacé en carré de 1m,50 à 1m,75 dans tous les sens, en le taillant sur deux yeux francs, et en lui laissant de 3 à 6 coursons, et quelquefois plus, selon la force de la souche. Quand on en fait du vin blanc, on le vendange et on le traite comme l'Uni blanc. Il mûrit du 15 au 20 septembre, mais on peut l'attendre beaucoup plus tard, afin d'en obtenir des moûts d'un degré élevé.

Les sols qui lui conviennent le mieux sont les fonds fertiles en terrains forts, un peu secs, bien ressuyés. Il a besoin d'être soutenu par de bonnes fumures et des soufrages assez nombreux, ainsi que par des traitements cuivrés, comme tous les cépages fertiles à grandes formes et à grands rendements. Il est d'ailleurs peu sujet aux attaques des insectes et aux maladies cryptogamiques. On ne connaît pas de variété rose ou noire de Gibi.

Le Gibi est un de nos plus anciens cépages. Il est mentionné par Olivier de Serres sous le nom d'*Augibi*, et par Magnol qui, dans son *Botanicum Monspeliense*, le désigne par les noms de *Picardan vel Augebin forte Alzibib (arabibus)*. Garidel le décrit sous le nom vulgaire de *Lard de Pouerc*.

Les indications de Magnol paraissent indiquer l'origine du Gibi ou Augibi. Nous serait-il venu d'Espagne par les Arabes ou est-ce un de nos anciens cépages du pays? Dans tous les cas, malgré son ancienneté, cette belle vigne possède encore par sa force, sa vigueur et sa fertilité, tous les caractères d'une longue durée.

Le **Colombaud**. — *Colombaou, Aubié* (Hérault, Gard, ancienne Provence); *Grègues* (Hérault, à Marseillan), est un de nos beaux cépages à raisins blancs, dont les caractères sont les suivants :

Souche forte, élevée, robuste, de longue durée, fertile; *Sarments* érigés, vigoureux, gros et fermes, à nœuds saillants, bien espacés, rouge gris; *Feuille* grande, lisse dessus et dessous, sans duvet, à grands sinus et à grosse denture, d'un beau vert, avec pétioles jaunâtres; *Grappe* ailée, courte, cylindro-conique, assez grosse, épaisse, à queue ligneuse; *Grains* gros, obronds, d'un blanc verdâtre, transparents, juteux, à peau fine, prompts à pourrir, agréables à manger, légèrement acidules, d'un goût fin. Cependant le Colombaud n'est pas un raisin de table, il est trop sujet à pourrir.

Son bourgeonnement est assez tardif, tomenteux, très blanc. Il mûrit du 15 au 20 septembre.

Il pourrit si facilement qu'il convient de le vendanger dès sa maturité. Il donne un vin sec, spiritueux, incolore, brillant, qui s'allie bien à ceux de Clairette, de Piquepoul, d'Uni blanc; on le trouve répandu dans les vignes à vins fins, plantées de ces divers cépages, mais il n'est pas cultivé seul.

Le Colombaud est de tous nos cépages de Vitis vinifera, celui qui résiste le plus longtemps au Phylloxera; il finit néanmoins par s'affaiblir dans les sols argileux favorables à la pullulation du Phylloxera, et, quand il ne meurt pas, il devient infertile. Les terrains qui lui conviennent le mieux sont ceux de coteaux, secs, pierreux, mais assez substantiels pour qu'il puisse y végéter vigoureusement. On le cultive comme les cépages à raisins blancs avec lesquels on le plante.

Le Colombaud est peu sujet aux attaques des insectes et des maladies cryptogamiques; il convient néanmoins de le tenir bien soufré et cuivré, pour le préserver des pourritures, auxquelles il est trop sujet.

Le Colombaud est répandu dans la plupart des vignes du Bas-Languedoc et de la Provence.

Nous ne le trouvons mentionné ni par Olivier de Serres, ni par Magnol, mais Garidel le décrit sous le nom d'*Aubié* qu'il a conservé en Provence.

On ne connaît pas de variété rose ou noire de Colombaud.

Au nombre des cépages cultivés plus spécialement dans les départements de la Provence, mais peu connus dans ceux du Bas-Languedoc et du Roussillon, nous trouvons les suivants :

Le **Pascal noir**, le **Pascal blanc**. — Ces deux cépages, qui appartiennent au même type et qui ne diffèrent guère que par la couleur des fruits, sont peu cultivés à cause de leur défaut de fertilité et de leur maturité tardive.

Leurs caractères sont les suivants :

Souche assez forte; *Sarments* étalés, court-noués, rayés, de couleur rouge foncé; *Feuilles* moyennes, tourmentées, rugueuses, très cotonneuses au revers, à grands sinus très accusés; *Grappe* moyenne, courte, cylindro-conique, à queue assez longue bien détachée, ligneuse à l'insertion; *Grains* obronds, d'une jolie grosseur, bien noirs et très doux dans le Pascal noir, mais souvent entremêlés de grains acides à peine rougis. Dans le Pascal blanc, les grains sont vert jaunâtre, assez serrés, à chair ferme et sucrée.

Ces deux cépages ne se plaisent que dans le coteau.

Le **Tibouren.** — *Antibouren, Antiboulen* (à Antibes, Toulon); *Gaysserin* (Alpes-Maritimes).

Ce cépage est, dans le Var et les Alpes-Maritimes, un de ceux qui fournissent les raisins de table les plus estimés par la finesse de leur goût et leur saveur très sucrée. On le cultive aussi pour la cuve, quoique son vin manque de couleur.

Il se distingue par les caractères suivants :

Souche forte, rustique, de longue durée, fertile; *Sarments* érigés, assez gros, courts, à nœuds moyens, peu saillants, gris clair; *Feuille* moyenne, à sinus et denture profondément découpés, comme laciniée, rugueuse dessus, cotonneuse au revers, d'un vert gris, à nervures saillantes; *Grappe* allongée, pendante, cylindrique, à petites ailes, à longue queue; *Grains* moyens, oblongs, peu serrés, d'un noir violet un peu clair, doux, fins, juteux, très sucrés, excellents à manger, mais entraînant trop vite la satiété.

Le Tibouren est prompt à débourrer; il précède même l'Aramon, aussi est-il sujet aux gelées tardives du printemps et aux gelées blanches. Il est fertile et charge régulièrement, mais il est sujet à dégénérer et à devenir coulard dans les sols de plaine humides.

Les terrains qui lui conviennent le mieux sont les coteaux à éléments siliceux mêlés de calcaire, dans lesquels ses raisins prennent beaucoup de finesse. La souche bourgeonne beaucoup comme celle de l'Aramon, avec nombre de sarments courts, érigés, très multipliés, de couleur violacée en été, gris clair en hiver. Le moût du Tibouren atteint des degrés glucométriques élevés quand il est bien mûr, mais son vin est faible de couleur.

Ce cépage, très répandu dans le Var et les Alpes-Maritimes pour ses raisins de table, jouit de la propriété de produire des fruits précoces, assez mûrs pour alimenter les marchés dès la dernière quinzaine d'août. Il est peu connu dans les départements languedociens, où on lui préfère les Aspirans et les Cinsauts.

On le cultive, comme les autres cépages de la région, en souches espacées de 1m,50 en tout sens, et à taille courte.

Il craint les maladies cryptogamiques : Oïdium, Mildiou, Anthracnose, aussi a-t-il besoin de nombreux soufrages et de traitements cuivrés.

Les insectes ampélophages l'attaquent volontiers : il résiste peu au Phylloxera. Très ravagé par la Pyrale, l'Altise, l'Attelabe, il a besoin de grands soins et d'une bonne culture.

Nous ne trouvons le Tibouren mentionné dans aucun de nos anciens auteurs. M. Pellicot, qui lui a consacré une Notice intéressante dans le *Vigneron Provençal*, le considère, ainsi que l'indique son nom, comme originaire d'Antibes.

Le **Téoulier.** — *Manosquen* (Var et Bouches-du-Rhône); *Plant Dufour* (Hautes et Basses-Alpes); *Plant de Porto* (Marseille).

Le Téoulier ne se trouve guère que dans les arrondissements de Grasse et de Draguignan. Il est peu répandu dans les autres localités de la Provence et à peu près inconnu dans celles du Languedoc. On le réforme d'ailleurs comme peu fertile; sa végétation très précoce l'expose aux gelées du printemps; il est ravagé par les maladies cryptogamiques et les insectes. Cependant il est considéré comme un cépage dont le vin est estimé, et dont les fruits, de beau volume et de bon goût, peuvent être servis à table.

Ses caractères sont les suivants :

Souche assez forte; *Sarments* étalés, fins, rouge clair, légèrement rayés; *Feuille* moyenne, rugueuse, tourmentée, un peu recoquillée, à grands sinus bien dessinés, les inférieurs plus petits, ce qui fait paraître la feuille trilobée; lisse dessus, cotonneuse et blanchâtre au revers; *Grappe* assez forte, à grandes ailes, à queue ligneuse peu allongée, gros *Grains* ronds, noirs, charnus, savoureux, mais d'un degré glucométrique un peu faible, analogues à ceux du Calitor, de l'Aramon, etc.

Il mûrit du 5 au 10 septembre.

Le Téoulier est un cépage qui ne convient qu'aux terres de coteau assez profondes. Il est mentionné et décrit par Garidel sous le nom de *Téoulier* ou *Plant de Manosque*.

Le **Mayorquen blanc.** — *Bormenc, Plant de Marseille.*

Très beau cépage à grande et forte *Souche* prenant rapidement de grandes dimensions, comme le Grenache, les Panses. Il est fertile, à *Sarments* demi-érigés, gros, un peu courts, rouge clair, à nœuds moyens, à grande *Feuille* forte, tourmentée, à sinus larges assez profonds, lisse dessus, cotonneuse au revers, d'un vert frappé de plaques jaunes; *Grappe* grande, belle, longue, pendante, ailée, bien garnie, sans être trop serrés, de beaux *Grains* ronds ou obronds, souvent inégaux, ayant la dimension de ceux de l'Aramon, d'un beau blanc doré, excellents, croquants, bien juteux.

Maturité : du 25 août au 5 septembre.

Les raisins du Mayorquen servent, d'après M. Pellicot, à faire des Panses, mais ils sont inférieurs pour cet usage à la Panse musquée. Ils acquièrent de grandes dimensions, comme le Gibi, quand la souche est plantée en terrain fertile, bien ressuyé. M. Pellicot cite des grappes de 2 kilogrammes.

Le Mayorquen se plaît dans les terrains élevés et secs, assez profonds pour n'y pas souffrir de la sécheresse d'été. Il débourre tard, comme le Cinsaut, et mûrit du 1er au 10 septembre.

Il est sujet aux ravages des maladies cryptogamiques : Oïdium, Mildiou, Anthracnose, et a besoin de nombreux traitements soufrés et cuivrés pour en être préservé et défendu. Il est peu attaqué par les insectes ampélophages, et résiste au Phylloxera quand il est suffisamment traité par les insecticides et les engrais.

On ne connaît pas de variété noire du Mayorquen. C'est un cépage ancien, car il est décrit et cité par Garidel parmi les cépages provençaux de son temps.

La **Counoise**. — *Quenoise, Moustardié.*

On trouve ce cépage assez répandu aux environs d'Avignon, où il donne un vin de bonne qualité. On le désigne aussi sous le nom de *Moustardié* dans diverses localités du Comtat, ce qui amène une confusion avec le Moustardié de quelques vignobles provençaux, qui n'est autre que l'Espar.

Les caractères de la Counoise sont les suivants :

Souche moyenne, fertile; *Sarments* demi-érigés, court-noués, rouge foncé; *Feuille* moyenne, un peu retournée en cornet, tourmentée, légèrement rugueuse, cotonneuse au revers, à sinus bien découpés assez ouverts; *Grappe* moyenne, conique, assez serrée, bien garnie de beaux *Grains* noirs, obronds, acidules, fermes et cependant très sucrés.

Maturité : du 5 au 10 septembre.

On cultive aussi dans les vignobles d'Avignon un cépage assez estimé, désigné sous le nom de **Plant droit.**

La *Souche* est moyenne, assez fertile; *Sarments* très érigés, rouge clair; *Feuille* sous-moyenne, à sinus bien ouverts et profonds, lisse dessus, avec quelques villosités au revers; *Grappe* moyenne, pendante, à grandes ailes, un peu claires; *Grains* moyens, ronds ou obronds, noirs, acidules, légèrement astringents.

Maturité : du 20 au 25 septembre.

La culture de ces divers cépages ne diffère pas de celle de nos variétés languedociennes et provençales. On les retrouve çà et là dans les diverses vignes de Vaucluse, reconstituées sur plants américains.

La **Panea** du Var, cultivée aussi aux environs de Nice, est un cépage dont le vin est estimé. Elle se distingue par sa *Souche* de force et de fertilité moyennes; *Sarments* demi-érigés; *Feuille* de grandeur moyenne, à sinus bien marqués et à dents assez aiguës; belle *Grappe* ailée, cylindro-conique, lâche, à queue courte et ligneuse, garnie de beaux *Grains* ronds, surmoyens, bien noirs, à peau épaisse, souvent inégaux, à chair ferme, astringente, assez sucrés.

Maturité : du 10 au 15 septembre.

La **Fuella nera**. — *Fuola, Folle noire* du Var, *Boletto nero*, cultivée dans le Var et aux environs de Nice, se distingue par sa fertilité, la beauté de ses grappes à gros grains ronds, très noirs, à suc coloré.

Ses caractères sont les suivants :

Souche moyenne, fertile; *Sarments* érigés, court-noués, rose gris clair; *Feuille* moyenne, tourmentée, rugueuse, très cotonneuse au revers, à sinus larges et profonds, recroisée au pétiole, d'un beau vert foncé; *Grappe* belle, surmoyenne, garnie de beaux *Grains* ronds, très colorés, à suc rouge, acidules, savoureux, à peau épaisse.

Maturité : du 5 au 10 septembre.

On cultive aussi à Nice un cépage désigné sous le nom de **Fuella blanca**, qui a de grandes analogies avec le précédent, et dont la couleur du raisin est blanche. Cette variété est beaucoup moins répandue que la précédente.

Le **Mollard** des Hautes-Alpes donne, dans quelques vignobles de ce département (Tollard, L'Êtrel, Château-Vieux) cités par le comte Odart, des vins très estimés.

C'est un cépage fertile à *Sarments* demi-érigés; grandes *Feuilles* contournées en entonnoir, d'un beau vert foncé, lisses dessus, légèrement velues au revers; *Grappe* cylindro-conique et moyenne, garnie de beaux *Grains* surmoyens, obronds, d'un beau noir pruiné, à chair ferme, acidule.

Maturité : du 5 au 10 septembre.

Syrrah. — *Petite Syrrah, Syras, Syrac* (ODART); *Sérine, Candive, Hignin, Marsanne noire, Serène, Biône, Plant de la Biaune* (PULLIAT).

La Syrrah me paraît appartenir aux contrées à climat chaud, où ses qualités, pour la production des vins fins, peuvent se développer; c'est pour cette raison que je l'ai inscrite et figurée parmi les cépages de la région méridionale de la France.

Ce remarquable cépage produit les grands vins de l'Hermitage, dans la Drôme, au territoire de Tain, et améliore ceux dans lesquels on le fait entrer. Depuis plus de vingt ans que je le cultive à Launac, dans la commune de Fabrègues, à 15 kilomètres de Montpellier, j'en ai obtenu des vins de qualité, qui se distinguent par leur excellent goût, par le parfum qu'ils acquièrent en vieillissant, par leur belle couleur et par leur longue durée. Ils sont pleins et corsés sans être capiteux et, s'ils ne reproduisent pas le grand vin de l'Hermitage, ils ont assez de distinction pour être mis au rang des vins à bouquet de notre région.

Le Phylloxera ayant détruit mes premières plantations, de 1874 à 1876, j'ai reconstitué, sur racines américaines (Riparia), de nouvelles vignes, dont les produits sont tout à fait satisfaisants. Depuis six ans, je vois mes Syrrah fructifier régulièrement et donner, en quantité, la bonne moitié de ce que produiraient des Carignanes dans le même terrain de coteau. Je ne doute pas de l'heureuse influence que la Syrrah exercerait sur les vins fins de la région, tels que les Saint-Georges, les Langlades et en général sur tous ceux que produisent les sols de cailloux roulés, siliceux, assez profonds pour ne pas craindre les sécheresses.

Les caractères de la Syrrah sont les suivants :

Souche vigoureuse, forte, fertile; *Sarments* étalés, allongés, à nœuds espacés, colorés de violet, de couleur gris brun en hiver; *Feuille* grande, d'un vert clair, légèrement tourmentée, à sinus supérieurs bien accusés, les autres peu marqués, lisse dessus, cotonneuse au revers, à longs pétioles roses; jolie *Grappe* moyenne, cylindrique, allongée, à queue longue; *Grains* oblongs, moyens, assez espacés, noirs, bien colorés, juteux, fermes, bien sucrés, d'un goût fin relevé, à peau à la fois ferme et fine.

Maturité : du 5 au 10 septembre, précédant de quelques jours celle de l'Aramon.

La Syrrah se plaît en bon terrain de coteau, siliceux et calcaire, assez consistant et profond. Elle produit alors avec une fertilité assez soutenue. Dans les sols légers et dans ceux qui, manquant de fond, sont sujets à la sécheresse, sa fertilité diminue beaucoup. Il convient de soutenir sa vigueur par des terreautages et des engrais consommés.

Elle est peu sujette aux maladies cryptogamiques et aux attaques des insectes. C'est un cépage très robuste, dont le port très étalé exige une taille qui empêche les sarments de traîner sur le sol et d'en trop rapprocher les raisins. On y parvient en formant un peu haut le tronc de la souche et en taillant sur les sarments redressés.

Dans les vignobles de la Drôme et de la côte du Rhône où il est cultivé, on redresse les sarments autour d'un grand échalas auquel on les noue, ce qui donne au cep l'aspect d'une grande et belle quenouille autour de laquelle sont groupés les raisins. La chaleur est trop forte dans la région méridionale pour adopter ces dispositions; il vaut mieux laisser le raisin couvert et abrité par le feuillage du cep, tout en l'empêchant de traîner sur le sol.

On espace la Syrrah comme nos autres cépages de culture, à $1^{m},50$ en tout sens, et on la taille sur trois coursons au moins, sur six au plus, et à deux yeux francs.

Il convient de la tenir bien soufrée et cuivrée pour obtenir des raisins sains et bien mûrs.

On vendange du 5 au 10 septembre, lorsque le moût atteint de 10 1/2 à 11° glucométriques. On laisse cuver de cinq à sept jours.

Il convient de donner au vin les soins qu'exigent les vins fins, en le soutirant plusieurs fois dans le courant de l'année et en attendant deux ans au moins avant de le mettre en bouteille[1].

[1] Le comte Odart cite, comme variété de la Syrrah ou Petite Syrrah, la **Grosse Syrrah**, qui serait plus fertile, mais donnerait des vins bien plus communs. Les caractères du cépage seraient d'ailleurs les mêmes, sauf la grosseur des grappes et des grains. M. Pulliat, qui a beaucoup étendu la synonymie de la Petite Syrrah ou Syrrah, la considère même comme identique à la Sérine de Côte-Rôtie, au territoire d'Ampuis (Rhône).

J'ai cultivé à Launac, pour en obtenir des vins fins, le **Carbenet noir**[1] de la Gironde et le **Franc Pinot,** *Noirien*, de la Côte-d'Or. Ils ont produit l'un et l'autre, comme la Syrrah, des vins distingués, mais je les ai trouvés moins fertiles et moins adaptés au climat de notre région méridionale. Je ne crois donc pas devoir les classer parmi ceux qui pourraient faire économiquement partie de nos cultures, mais leur étude comme cépages à vin fin intéressera toujours ceux qui tiennent à bien connaître nos meilleures variétés de raisins de cuve.

J'ai cité, parmi les cépages à vin blanc estimés de la Drôme, la *Marsanne* et la *Roussanne*. Ce sont deux cépages vigoureux assez fertiles, mais qu'on ne rencontre pas, dans la région méridionale, au-dessous de la Drôme et de l'Ardèche.

La **Marsanne** se distingue par une *Souche* vigoureuse, fertile; *Sarments* étalés, moyens; *Feuilles* grandes et fortes, épaisses, tourmentées, rugueuses, à grands sinus peu profonds, légèrement cotonneuses, d'un vert bordé de jaune; *Grappe* moyenne, ailée, cylindro-conique, à longue queue ligneuse; beaux *Grains* moyens, obronds, blancs, très colorés du côté du soleil, doux, fermes, passarillés à la grande maturité.

Maturité : du 15 au 20 septembre.

La **Roussanne** est moins fertile que la précédente. Elle est très vigoureuse; forts *Sarments* demi-érigés; *Feuille* grande, large, à grands sinus bien ouverts, un peu rugueuse, un peu cotonneuse au revers; jolie *Grappe* moyenne, bien garnie, conique, à queue forte; *Grains* sous-moyens, ronds ou obronds, blanc doré, doux et fermes, très roux à maturité, d'où le nom de Roussanne.

Maturité : du 10 au 15 septembre.

Si des côtes du Rhône nous passons au nord de la région, dans le Tarn, nous trouvons deux cépages à raisin rouge, le *Negret* et le *Milgranet*, dont la culture est très répandue dans la plupart des vignobles du Haut-Languedoc.

Le **Negret** est un cépage vigoureux, dont la *Souche* est de moyenne grosseur, fertile; forts *Sarments* demi-érigés, rouge clair, bien noués; grandes *Feuilles*, lisses dessus, cotonneuses au revers, à grands sinus supérieurs, les inférieurs peu accusés; *Grappe* assez grosse, ailée, conique, à queue ferme, bien garnie de *Grains* surmoyens, oblongs, fermes, sucrés, juteux, à goût relevé, d'un beau noir, pruinés, à peau ferme et résistante.

Le Negret est un cépage de coteau qui mûrit du 10 au 15 septembre, mais qu'on vendange un peu plus tard dans le Haut-Languedoc, où la température est moins élevée que vers le littoral.

Il produit des vins fermes, bien colorés et de bonne garde. Il craint les chaleurs trop vives du littoral de la région.

Le **Milgranet** du Tarn appartient aux mêmes localités que le précédent. La *Souche* est de force moyenne, très fertile; *Sarments* demi-érigés, court-noués, peu allongés, rouge clair; *Feuille* moyenne, mince, presque pleine, lisse dessus et au revers, aussi large que longue; *Grappe* moyenne, conique, à petites ailes, bien fournie de *Grains* moyens, noirs, ronds, bien juteux.

Maturité : du 5 au 10 septembre.

Il craint, comme le précédent, les grandes chaleurs du littoral. Il produit un bon vin ferme et coloré.

[1] **Carbenet**, *Carmenet*, *Petite Vuidure* (Gironde); *Breton* (Indre-et-Loire); *Véron*, *Véronnais* (Nièvre) Odart. Il se distingue par les caractères suivants :

Souche torte; *Sarments* demi-érigés, rouges, striés, court-noués; *Feuille* petite, rugueuse, tourmentée, très découpée, sinus profonds, d'un beau vert, aranéeuse au revers; *Grappe* sous-moyenne, claire, à forte rafle, colorée de rose; *Grains* moyens, ronds, à peau épaisse, bien noirs, à jus doux, astringent, parfumé, ayant le goût caractéristique des vins de Bordeaux. On le cultive en souches basses, sans le palisser sur échalas comme dans la Gironde.

Assez fertile sur racine américaine (Riparia). *Maturité :* du 5 au 10 septembre.

Le *Sauvignon* et le *Sémillon* qui produisent les grands vins blancs de la Gironde, donnent aussi sur nos coteaux des vins très distingués.

Le **Franc Pinot**, *Pinot*, *Noirien* (Côte-d'Or); *Morillon noir*, *Auvernat*, *Salvagnin noir*, *Plant doré*, *Bourguignon* (Orléans); *Schwartz Klewner* (Alsace). Je l'ai cultivé à Launac en souches basses et à taille courte, pour que les fruits ne fussent pas échaudés par les coups de soleil. Il a les caractères suivants :

Souche petite, vigoureuse, fertile; *Sarments* très étalés, longs quand le cep s'emporte en bois, moyens ou courts quand il est à fruit, rouge cannelle gris; *Feuille* moyenne ou petite, presque ronde, à sinus bien ouverts peu profonds, grosse denture, un peu recoquillée, assez rugueuse dessus, légèrement cotonneuse au revers, d'un beau vert foncé tombant vite à l'arrière-saison; *Grappe* petite, cylindrique, tassée en forme de pigne; *Grains* ronds ou obronds, petits, d'un beau noir, juteux, très sucrés, fins, excellents, à peau assez consistante.

Bourgeonnement : précoce, comme celui de l'Aramon, blanc tomenteux. *Maturité :* précoce, du 25 au 30 août.

Malgré sa fertilité et quoiqu'il porte de nombreuses grappes, le Pinot produit peu à cause du faible volume de ses fruits. A la taille longue, ses raisins perdent beaucoup de leur qualité, et le cep s'épuise vite.

Il est rustique, peu sujet aux maladies cryptogamiques et aux attaques des insectes. Il résiste assez longtemps au Phylloxera. Ses raisins sont sujets à être échaudés par les coups de soleil.

On le vendange du 25 août aux premiers jours de septembre, selon les années; son jus très sucré donne rarement moins de 11 à 12° glucométriques, et s'élève facilement à 14° et même plus, car il se passarille facilement. Il se ride et devient *figué*, selon l'expression bourguignonne.

Il produit un vin excellent, de belle couleur, généreux sans être violent, à bouquet prononcé, de longue durée.

Il a besoin d'être cultivé en coteau pierreux, calcaire-siliceux, à sol assez profond pour ne pas craindre la sécheresse, et bien ressuyé.

Le *Pinot gris* ou *Burot* et le *Pinot blanc* ou *Chardenay* donnent, l'un et l'autre, des vins distingués très agréables, et se cultivent bien sur nos coteaux.

Parmi les cépages dont l'introduction a été essayée dans la région méridionale depuis l'apparition du Phylloxera, je citerai le **Portugais bleu**, décrit par le comte Odart sous le nom de *Fruh Portugieser Blauer Oporto*. C'est un cépage très précoce qu'on peut vendanger du 20 au 25 août, et dont les raisins arrivent à maturité, pour la table, dans la première quinzaine d'août. Il est très cultivé, dit M. Pulliat, comme raisin à vin dans toute l'Allemagne, surtout aux environs de Vienne, en Autriche. On le trouve aussi en Hongrie et en Transylvanie. Il est cultivé, dit le comte Odart, aux vignobles de Porto, en Portugal. Il est recherché comme raisin de table précoce.

Dans la région méridionale, le Portugais bleu ne paraît pas pouvoir être utilement cultivé comme raisin de cuve, sa fertilité n'étant pas comparable, de beaucoup, à celle de nos cépages de grande culture.

Ses caractères sont les suivants :

Souche moyenne, assez fertile; *Sarments* érigés, moyens, rouge gris; *Feuille* sous-moyenne, presque pleine, les trois sinus supérieurs plus accusés, gaufrée, à grosses dents inégales, lisse dessus et au revers; *Grappe* sous-moyenne, cylindrique, à petites ailes; *Grains* noirs, ronds, sous-moyens, bien colorés, juteux, de bon goût. Précoce à débourrer.

Très sujet à charbonner (Anthracnose), il craint les terres humides et basses. Il se plaît dans le coteau fertile et bien ressuyé.

Avant de passer à l'examen des *Teinturiers-Bouschet*, obtenus par hybridation ou croisement de nos cépages languedociens avec le *Teinturier du Cher* ou *Gros noir*, nous croyons devoir décrire ce dernier quoiqu'il ne soit pas cultivé dans la région méridionale.

Teinturier, *Gros noir mâle* (Vignobles du Centre); *Plant des Bois* (Macheteaux); *Oporto* (Gironde); *Tinta Francisca* (Haut Douro); *Romé noir* (Andalousie), ODART; *Teinturier mâle* ou *Teinturier à bois rouge*, PULLIAT; *Socco* (Suisse), H. BOUSCHET.

Ses caractères sont les suivants :

Souche petite, assez vigoureuse, fertile; *Sarments* étalés, moyens, rouge foncé, court-noués; *Feuille* petite, à cinq lobes ouverts très détachés, de couleur vert jaunâtre devenant entièrement rouge foncé; rugueuse dessus, cotonneuse au revers; *Grappe* petite, cylindrique, serrée, à queue courte, ligneuse; *Grains* petits, obronds, à jus rouge foncé, à peau très noire, épaisse, très riche en matière colorante, goût âpre désagréable, se passerille à la grande maturité et devient alors plus doux.

Ce Teinturier débourre tard, comme la Carignane et le Terret; son bourgeon est d'abord blanc, tomenteux et passe au rouge foncé violacé. Sa *Maturité* est précoce, du 25 août au 1er septembre.

Quoique fertile, le Teinturier ou Gros noir est peu productif à cause de la faible dimension de ses grappes et de ses grains. Il s'épuise vite quand on le soumet à la taille longue. Les ceps de ce cépage, que j'ai depuis longtemps dans mes collections, résistent au Phylloxera et aux maladies cryptogamiques.

Sa valeur réside uniquement, dit M. Pierre Viala, *dans la coloration d'un rouge vineux absolument intense de son jus, dans la précocité de sa maturité et dans son débourrement tardif.*

Ce cépage est injecté de rouge dans toutes ses parties. Il ne produit qu'un vin âpre et plat, très chargé de matière colorante qui se dépose assez vite à l'état de lies dans les tonneaux.

Il est caractérisé, dit M. Pulliat, par la couleur rouge foncé de son jus et par la moelle rouge du sarment.

Il sert à colorer la vendange des cépages auxquels on l'associe[1].

Tribu des Teinturiers-Bouschet. — On doit les cépages de cette tribu à MM. Louis et Henri Bouschet qui leur ont donné leur nom; leur histoire est une de celles qui permettent le mieux d'apprécier le parti qu'on peut tirer du semis des pépins de vignes. Ce fut en 1828 que M. Louis Bouschet de Bernard, frappé du prix élevé que le commerce payait les vins de couleur foncée, conçut le projet de créer, par fécondation croisée du Teinturier et de nos cépages méridionaux et ensuite par semis des pépins récoltés, *des vignes productives comme nos cépages languedociens et à jus aussi coloré que le Teinturier*. Il commença la même année ses premiers essais d'hybridation[2]. Il fécondait les fleurs des ceps d'Aramon, de Carignane, de Grenache, avec le pollen des fleurs du Teinturier. Il observa que, parmi les fruits ainsi hybridés, se montrèrent un certain nombre de grains à jus coloré. Les pépins de ces grains furent semés. Les sarments de ces jeunes vignes issues de semis furent greffés sur des souches vigoureuses et donnèrent leurs premiers fruits en 1836. Ils provenaient d'Aramons fécondés par le Teinturier. M. L. Bouschet reconnut que leur jus était très coloré, et les multiplia par la greffe. Dès 1840, il en possédait 1,100 pieds, choisis parmi les sujets les mieux réussis[3].

M. Henri Bouschet continua les expériences de son père et fit de nombreuses fécondations croisées de 1855 à 1870.

[1] Le comte Odart mentionne, outre le Gros noir mâle, trois autres variétés de Teinturiers :

Le **Gros noir femelle** ou *Bottue* de l'Isère, plus fertile et plus vigoureux que le Gros noir mâle, mais beaucoup moins coloré dans toutes ses parties.

L'**Egiziano** des vignobles de Naples, « dont le suc est encore plus noir, dit-il, les feuilles plus petites, plus découpées, plus cotonneuses que celles de notre Gros noir commun ». Il est peu fertile. M. Pulliat le croit pareil au Gros noir.

Le **Tachat** de l'Isère ou *Plant de Tache* (Arbois), *Teinturier du Jura*, dont les sarments sont plus érigés, les feuilles moins rouges, avec des sinus plus larges et plus profonds, et dont le cep a plus de vigueur.

[2] *Bulletins de la Société centrale d'Agriculture de l'Hérault*, 1865, pag. 39 à 41.

[3] Pierre Viala : *Les Hybrides-Bouschet* (1886, C. Coulet, éditeur, Montpellier). Henri Bouschet (*Bull. de la Soc. centr. d'Agric. de l'Hérault*, 1865, pag. 11).

Des premières expériences de M. Louis Bouschet père sont résultés deux cépages provenant du croisement direct de l'Aramon et du Teinturier, ce dernier agent mâle, l'Aramon agent femelle ; ce sont le *Petit-Bouschet* et le *Gros-Bouschet*. Plus tard, H. Bouschet, continuant à opérer des hybridations entre Teinturiers et nos cépages méridionaux, s'est principalement servi du Petit-Bouschet comme agent Teinturier mâle. C'est aux travaux d'Henri Bouschet qu'on doit toute la série des hybrides Teinturiers autres que le Gros-Bouschet et le Petit-Bouschet.

M. Pierre Viala, dans son livre consacré aux hybrides Bouschet, a mentionné ces divers faits et a décrit, d'après les communications de H. Bouschet à la Société d'Agriculture de l'Hérault, les procédés qu'il employait, ainsi que son père, pour obtenir les croisements d'où sont sortis ses hybrides à jus coloré. Ils consistaient à planter, en les juxtaposant, les deux variétés à hybrider et à obtenir leur floraison en même temps. Il y parvenait au moyen d'écrans par lesquels il abritait du soleil la variété la plus précoce pour en retarder la végétation. Une fois les grappes en fleur, elles étaient entrelacées et maintenues par des fils ; la fécondation croisée devait ainsi se produire, et elle s'est produite, en effet, ainsi que l'ont démontré les grains à jus coloré observés dans les grappes hybridées. Ce dernier fait, qui avait été contesté, a cependant été reconnu exact. Les pépins de ces grains colorés par la fécondation d'un pollen Teinturier étaient seuls recueillis et semés ensuite dans des vases étiquetés avec soin.

Sans doute, dit M. Pierre Viala, les procédés de Louis et d'Henri Bouschet n'étaient point parfaits, mais ils ont suffi pour arriver à la création de toute une série de vignes dont l'origine nous est connue, et qui dérivent toutes de deux ou trois facteurs : le Teinturier et l'Aramon, sous forme de Gros-Bouschet et de Petit-Bouschet, et l'un de nos cépages languedociens, comme la Carignane, le Grenache, le Morrastel, le Piquepoul, etc.

Les Hybrides-Bouschet résultent donc d'expériences et d'observations poursuivies pendant un demi-siècle par le père et le fils, dont les travaux se sont confondus, s'efforçant l'un et l'autre d'atteindre un but défini : *La création de vignes à jus aussi coloré que celui du Teinturier et aussi fertile que celui de nos cépages languedociens*. Ils y ont pleinement réussi. On ne saurait trop louer leur persévérance, leur ténacité et leur patience, ainsi que l'exemple qu'ils ont donné. Il est regrettable qu'aucun d'eux n'ait laissé un travail d'ensemble sur leurs hybridations. On ne possède de leur part que des notes manuscrites et des mémoires isolés[1]. Ils sont morts l'un et l'autre au moment où la reconstitution des vignobles détruits par le Phylloxera a mis en évidence l'utilité et le succès de leurs travaux, et sans en avoir joui ; mais leur nom, qui est attaché aux vignes dont ils ont enrichi la viticulture, restera comme un souvenir dans la mémoire des vignerons et des propriétaires du Midi.

M. Pierre Viala a publié une étude spéciale des Hybrides-Bouschet dans laquelle sont examinées les questions de métissage et d'hybridité de la vigne ainsi que celles du cépage. Ayant eu à sa disposition les notes de H. Bouschet, ainsi que les variétés créées par lui[2], il a pu suivre la filiation de leur origine et en donner les descriptions les plus complètes. Il a ainsi suppléé au défaut de travail d'ensemble des auteurs sur leurs expériences ainsi que sur leurs recherches relatives à l'hybridation des vignes, et en a fait apprécier les résultats. Nous ne pouvions suivre un meilleur guide pour décrire la tribu des Teinturiers-Bouschet, tout en y joignant les appréciations de notre expérience personnelle.

Les essais d'hybridations de Louis et d'Henri Bouschet avaient donné lieu à de très nombreuses variétés ; en 1865, Henri Bouschet possédait plus de 700 jeunes vignes obtenues de 1855 à 1859 (*Bull. de la Soc. d'Agr. de l'Hérault*, 1865, pag. 41). De ces nombreux hybrides M. Viala donne une liste de 63 variétés, parmi lesquelles 20 Aramons-Bouschet, 14 Morrastels-Bouschet, 5 Œillades-Bouschet, 13 Alicantes-Bouschet, 5 Piquepouls-Bouschet, 1 Aspiran-Bouschet, 1 Terret-Bouschet, 1 Muscat-Bouschet, 1 Cinsaut-Bouschet, 1 Espar-Bouschet. De ces 63 variétés, les seules, dit M. Viala, qui présentent un intérêt réel, soit pour la culture, soit pour l'Ampélographie sont les suivantes, au nombre de douze : *Petit-Bouschet, Grand noir de la Calmette, Aramon-Teinturier-Bouschet, Morrastel-Bouschet à gros grains, Carignan-Bouschet, Œillade du 1er août, Alicante-Henri-Bouschet, Alicante-Bouschet à sarments érigés, Piquepoul-Bouschet, Aspiran-Bouschet, Terret-Bouschet, Muscat-Bouschet*.

Il a décrit cependant 43 hybrides. Nous n'en sommes pas surpris, car, au point de vue ampélographique, *tous* les hybrides Bouschet que nous connaissons et que nous avons en collection nous ont paru intéressants ; mais il n'en est pas de même au point de vue de la culture. Nous pensons qu'il n'en restera qu'un bien petit nombre parmi les cépages de la région méridionale ; c'est que les meilleurs font réformer ceux qui valent moins, ainsi que nous l'avons dit dans notre chapitre sur les cépages.

[1] Henri Bouschet ; *Collection de vignes à suc rouge obtenues par le semis après le croisement des cépages méridionaux avec le Teinturier* (*Bull. de la Soc. centr. d'Agric. de l'Hérault*, 1865, pag. 37).
Id. ; *Le Petit-Bouschet, vigne à jus coloré obtenue des semis de Louis Bouschet en 1829* (*Bull. de la Soc. centr. d'Agric. de l'Hérault*, 1865, pag. 373).
Id. ; *Trois nouveaux Muscats obtenus par la fécondation croisée et le semis* (*Bull. de la Soc. centr. d'Agric. de l'Hérault*, 1871).

[2] *Les Hybrides-Bouschet*, pag. 8.

Nous allons successivement examiner ceux que l'expérience a désignés comme les plus avantageux, en faisant remarquer que ces hybrides de création récente peuvent considérablement se perfectionner et se modifier par une culture prolongée, dans les terrains qui leur conviennent le mieux, et par une sélection continue.

Le Petit-Bouschet[1].

Souche : vigoureuse, moyenne, rustique, très fertile.

Sarments : étalés, longs, de grosseur moyenne et très nombreux comme ceux de l'Aramon, et qui ont à peu près la même couleur rouge cannelle.

Feuille : d'un vert sombre qui tranche sur celui des autres cépages, et passant, à l'automne, au rouge vif carminé; assez grande, à lobes bien dessinés et détachés à la partie supérieure, ce qui la fait paraître trilobée; aussi large que longue, à nervures violettes, rugueuse dessus, cotonneuse au revers.

Grappe : surmoyenne, conique, lâche, assez fortement ailée, bien garnie de beaux *Grains* ronds, surmoyens dans les terrains riches, moyens dans les autres, d'un noir bleu foncé et bien pruinés; à peau épaisse, chair juteuse et fondante, de saveur acidule, à jus très coloré comme celui du Teinturier, mais d'une teinte un peu moins foncée, et de meilleur goût. Son grain ne contient que deux ou trois pépins assez petits.

Il débourre tard, comme le Teinturier et la Carignane. Son bourgeon est très tomenteux, d'un blanc roussâtre qui passe ensuite au rouge vineux. Sa *Maturité* est précoce, comme celle du Teinturier, et a lieu vers le 25 août.

Le Petit-Bouschet remplit complètement le but que se proposait M. L. Bouschet : il a la rusticité, la précocité de maturité, la coloration du Teinturier, ainsi que son retard à débourrer, et il y joint la fertilité et la vigueur qui en font, après l'Aramon, un de nos cépages les plus productifs. Ainsi, du premier coup, dès 1828, L. Bouschet avait résolu le problème par la création du Petit-Bouschet, et dès 1838, il en connaissait le résultat.

H. Bouschet avait cultivé le Petit-Bouschet dans les terrains secs de coteau et le considérait comme un cépage à vin distingué. L'expérience a prouvé que sa vraie place est dans les sols fertiles, où il charge abondamment, tout en donnant des vins très colorés, mais plats et faibles en alcool. Sa richesse en matière colorante le rend précieux pour teinter les vins qui manquent de couleur. Son emploi est ainsi nettement indiqué.

Il résiste bien aux grands froids ainsi qu'aux attaques des insectes et des maladies cryptogamiques. C'est un des cépages qui résistent le mieux au Phylloxera.

D'après H. Bouschet, lorsqu'on le récolte dans le coteau et qu'on l'attend jusqu'à ce que son moût atteigne de 11 à 12°, il donne un vin à bouquet qui se développe assez rapidement et rappelle celui des vins de Bordeaux. Sa production devient alors faible. Son vrai rôle est celui de Teinturier, et telle doit être sa destination spéciale pour être mélangé à d'autres vins, car, lorsqu'il est poussé à produire beaucoup dans les terrains de plaine et qu'il n'est pas mêlé à d'autre vendange, il est trop faible pour se conserver longtemps.

Le Petit-Bouschet se cultive comme l'Aramon, espacé de 1m,50 en tout sens et taillé à deux yeux francs sur un nombre de coursons proportionnés à la force du cep, et variant ordinairement de quatre à six.

Il convient de le vendanger dès qu'il est mûr, car, quoique peu sujet à la pourriture, il s'égrène facilement. C'est un des cépages qui se prêtent le mieux au sucrage à la cuve. Quand on a décuvé le vin de goutte, on laisse le marc dans la cuve, et on la remplit de vendange d'Aramon, qui prend alors une belle teinte grenat foncé.

Le Petit-Bouschet a été souvent mal sélectionné, aussi en rencontre-t-on des variétés peu fertiles qu'il convient de ne pas multiplier.

C'est le premier des Hybrides-Bouschet acquis par croisement de l'Aramon et du Teinturier, et c'est le meilleur. Nous le considérons comme tenant parmi eux le premier rang et comme appelé, par sa rusticité, sa fertilité, sa précocité, sa résistance à tous les fléaux qui dévastent les vignobles, à prendre tous les jours plus d'importance pour la production des vins de quantité.

Le Petit-Bouschet présente encore un autre intérêt; c'est de lui que Henri Bouschet s'est servi pour obtenir de nouvelles hybridations avec les Grenaches, les Carignanes, les Piquepouls, les Cinsauts, etc. Il ouvrit ainsi une voie nouvelle et féconde pour la production de nouveaux hybrides perfectionnés que refusait la fécondation directe de la plupart de nos cépages languedociens avec le Teinturier.

Le Petit-Bouschet se greffe bien sur sujets américains, tels que Rupestris, Riparia, Jacquez, Taylor, Cunningham, etc.

[1] Henri Bouschet; *Le Petit-Bouschet* (*Bull. de la Soc. centr. d'Agric. de l'Hérault*, 1865, pag. 373 à 378).

Nous ne ferons que mentionner le **Gros-Bouschet** obtenu comme le Petit-Bouschet, en 1828, par Louis Bouschet, de la fécondation directe de l'Aramon par le pollen du Teinturier. Il est peu fertile, très étalé, à *Feuilles* moyennes très épaisses, à *Grappes* moyennes, à *Grains* inégaux portés sur de longs pédicelles; quelques grains atteignent la grosseur de ceux de l'Aramon; leur jus est rouge, abondant, mais peu coloré; il est facilement altérable dès qu'il est mûr.

Il est sujet aux attaques des insectes et des maladies cryptogamiques, notamment à celles du Mildiou et de l'Anthracnose, et n'a aucune valeur pour la culture. Aussi n'a-t-il pas été propagé.

Le **Grand noir de la Calmette**, hybride d'Aramon et de Petit-Bouschet, a été obtenu par H. Bouschet en 1855, et a fructifié pour la première fois en 1861 (P. Viala; *Les Hybrides-Bouschet*, pag. 48). Il se distingue entre tous les autres Teinturiers de même origine par son port érigé. Son bourgeonnement tardif, sa grande vigueur, sa précoce maturité, sa fertilité et les qualités de son vin, qui est cependant bien moins coloré que celui du Petit-Bouschet, sont les avantages qui le désignent à l'attention des expérimentateurs On craint cependant que sa fructification ne soit pas régulière et soutenue, mais ce reproche est-il fondé? Nous n'oserions l'affirmer, et nous pensons qu'on ne peut encore se prononcer à cet égard, sa culture n'étant pas assez ancienne.

Ses caractères sont les suivants :

Souche vigoureuse, fertile; *Sarments* érigés, forts, rouge gris cannelle; *Feuilles* grandes, trilobées, gaufrées, plus larges que longues, à grosses dents émoussées, vert foncé, rugueuses dessus, tomenteuses au revers, à nervures envinées; *Grappe* assez grosse, conique, avec petites ailes, à queue courte, ligneuse, rafle teintée de rouge; *Grains* ronds, serrés, pruinés, à jus rouge bien moins foncé que celui du Petit-Bouschet.

Il débourre tard, comme la Carignane, avec un bourgeon blanchâtre, très tomenteux. Il mûrit fin août ou dans les premiers jours de septembre.

Il est peu sujet, comme le Petit-Bouschet, aux attaques des insectes et des maladies cryptogamiques. Son port érigé permet de le cultiver jusqu'en juillet avec les instruments aratoires. Il a besoin d'un sol fertile et substantiel.

L'**Aramon Teinturier-Bouschet** est un des hybrides d'Aramon et de Petit-Bouschet sur lequel on fondait les meilleures espérances. Sa ressemblance avec l'Aramon, sa grande fertilité, le faisaient considérer comme une précieuse acquisition. Il n'a pas justifié les promesses des premières apparences. Faible, peu rustique, sujet à toutes les maladies cryptogamiques et aux ravages des insectes, il perd sa vigueur, se rabougrit et n'a aucune durée. Il a fallu en abandonner la culture.

M. P. Viala a décrit neuf formes d'Aramons hybridés de Petit-Bouschet; nous en possédons plusieurs des meilleures, que nous devons aux fils d'Henri Bouschet, MM. Joseph et Gabriel Bouschet; aucune d'elles ne nous a paru comparable, pour la culture, au Petit-Bouschet, premier type de cette race dont l'Aramon et le Teinturier du Cher sont les éléments constitutifs. Nous ne nous arrêterons pas à les décrire.

Dans les vignes de ce type, le Petit-Bouschet de bonne sélection me paraît supérieur aux autres hybridations; il restera probablement le seul que la culture conservera et dont elle augmentera encore, par des choix judicieux dans les sols les plus convenables, les qualités de résistance, de fertilité, de précocité et de coloration.

L'hybridation du Morrastel et du Petit-Bouschet a donné lieu à une série de vignes qui tiennent plus ou moins de la forme des deux cépages alliés, mais chez lesquelles on ne trouve pas des qualités supérieures assez bien constatées pour les faire adopter par la culture. Nous ne nous y arrêterons pas. Ces hybrides se sont montrés très sujets aux attaques du Mildiou, défaut assez grave pour les faire réformer.

Parmi eux il s'est trouvé un cep si ressemblant à une hybridation de Carignane et de Teinturier que H. Bouschet l'a désigné sous le nom de **Carignan-Bouschet.** C'est un beau cépage à port étalé, très vigoureux, dont les sarments ont le singulier inconvénient d'être cassants comme du verre. Au point de vue cultural, les Morrastels-Bouschet sont inférieurs aux Alicants-Bouschet, parmi lesquels on trouve les types les plus précieux des gains d'Henri Bouschet.

L'hybridation du Grenache ou Alicante avec le Petit-Bouschet est celle qui, au point de vue cultural, a donné les résultats les plus remarquables. M. Pierre Viala en énumère 13 formes différentes[1], parmi lesquelles on trouve des cépages à sarments tantôt étalés, tantôt

[1] ALICANTES-BOUSCHET.

Alicante Henri Bouschet. — Alicante-Bouschet extra-fertile. — Alicante-Bouschet n° 1. — Alicante-Bouschet n° 2. — Alicante-Bouschet à sarments érigés. — Alicante-Bouschet à feuilles découpées. — Alicante-Bouschet à grains oblongs. — Alicante-Bouschet à gros grains et à petites feuilles. — Alicante-Bouschet précoce ou n° 5. — Alicante-Bouschet tardif ou n° 6. — Alicante-Bouschet n° 7. — Alicante-Bouschet à longues grappes ou n° 8. — Alicante-Bouschet n° 12. — Alicante-Bouschet n° 13.

érigés; des feuilles et des grappes de dimensions et de figures variables, des grains ronds ou oblongs, des maturités très précoces et très retardées. Ces mêmes variations se sont reproduites dans les hybridations du Petit-Bouschet avec l'Aramon, avec le Morrastel, l'Œillade, le Piquepoul. Elles confirment nos observations sur les semis de vigne et ce que nous en avons dit plus haut (page 33).

Parmi les treize formes énumérées d'Alicante-Bouschet, les quatre premières présentent seules un intérêt cultural. M. P. Viala les a minutieusement étudiées et comparées dans le but de mettre fin à la confusion regrettable dont les Alicantes-Bouschet sont l'objet.

Il a établi l'identité de l'Alicante Henri Bouschet, obtenu en 1866, et de l'Alicante-Bouschet nº 2, obtenu en 1865, et les distinctions à établir entre l'Alicante-Bouschet nº 1 et l'Alicante-Bouschet extra-fertile, obtenus l'un et l'autre en 1856. Tout en appréciant la valeur de ces deux derniers cépages, il les considère comme inférieurs à l'Alicante Henri Bouschet, qui reste le type le plus complet et le plus important de cette race de vignes. Voici comment il s'exprime (pag. 104, *Hybrides-Bouschet*, 1886) : « L'Alicante Henri Bouschet mérite certainement toute la faveur qu'on lui accorde actuellement; c'est certainement la plus belle création d'Henri Bouschet, supérieure même au Petit-Bouschet ».

Depuis douze ans, j'ai cultivé une collection d'Alicantes-Bouschet que H. Bouschet avait bien voulu m'offrir en 1879, et parmi lesquels il m'en avait signalé plus spécialement une variété que j'ai plantée *de fond*, à Launac, dans mon jardin potager. J'en possède deux belles souches, plantées des sarments qu'il nous donna; elles se maintiennent vigoureuses et très fertiles; leurs sarments sont greffés chaque année. Je les ai trouvées au moins égales, sinon supérieures, aux autres Alicantes-Bouschet que j'ai en collection, et aux meilleurs de ceux que j'ai pu me procurer. Cet Alicante-Bouschet, dont l'étiquette ne portait qu'un numéro d'ordre, me paraît se rapporter à l'Alicante Henri Bouschet et en a tous les caractères. J'en ai greffé, depuis huit ans, plus de 30 hectares dans des sols de différente nature, dans la garrigue en coteau pierreux, dans les terres franches et profondes et dans les dépôts d'alluvions qui forment les plaines. Il a prospéré partout où le terrain est suffisamment profond, bien ressuyé et de nature calcaire mélangé de silice.

C'est à cet Alicante-Bouschet que se rapportent la planche de l'Alicante-Bouschet et sa description.

Alicante-Bouschet, *Alicant Henri-Bouschet.*

Souche vigoureuse, très fertile; *Sarments* étalés, gros, longs, sinueux, couleur jaune rouge clair, à nœuds accusés un peu plus colorés que le sarment; *Feuille* moyenne, presque pleine, à grosse denture inégale, un peu plus large que longue, ferme et souple, recoquillée sur les bords, d'un beau vert foncé, lisse et luisante à la face supérieure, assez tomenteuse au revers, à nervures teintées de jaune, selon les années colorée en rouge foncé à l'arrière-saison; *Grappe* grosse dans les sols fertiles, moyenne dans les autres, épaisse, conique, un peu courte, parfois garnie de grosses ailes formant corps avec la grappe; *Grains* assez gros, ronds ou obronds, très colorés de rouge noir, pruinés, à chair fondante; jus abondant, sucré, agréable au goût, très coloré en rouge vif; peau assez épaisse, chargée de matière colorante; se ride et se passarille à la grande maturité.

Bourgeonnement : tardif, comme celui du Teinturier et de la Carignane, blanc très tomenteux.

Maturité : précoce, de la fin août au 5 septembre, un peu moins précoce que le Petit-Bouschet.

On ne saurait trop insister sur la nécessité de bien choisir l'Alicante-Bouschet qu'on veut cultiver; certaines variétés, à feuilles découpées et à petites grappes, sont infertiles. On les a malheureusement propagées à l'époque où l'Alicante-Bouschet était l'objet d'une sorte d'engouement (1886-87). On en est bien revenu depuis, et c'est la réaction contraire qui a succédé à cet entraînement.

On cultive l'Alicante-Bouschet comme nos autres cépages méridionaux, en le disposant en carré et en l'espaçant en tout sens à 1m,50. On le taille, suivant sa force et suivant le terrain, sur trois à six coursons et à deux yeux francs. C'est un des cépages dont les jeunes bourgeons sont renversés par le vent avec la plus grande facilité. On fera bien, pour parer à cet inconvénient, de lui donner un bourgeon de plus à la taille, pendant les deux ou trois premières années après le greffage. On le greffe avec plein succès sur Riparia, sur Rupestris, sur Jacquez, sur York, sur Taylor, etc.

Il faut observer néanmoins que la greffe de l'Alicant exige des soins et des précautions sans lesquels cette opération peut échouer. C'est un des cépages dont la soudure avec le sujet est souvent mauvaise ou manquée. Le greffon pousse de vigoureuses racines et se développe comme si la soudure avec le sujet s'était faite régulièrement, tandis que ce dernier meurt. En pareil cas, le greffon, qui n'a poussé qu'un collier de racines autour de l'empâtement où se fait la soudure, meurt aussi, un ou deux ans après, ou reste rabougri. Il faut donc attentivement surveiller l'émission des racines autour du greffon, et les enlever dans le courant de juillet quand les greffes sont bien parties.

Beaucoup de soudures sont défectueuses par la même cause sans que le sujet périsse, mais les greffons se développent mal et finissent, au bout de deux ou trois années de végétation languissante, par amener la perte du cep. Ces effets se manifestent avec d'autant plus d'intensité que le sol convient moins aux sujets américains, et qu'il est plus marneux et plus exposé aux humidités permanentes. On les observe aussi dans les terres trop légères ou qui manquent de fond.

L'Alicant-Bouschet produit très abondamment l'année qui suit le greffage; il s'épuise en quelque sorte, aussi n'est-il pas rare d'en trouver de jeunes greffes dont les sarments portent jusqu'à quatre raisins maîtres. Le cep a besoin, dans ce cas, d'être bien fumé et bien entretenu, et encore malgré les soins dont il est l'objet, le voit-on se reposer l'année d'après et donner généralement une récolte moindre, mais il reprend ensuite une nouvelle vigueur et reste très fructifère.

Dans mes terrains de coteau en garrigue, il produit autant que la Carignane; dans les sols fertiles et profonds, il produit de un tiers à un quart de moins que l'Aramon, et dans les années de gelées blanches tardives, où l'Aramon est fort éprouvé, il échappe par son débourrement tardif aux effets de la gelée, et il produit alors plus que l'Aramon.

L'Alicante-Bouschet est peu sujet aux maladies cryptogamiques; il tient sous ce rapport du Petit-Bouschet. Il est également peu attaqué par les insectes ampélophages. Il résiste au Phylloxera et peut être conservé dans les sols siliceux par les traitements insecticides. Il a besoin de soufrages et de traitements cuivrés, ainsi que d'une culture intensive pour soutenir sa fertilité et mener à bien les beaux raisins dont il se couvre dans les bonnes années.

Le vin de l'Alicante-Bouschet a du corps, un goût distingué et une coloration superbe quand on le laisse assez mûrir; il donne alors de la qualité à la vendange à laquelle il est mêlé; mais, quand il est poussé à la production de quantité, son vin reste faible et manque de corps malgré la belle couleur qu'il conserve. Son vin est supérieur à celui du Petit-Bouschet par le goût, la vinosité et la couleur, qui est moins foncée, mais d'un rouge intense plus vif.

L'Alicante-Bouschet est assez sujet à pourrir dans les années humides quand il est en plaine et que ses raisins traînent par terre, mais dans les terres plus hautes et lorsque les vendanges sont sèches, il se conserve, se ride et donne des moûts d'un degré élevé. J'ai récolté, le 7 octobre 1889, des Alicantes-Bouschet qui prouvaient 13° glucométriques. Les mêmes, vendangés le 8 septembre, prouvaient de 9 1/2 à 10°.

Il convient de vendanger l'Alicante-Bouschet du 1er au 15 septembre, on en obtient alors des vins de coupage dont les marcs forment des fonds de cuve sur lesquels on vendange les Aramons, qui mûrissent huit à dix jours plus tard.

L'Alicante-Bouschet souffre des grands froids de l'hiver dans les années froides ainsi qu'on l'a reconnu en 1888-1889, 1890-1891. C'est un grave inconvénient qui oblige à beaucoup de prudence quand on déchausse la vigne en hiver pour la fumer.

En résumé, l'Alicante-Bouschet possède du Petit-Bouschet la propriété de pousser tard et de mûrir de bonne heure, et de donner un des raisins les plus Teinturiers de la tribu; il a reçu du Grenache, outre les caractères de son bois et de sa feuille, la propriété de produire des fruits de meilleure qualité, mais de craindre les grands froids et de n'être pas toujours d'une fertilité assez soutenue. Beaucoup de viticulteurs lui préfèrent la Carignane malgré les dispositions de cette dernière à être attaquée par les maladies cryptogamiques.

Nous croyons qu'on doit le considérer comme un cépage de bon coteau et des terrains intermédiaires assez fertiles. Sa culture n'est pas encore assez ancienne, et nous ne le croyons pas encore amené au point de perfection qu'il peut atteindre dans les sols et les climats qui lui conviennent, soit par une sélection soutenue, soit par les modifications spontanées dont il est susceptible.

Les hybridations du Petit-Bouschet avec nos autres cépages n'ont rien produit de comparable à l'Alicante-Bouschet. Elles sont intéressantes au point de vue ampélographique, mais elles n'ont pas la même valeur au point de vue cultural.

Les croisements du Petit-Bouschet avec le Piquepoul noir et le Piquepoul gris ont donné l'un et l'autre des cépages à raisins précoces comme le Teinturier du Cher, et bien colorés, mais beaucoup moins fertiles, moins corsés, moins riches en couleur que l'Alicante-Bouschet.

L'**Aspiran-Bouschet**, produit du croisement du Gros-Bouschet avec l'Aspiran-Bouschet obtenu en 1865, est un cépage vigoureux, très étalé, mais à fruits d'un médiocre volume, à grains oblongs à peine moyens. Le cep tout entier est injecté de matière colorante comme le Gros noir, et produit un vin assez corsé et d'une intensité de couleur des plus remarquables. Par sa feuille, son bois et son fruit, il tient de l'Aspiran, et du Teinturier par sa coloration et par sa précocité. Il est regrettable qu'il soit d'une fertilité trop faible, ce qui l'a fait réformer par la culture.

Le **Terret-Bouschet** a été produit par le croisement du Petit-Bouschet avec le Terret gris en 1858.

Intéressant au point de vue ampélographique, il l'est peu sous le rapport cultural. Sa *Souche* est petite, à *Sarments* très étalés, et manque de vigueur; il se charge d'un grand nombre de fruits, mais la plupart sont de médiocre grosseur, peu colorés et de maturité tardive, vers la fin de septembre.

Il est très attaqué par le Mildiou et en souffre au point de se rabougrir et de perdre sa fertilité. Comparé à l'Alicante-Bouschet, il est beaucoup moins productif; son vin est faible, et la souche, peu vigoureuse, me paraît encore de plus courte durée que celle du Terret.

Le croisement du Cinsaut et du Petit-Bouschet a donné lieu, en 1859, au cépage que Henri Bouschet a désigné sous le nom de **Œillade du 1er Août.** C'est le plus précoce de ses Teinturiers : ainsi ses grappes sont assez mûres pour pouvoir être vendangées dès les premiers jours d'août. Elles sont bien colorées, à beaux grains olivoïdes, mais inférieures à celles du Cinsaut pour la beauté et la finesse du goût, ainsi que pour l'abondance de leur production. Le cépage est d'une fertilité médiocre. Curieux pour la précocité de son raisin, il ne convient ni pour la cuve ni pour la table.

Le **Muscat-Bouschet** résulte du croisement fait par H. Bouschet, en 1857, du Muscat noir et du Petit-Bouschet.

C'est un cépage qui présente quelque intérêt au point de vue ampélographique par le jus rouge et le goût musqué de ses fruits, mais il ne convient ni pour la cuve ni pour la table.

Il est peu vigoureux, peu fertile, et son goût musqué est fort atténué. Il est précoce et mûrit dans la seconde quinzaine d'août.

Il a le port, le bourgeonnement et le feuillage du Muscat et la couleur du Teinturier. On peut également le classer parmi les Muscats et les Teinturiers, mais il me paraît appartenir plutôt à ce dernier groupe par son jus très coloré, son goût musqué étant très faible.

En résumé, dans le groupe ou la tribu des Teinturiers on ne trouve aucun raisin de table. Il semble que la coloration de leur jus les prive de la finesse et de la suavité qu'on recherche dans les fruits destinés à être consommés en nature. Parmi les raisins de cuve, on ne peut guère considérer que le Petit-Bouschet et l'Alicante Henri Bouschet comme adoptés jusqu'à présent par la culture, et encore n'est-ce pas sans contestation, car de nombreux viticulteurs se dégoûtent des Teinturiers et leur préfèrent l'Aramon, la Carignane, le Cinsaut, le Morrastel, dont les ceps sont plus robustes, d'une fertilité plus régulière et les vins mieux appréciés.

Rien ne prouve mieux combien l'introduction d'éléments nouveaux est difficile dans les habitudes culturales. Nous pensons néanmoins que le Petit-Bouschet et l'Alicante Henri Bouschet sont des acquisitions précieuses, destinées à enrichir notre viticulture en lui fournissant les moyens de faire plus facilement les beaux vins de couleur et de coupage dont le commerce a toujours besoin, et nous devons honorer la mémoire de ceux dont les travaux ont réalisé pour nos vignobles des gains aussi avantageux.

CÉPAGES POUR LA PRODUCTION DES RAISINS DE TABLE ET D'ORNEMENT.

Nous avons signalé parmi les raisins recherchés pour la production du vin ceux qui, parmi eux, sont estimés pour la table et pour leur beauté. C'est ainsi que nous avons indiqué, par ordre de maturité : les Muscats (août et septembre); l'Œillade et le Cinsaut (août et septembre); les Aspirans (septembre); le Mayorquen, le San Antoni (septembre); les Malvoisies (septembre); les Clairettes (septembre et octobre); les Terrets (octobre). A cette liste il faut joindre les cépages de beaucoup d'autres variétés, que nous examinerons sommairement pour la plupart, en ne nous arrêtant que sur les meilleurs et les plus beaux.

Les raisins de table sont donc nombreux. N'ayant pas à remplir toutes les conditions culturales et économiques de ceux qu'on destine à la cuve, on peut en quelque sorte en accroître indéfiniment le nombre par hybridation et par semis, et en obtenir de très différents par la grosseur, la forme, la couleur des grappes et des grains, ainsi que par leur saveur et la délicatesse de leur goût. Ceux qu'on peut conserver longtemps pour les desserts d'hiver et des premiers mois du printemps sont plus rares.

On peut augmenter la beauté et la précocité des raisins de table par certaines opérations fort simples, praticables dans les jardins et les vergers, mais qui ne rentrent guère dans les méthodes culturales usitées dans les vignobles de la région méridionale; nous voulons parler de l'incision annulaire, du pincement des rameaux à fruit et du ciselement des grappes.

On peut devancer par l'incision annulaire l'époque de la maturité du raisin, de dix à quinze jours environ.

L'opération consiste à enlever, sur la branche ou sarment à fruit et au-dessous des grappes, un anneau d'écorce de cinq millimètres environ de largeur. Il convient de l'exécuter dans la première quinzaine de juillet, lorsque la sécheresse et la chaleur préparent un temps d'arrêt dans la végétation de la vigne. On peut même opérer plus tôt, dans le mois de juin, et ne pas attendre que la sève ait perdu son activité. L'incision annulaire fait mûrir et grossir les grains du raisin; elle peut même les empêcher de couler, mais elle diminue leur saveur et leur bonté. Ainsi les Muscats auxquels on l'applique perdent beaucoup de leur goût musqué et de leur douceur. Si la grappe devient plus belle et plus précoce, elle est moins bonne.

On a recommandé l'incision annulaire pour les vignes à vin; nous pensons qu'on a été beaucoup trop loin, et qu'elle n'est guère utilement praticable que dans les jardins. Ainsi on ne doit pas opérer sur des sarments verticaux sans les munir d'un tuteur, car ils seraient infailliblement cassés par le vent. On ne doit opérer qu'un petit nombre de sarments sur chaque cep afin de ne pas l'affaiblir. A la taille, on enlève les sarments incisés.

Le pincement des rameaux à fruit est d'une pratique courante dans les vignobles échalassés du Centre et du Nord, mais, sauf quelques exceptions, il n'est pas usité dans le Midi sur les vignes en souche. On a remarqué que les ceps ainsi traités perdent leur vigueur, et que leurs fruits, mal abrités des rayons d'un soleil ardent, sont souvent échaudés. Dans les jardins, où on peut plus facilement abriter et palisser les ceps, ces inconvénients peuvent être évités, et alors on peut souvent neutraliser les effets de la coulure sur les variétés qui y sont disposées, en leur appliquant un pincement intelligent.

Le ciselage a pour but d'éclaircir les raisins dont les grains sont trop serrés sur la grappe. Il est pratiqué à Thomery sur les Chasselas et sur d'autres variétés, aux fruits desquels on donne ainsi une meilleure apparence. Les grains des raisins ciselés, lorsqu'ils sont de la grosseur d'un pois, deviennent plus volumineux, et sont moins exposés à se gâter.

Les raisins les plus précoces mûrissent dans la première quinzaine de juillet, mais il en est bien peu parmi eux qui soient d'un vrai mérite et qui se distinguent autrement que par leur précocité. Ce sont les suivants :

Le **Morillon hâtif** ODART (Congrès pomologique) ou *Raisin noir de la Magdeleine, Madeleine noire, Raisin de Juillet.*

Le comte Odart le range dans la tribu des Pinots. C'est un petit raisin médiocre, à petits grains, ordinairement dévoré par les abeilles; sa précocité en fait seule la valeur. Il mûrit du 15 au 20 juillet. Il est vigoureux et vient bien en treille autour des portes des maisons; ses sarments, quand il est en souche, sont très étalés. Il est d'une médiocre fertilité.

La **Madeleine violette** ou *Fruh Magyar Traube* des Allemands, citée par le comte Odart comme une variété de ce Morillon, mais valant mieux, mûrit à la même époque; ses grappes sont plus grosses et ses grains plus savoureux.

La **Vigne d'Ischia** ou *Uva di tri volte* à Ischia, *Noir précoce de Gênes* à Angers (ODART), appartiendrait aussi à la tribu des Pinots. Elle mûrit en même temps que les précédents. Les raisins ressemblent beaucoup à ceux de nos bons Pinots de Bourgogne.

Le **Blanc précoce de Malingre,** obtenu de semis par l'horticulteur de ce nom, est tout aussi précoce que les précédents et leur est supérieur par la grosseur de la grappe et des grains et par la finesse de son goût. Il est peu fertile et très sujet à être dévoré par les guêpes et les abeilles. Le cep a été promptement détruit par le Phylloxera.

Le **Précoce de Malingre,** un autre gain du même viticulteur, beaucoup plus fertile que le précédent. Il se charge en outre, sur les rameaux secondaires, d'une grande quantité de grappillons qui mûrissent environ quinze jours après les grappes maîtresses, ce qui le rend bifère. Comme le précédent, il succombe promptement aux attaques du Phylloxera.

La *Souche* est petite, peu vigoureuse; les *Sarments* demi-érigés et tout au plus moyens; la *Feuille* lisse sur les deux faces, peu échancrée, à fines dentelures; la *Grappe* est de grosseur presque moyenne, conique, ailée; les *Grains* peu serrés, ovoïdes, blancs, translucides, juteux, d'un goût assez fin mais peu relevé.

Le **Raisin de Saint-Jacques** (Pyrénées-Orientales) (ODART) est, d'après H. Bouschet, une variété très voisine de la *Madeleine noire,* mais elle lui est préférable comme raisin de table.

Les *Feuilles* de ces deux cépages, presque entières, rugueuses et vert foncé en dessous, cotonneuses au revers, se ressemblent beaucoup; les *Grappes* sont en forme de pigne, comme dans les Pinots; les *Grains* sont noirs, ronds, serrés, juteux, de bon goût. Les deux variétés mûrissent en même temps. Le *Cep* est peu vigoureux; les *Sarments* court-noués, étalés, buissonneux.

Le **Jouannen** de Vaucluse (ODART); *Jouannen charnu* (Congrès pomologique); *Jounnenc, Madalénen* (Provence); *Lignan* (Jura); *Marvoisien* (Haute-Loire); *Luglienga* (Piémont et Italie)[1].

[1] Sous le nom de *Lignan*, M. Pulliat lui donne les synonymes suivants : *Juannen, Joannenc, Madeleine blanche, Blanc de Pagès* (France); *Précoce de Kientzheim, Leipsiger, Fruhweisser*, etc. (Allemagne); *Luglienga, Bona in casa* (Italie); *Augustiner, Seidentraube, Margit Feher* (Hongrie); *Early white Malvasia, Early Kientzheim*, etc. (Angleterre); *San Jacopo* (Espagne). Nous donnons cette synonymie à titre de renseignement; ainsi, la Madeleine blanche (raisin bien inférieur au Jouannen et qu'on a délaissé) ne doit pas être confondue avec lui.

Une synonymie aussi nombreuse, pour un cépage cultivé dans tous les pays où la vigne est recherchée pour ses fruits, ne peut s'appliquer qu'à une variété de grande valeur et de premier ordre. C'est ainsi en effet qu'il faut considérer le *Jouannen*, et c'est pour cette raison que nous l'avons figuré. C'est le premier et le meilleur des raisins de table précoces. Souvent mûr dès le 15 juillet, on en mange jusqu'à la fin d'août, alors qu'il a acquis toute sa perfection. Il faut avoir soin de l'enfermer dans des sacs de crin pour le préserver des mouches, des guêpes et des abeilles, qui en sont très friandes; on peut ainsi le conserver jusqu'en septembre.

Ses caractères sont les suivants :

Souche forte, très vigoureuse, de longue durée, vivace; *Sarments* étalés, assez forts, longs, un peu coudés et légèrement aplatis, à nœuds espacés, de couleur brune grise, à fortes vrilles; *Feuille* moyenne, assez grande, à sinus profonds détachant bien les cinq lobes terminés en pointe, sinus pétiolaire très ouvert, dents grandes et aiguës, d'un vert accusé passant au jaune à l'arrière-saison, plane et rugueuse, légèrement cotonneuse sur les nervures au revers; belle *Grappe*, conique, ailée, régulière, assez grande, bien garnie de jolis *Grains* ovoïdes, de belle moyenne grosseur, de couleur jaune doré, charnus, un peu croquants, juteux, à peau fine, d'un goût fin et sucré, exquis; n'ayant souvent qu'un ou deux pépins.

Il débourre de très bonne heure, comme l'Aramon, avec un bourgeon peu cotonneux, d'un vert clair. Sa maturité est précoce, du 15 juillet au 5 août, selon les années.

Le seul défaut de cet excellent cépage est d'être peu fertile à taille courte et en souche. C'est une vigne de treille qui a besoin d'une taille allongée, avec branche à bois et branche à fruit. Il est peu fertile en souche, même quand on lui laisse de longs bois, mais son raisin est excellent.

Il résiste au Phylloxera d'une manière remarquable. J'ai pu conserver tous mes ceps de Jouannens, tandis que je perdais la plupart de mes Chasselas et de mes Muscats d'Alexandrie (Panse musquée). Il est peu sujet aux attaques des insectes et des maladies cryptogamiques. C'est donc un cépage précieux, auquel il ne manque que d'être plus fertile.

Le Jouannen est surtout répandu dans les départements de Vaucluse et des Bouches-du-Rhône, d'où il a pénétré dans le Var, le Gard et l'Hérault. Très répandu et estimé en Italie, où il a été décrit par Acerbi (*Delle viti Italiane*) et par le comte Gallesio, dans la *Pomona Italiana*, il est probable qu'il a été introduit dans le Comtat à l'époque du séjour des Papes à Avignon. Son nom *Luglienga* ou raisin de juillet, *Uva Lugliatica* ou *Lugliala* qu'il porte en Toscane, ne laisse aucun doute sur sa précocité et son identité avec notre *Jouannen*.

Quoique, à notre avis, dans la région méridionale, le Jouannen soit bien supérieur au Chasselas par sa précocité, ses qualités exquises et sa beauté, ce dernier lui est préféré à cause de sa fertilité, qui est bien plus grande, et par la facilité de sa conservation. Le Jouannen est sujet à s'égrener quand il est bien mûr, défaut auquel le Chasselas est moins sujet, et il se conserve moins. Il est à désirer néanmoins que la consommation de cet excellent raisin et la culture du cépage qui le produit, se répandent davantage.

Le Jouannen a été très souvent semé sans résultat supérieur au type. M. Regnier, d'Avignon, est un des viticulteurs qui a poursuivi avec le plus de persistance le perfectionnement de ce remarquable cépage par le semis. Il perdit malheureusement, lors des inondations du Rhône de 1840 à 1860, la pépinière qu'il en avait formée. H. Bouschet dit que c'est peut-être à M. Regnier qu'on doit le *Précoce de Vaucluse* que le comte Odart a reçu de ce département, et qu'il a décrit sous le nom de *Raisin Vilmorin*, après en avoir reçu de belles grappes de Verrières, près Paris.

Le **Vilmorin** ou **Précoce de Vaucluse**, que je possède depuis plus de trente-cinq ans, le tenant du comte Odart, est presque identique au Jouannen; il a comme lui le sarment coudé, la même feuille, mais il est moins étalé et surtout plus fertile; il est aussi un peu moins précoce. C'est une excellente variété, qu'il convient de multiplier. Le raisin est pareil à celui du Jouannen et en a les qualités.

On ne connaît pas de Jouannen de couleur noire.

Le Jouannen se greffe avec succès sur les porte-greffes américains : Riparia, Rupestris, Taylor, etc. Il y gagne en fertilité.

Garidel mentionne le Jouannen parmi les raisins provençaux cultivés de son temps sous le nom de *Jouanens*.

Il parle aussi de *Juanens negrés* (*Vitis precox, acino nigro, dulce et rotondo*), dont le grain ne se rapporte pas, par sa forme ronde, à la variété noire de notre Jouannen. Il a voulu désigner un cépage précoce, à grain noir, par ce nom de *Juanens* qu'on applique, comme celui de *Madalenen*, aux fruits précoces du Midi.

Nous ne pousserons pas plus loin l'examen des raisins du mois de juillet; nous passerons à ceux du mois d'août, au nombre desquels nous trouvons les Chasselas et les Muscats, qui mûrissent les premiers.

Nous avons déjà décrit la belle tribu des Muscats; celle des Chasselas vient après, dans l'ordre que nous avons adopté, car tous les cépages qui s'y rattachent donnent des fruits plus ou moins précoces, et tous ou presque tous mûrissent en août.

Tribu des Chasselas. — Les vignes de cette tribu sont nombreuses, car elles ont été très multipliées par semis et modifiées par les sols et les climats fort divers sous lesquels elles ont été cultivées. Elles présentent des caractères communs, qui les font facilement reconnaître. C'est d'abord la couleur rousse particulière du jeune bourgeon et des feuilles jeunes et tendres, avant leur développement; la forme ronde du grain est aussi un caractère constant auquel on peut joindre la précocité et la fertilité.

La finesse, la distinction et la saveur du fruit varient selon les terrains, ainsi que la forme et la grosseur des grappes.

Les Chasselas ont des variétés plus ou moins colorées en rose et en rouge clair.

Le Chasselas le plus répandu, le plus estimé, celui qui est regardé comme le type de la tribu et que nous avons figuré, est le **Chasselas doré** (Congrès pomologique) ou **Chasselas de Fontainebleau** (Odart); *Chasselas doré de Fontainebleau; Chasselas blanc; Ugne* dans quelques localités de l'Hérault[1].

Comme à tous les cépages d'élite cultivés dans de nombreuses localités, on lui a donné de nombreuses dénominations. Beaucoup de ces Chasselas peuvent présenter quelque différence, mais la plupart sont peu importants et ne méritent pas de constituer de vraies variétés.

Les caractères du *Chasselas doré* sont les suivants :

Souche moyenne, assez vigoureuse, très fertile; *Sarments* étalés, de moyenne vigueur, colorés en gris brun clair; *Feuille* moyenne, fine, recoquillée, à sinus supérieurs bien accusés, avec grosse denture, lisse dessus, avec léger duvet sur les nervures au revers; pétiole assez gros et long; belle *Grappe,* moyenne, ailée, cylindrique ou cylindro-conique, tantôt claire, tantôt serrée, à queue assez longue; *Grains* moyens, ronds ou globuleux, blancs, teintés de vert, dorés et roussis par le soleil, juteux, à chair assez ferme, à saveur fine et fraîche, à peau fine. Le raisin, d'une apparence fort séduisante, est un de ceux qui se prêtent le mieux à l'expédition par la fermeté de leurs grains et la solidité de leur attache.

Le Chasselas débourre de bonne heure, même avant l'Aramon; aussi est-il sujet aux gelées de printemps. Son bourgeon est glabre et a une couleur d'un roux foncé caractéristique. Il mûrit du 5 au 15 août.

Le Chasselas est un cépage moins gros et moins fort que la plupart de ceux qui appartiennent à la région; il redoute les maladies cryptogamiques et les attaques des insectes. Il résiste très peu au Phylloxera et succombe vite.

On le cultive, comme raisin de table précoce, en vignes assez importantes, dans les sols chauds, notamment à Villeneuve-les-Maguelonne, à Lavérune, à Saint-Georges, etc., où ses produits mûrissent de bonne heure et peuvent être avantageusement expédiés dans les villes du Nord. Il se prête parfaitement à une exploitation de ce genre qui donne des produits considérables quand elle est bien organisée. Mais il arrive assez souvent que les ventes de raisins de table sont difficiles, et dans ce cas c'est à la cuve qu'on envoie les Chasselas. On en obtient un vin blanc léger, presque toujours faible et plat. On le mélange alors avec d'autres vins plus généreux, car il risquerait d'être d'une conservation difficile. Il y a cependant dans la tribu des Chasselas de bons cépages à vin, comme les Fendants, dont nous parlerons plus loin. Quant au Chasselas doré de Fontainebleau, excellent raisin de table, il donne généralement des moûts dont le degré glucométrique est insuffisant pour faire un bon vin de cuve.

Le Chasselas doré, auquel la célèbre treille de Fontainebleau a fait donner le nom de Chasselas de Fontainebleau, est plus spécialement cultivé au village de Thomery, près Fontainebleau, avec des soins qui ont fait de ce cépage le producteur d'un des meilleurs raisins de table connus. Les Chasselas cultivés à Thomery approvisionnent Paris et obtiennent sur ce marché des prix très élevés. Ils y sont conduits en treilles contre des murs de 2m,60 de hauteur, spécialement construits pour les soutenir, et garnis, à leur sommet, de chaperons faisant saillie de 0m,35 environ. La vigne est ainsi abritée contre les effets des gelées tardives, des brouillards, et des pluies froides.

La taille est conduite en cordons ou en palmettes, de manière à bien garnir toute la surface des murs. Le sol est fumé chaque année avec du fumier consommé, et entretenu dans un état constant d'ameublissement et de propreté.

Nous ne nous étendrons pas davantage sur cette riche culture qui est étrangère à notre région; très perfectionnée par M. Rose Charmeux, elle a été décrite par M. Dubreuil dans son *Traité d'Arboriculture.*

Le **Chasselas de Montauban à grains transparents** (Odart) ne diffère pas du Chasselas doré, quoique, d'après le comte Odart, il soit un peu moins précoce. Ses grappes seraient plus allongées, les grains un peu moins gros, plus fermes et plus ambrés. Cultivé dans notre collection, ce Chasselas, reçu de la Dorée, s'est montré identique au Chasselas doré.

[1] M. Pulliat a considérablement étendu la synonymie du *Chasselas doré de Fontainebleau* : il lui donne comme synonymes : *Chasselas de Fontainebleau, Mornen, Morlenche, Lardot, Valais blanc, Chasselas de Bordeaux, Chasselas de Florence, Chasselas de Montauban à grains transparents, Chasselas de Pondichéry, Chasselas du Doubs, Chasselas hâtif de Ténériffe, Chasselas jaune de la Drôme*, etc. (France); *Gutedel, Most rebe*, etc. (Allemagne); *Fendant roux* (Suisse), etc.

Le **Chasselas gros Coulard,** *Chasselas coulard* ou *Froc de la Boulaye, Chasselas de Montauban à gros grains, Chasselas Vibert, Chasselas Duhamel, Duc Malakoff.*

Ce Chasselas a tous les caractères des cépages de la tribu, mais il diffère du précédent par de nombreux *Sarments* gros et courts, d'aspect buissonneux; la *Feuille* est tout au plus moyenne, à fines dentelures, d'un vert foncé frappé çà et là de jaune; la *Grappe* est grosse, cylindrique, assez tassée, à grains mêlés, gros et petits; les gros *Grains* atteignent un fort développement (22 millimètres). Ils sont à peau fine, transparente; leur chair est fondante, à jus abondant, mais un peu fade. On le cultive de préférence en treille, pour en obtenir des grappes plus belles et plus nombreuses. C'est un des raisins les plus précoces de la tribu. Il mûrit aux premiers jours d'août.

Le **Chasselas Diamant-Traube** ou *Chasselas hâtif de Bar-sur-Aube, Krach Gutedel* (Chasselas croquant) des Allemands, ainsi que le **Chasselas de Florence** se distinguent, comme le précédent, par leur précocité, et ont d'ailleurs tous les caractères principaux du type de la tribu.

Il en est de même du **Chasselas de Bordeaux,** qui mûrit comme le Chasselas doré, mais dont les grains seraient un peu plus gros. Ces divers Chasselas sont si rapprochés, comme types, que M. Pulliat les considère comme synonymes.

Le **Cioutat** ou *Chasselas à feuilles laciniées ou persillées, Chasselas d'Autriche, Ciotat, Petersilien-Traube* des Allemands, diffère davantage des précédents quoiqu'il ait tous les caractères généraux des Chasselas. Il se distingue spécialement par les très nombreuses divisions de son feuillage, qui a l'air *lacinié* et qui rappelle la feuille de persil. Cette apparence en fait une sorte de curiosité ampélographique et ne permet de le confondre avec aucun autre. Sa souche est assez faible; il est moins fertile que le Chasselas doré, et ses fruits ne sont pas meilleurs[1].

Le **Chasselas jaune de la Drôme** ou *Gamot, Gamiau,* aussi très répandu dans l'Isère, ne diffère pas sensiblement du Chasselas doré. Il en est de même du **Chasselas de Toulaud.**

Le **Chasselas hâtif de Ténériffe** se rapproche beaucoup du Chasselas doré, et ce n'est pas sans raison que M. Pulliat le considère comme synonyme de notre Chasselas type.

On connaît quelques Chasselas blancs de semis, obtenus par M. Vibert, d'Angers, qui s'écartent des formes qu'affectent, soit les feuilles, soit les grains du raisin de cette tribu. Parmi eux se recommandent, d'après H. Bouschet :

Le **Chasselas Bulherry,** très rapproché du Chasselas doré, mais à grains transparents, plus croquants, d'un goût peut-être supérieur et aussi précoce;

Le **Chasselas Melinet,** très semblable au Chasselas doré, mais à sarments plus étalés, à grappes plus grosses;

Le **Chasselas Sullivan,** dont les grains sont oblongs et la fertilité très soutenue;

Le **Chasselas Bernardy,** dont les grains sont obronds et très croquants;

Le **Chasselas Mamelon,** Chasselas qui se recommande par ses belles grappes garnies de gros grains d'un goût relevé.

Le **Chasselas Némorin,** plus tardif et moins fertile que le Chasselas doré, dont les grappes sont plus développées et à grains plus gros, mais dont le feuillage printanier, d'un vert tendre, tend à s'écarter du type de la tribu.

Le nombre des Chasselas de semis est très considérable, mais bien peu ont été conservés, car bien peu sont reconnus supérieurs au Chasselas doré, type de la tribu, et beaucoup ne le valent pas.

[1] Garidel cite le *Cioutat* parmi les raisins provençaux qu'il a décrits; d'après H. Bouschet, le nom de *Ciotat* lui viendrait peut-être de la petite ville de ce nom, dans les Bouches-du-Rhône. Le même rappelle, d'après Bauhin, que Pline (Livre XIV) cite la vigne *Pratia* (folium apio simile) qui pourrait bien, d'après le traducteur, être le *Cioutat*.

Le nom de *raisin d'Autriche*, que lui a donné Duhamel, viendrait de l'origine hongroise que lui attribue Bauhin, qui écrivait en 1650.

Le **Chasselas violet**, ou *Septembro*, ou *Cerèse* de l'Isère; *Chasselas violet* de la Pomone française; *Chasselas rouge commun* (Odart), est une belle variété à raisins colorés, présentant tous les caractères des Chasselas. Ses *Sarments* sont, au printemps, d'un violet foncé, tandis que les *Feuilles* sont d'un vert sombre carminé qui le fait partout reconnaître. Les *Raisins* sont violets dès la fleur passée; ils deviennent ensuite d'un rose vif des plus agréables. La *Grappe* est grande, ailée, à jolis *Grains*, ronds comme ceux du Chasselas doré et d'une saveur plus relevée. Il est aussi précoce et aussi fertile. C'est un joli raisin de table et d'ornement.

Le **Chasselas rose Royal**, *Chasselas rose d'Alsace, Roth Geisler, Tramontaner* (des Allemands). Il diffère du précédent par la couleur de ses sarments et de ses feuilles qui, dans le cours de sa végétation, ressemblent à celles du Chasselas doré; sa grappe se colore d'une jolie teinte rose quand elle arrive à maturité. Sauf la couleur des fruits, ce cépage est très rapproché du Chasselas doré. Il mûrit à la même époque.

Le **Chasselas rose de Falloux** est très rapproché du précédent; H. Bouschet le considérait comme identique. Il paraît cependant s'en distinguer par la couleur rose encore plus claire de ses raisins et par la finesse de leur goût. C'est le moins teinté des Chasselas roses.

Le **Chasselas rouge de Négrepont** est celui dont les raisins prennent, à leur maturité, la teinte rouge la plus foncée. Il a d'ailleurs tous les caractères des Chasselas quant à la couleur rousse du jeune bourgeon et à la forme des raisins. La nuance du raisin, d'abord rouge clair, passe ensuite au violet quand sa maturité est complète. Il est, comme les Chasselas, d'un goût agréable, quoique moins fin que celui des précédents.

Tous ces Chasselas se cultivent en souche, en treille ou en cordons, selon qu'ils sont plantés en pleine vigne ou dans les jardins.

Le **Fendant roux** de la Suisse est un vrai Chasselas et en possède les caractères : fertilité, végétation, forme des raisins et des feuilles, couleur rousse des jeunes pampres, mais il mûrit une quinzaine de jours après le Chasselas doré, vers le 5 septembre. Il rachète ce retard par une supériorité marquée comme goût et qualité. Le raisin forme une belle grappe ailée, à grains moyens, ronds, colorés en rose clair, excellents à manger et produisant un vin blanc de qualité, très supérieur à celui des autres Chasselas. On le cultive de préférence en souche pour développer la douceur et la finesse de ses fruits.

Le **Fendant blanc** et le **Fendant vert** sont des Chasselas très rapprochés du type (Chasselas doré) et inférieurs au Fendant roux.

Le **Chasselas noir** ou *Mornen noir* du canton de Mornant, dans le Lyonnais (Pulliat), possède les caractères des Chasselas : *Bourgeonnement* roux très accusé; *Feuille* moyenne, à sinus assez larges peu profonds; *Grappe* moyenne, cylindro-conique; *Grains* ronds ou globuleux, de grosseur moyenne, à peau assez ferme, colorés en noir rougeâtre. Ce cépage n'est pas cultivé dans la région, mais il complète, comme raisin de couleur plus foncée, la tribu des Chasselas, si riche en bons raisins de table, nuancés des couleurs, blanches, dorées, roses, violettes et noires, les plus variées et les plus agréables aux yeux.

Nous ne nous étendrons pas davantage sur la tribu des Chasselas, quoiqu'elle tienne le premier rang parmi les raisins de table par sa fertilité, sa précocité, la finesse et la beauté de ses fruits. Il est probable qu'on multipliera encore beaucoup les variétés de Chasselas, car on peut dire qu'il n'est pas un amateur qui n'ait fait son semis de Chasselas, et n'y ait trouvé quelque variété recommandable plus ou moins rapprochée du type. C'est ainsi que le Dr Hogg, secrétaire de la Société royale d'Horticulture de Londres, a décrit, dans son *Fruit Manuel*, le Chasselas Marès, semis du Chasselas doré obtenu à Launac, comme très rapproché du type; il l'en distingue par la grosseur des grains et par sa fertilité très soutenue. Mais le Chasselas doré est un cépage si bien doué quand il est cultivé dans les conditions qui lui conviennent, qu'il est difficile de trouver mieux.

Nous rappellerons que les Chasselas doivent être plantés en sol assez fertile, à la fois calcaire et siliceux, assez profond pour ne pas souffrir de la sécheresse, plutôt léger que compact. On les cultive en serre avec plein succès, soit en vases de dimensions variables, soit plantés à demeure, en cordons ou en treilles qu'on forme avec la plus grande facilité.

Le Chasselas est un des cépages les plus maniables de l'Ampélographie, c'est aussi un des mieux fixés comme race. Son ancienneté n'est pas douteuse, d'après ce que Garidel mentionne du Ciotat ou Tardarié (*Foliis laciniatis*) et d'après ce qu'en dit Bauhin. Olivier de Serres ne mentionne pas le Chasselas par son nom, mais nous sommes persuadé qu'il le connaissait et qu'il l'a compris dans la série des cépages qu'on ne retrouve pas dans nos cultures tels qu'il les a nommés.

Le **Cazalis-Allut** est, avec les Chasselas, un des meilleurs raisins de table du mois d'août, provenant d'un semis dû à M. Tourrès, de Macheteaux, et dédié à M. Cazalis-Allut, ancien président de la Société d'Agriculture de l'Hérault, auquel la viticulture méridionale doit de nombreux travaux.

Le *Cazalis-Allut* se distingue par une *Souche* forte, vigoureuse, demi-érigée, fertile; *Sarments* moyens, rouge clair, à nœuds peu espacés, légèrement coudés; *Feuille* moyenne, d'un vert clair, elle a cinq sinus bien accusés, à dents grosses inégales, lisse dessus et dessous; *Grappe* belle, allongée, cylindrique; beaux *Grains* oblongs, blancs, ambrés, doux, excellents, juteux, à peau fine. Il mûrit du 10 au 15 août. Il rappelle le Jouannen par la forme des grains, quoique leur couleur soit moins jaune; il s'égrène facilement comme lui, mais il est beaucoup plus fertile et moins précoce. C'est, pour les jardins de la région, une bonne acquisition, dont la résistance au Phylloxera est assez remarquable.

Le **Raisin de Schiraz** (noir) est une vigne de semis due à M. Léon Leclerc; elle provient de pépins venus de Perse. Elle est à la fois vigoureuse, fertile, précoce. Elle a de longs *Sarments* étalés, portant de grandes *Grappes*, lâches, pendantes, ramifiées cylindro-coniques, à longue queue; bien garnies de gros *Grains*, noirs, violacés, oblongs, juteux, à chair ferme et savoureuse, à peau assez épaisse. La *Feuille* est grande, tourmentée, légèrement tomenteuse au revers, à sinus supérieurs plus profonds que ceux d'en bas, à grosses dents longues et obtuses.

Ce cépage bourgeonne assez tard, couvert d'un duvet blanchâtre, mais teinté de rose violet sur l'extrémité des jeunes feuilles. Il est précoce et précède de quelques jours le Cinsaut ou Boudalès.

La **Passerille noire à gros grains** est une vigne à la fois vigoureuse et fertile, qui rappelle notre Cinsaut (Boudalès) par son fruit, qui mûrit à peu près à la même époque et par son bourgeonnement tardif, très tomenteux, d'un blanc verdâtre. Mais elle en diffère par ses sarments vigoureux, demi-érigés au lieu d'être étalés; par sa grappe moins volumineuse, garnie de gros grains. Ces derniers sont ovalaires, charnus, noirs, juteux et très sucrés comme ceux du Boudalès ou Cinsaut.

Grecs et **Barbaroux**. — On cultive en Provence, sous ces deux noms, deux cépages souvent confondus, bien qu'ils diffèrent entre eux. Le vrai *Barbaroux* ou *Grec rose*, *Barbarossa* des Italiens, est considéré comme un bon raisin de cuve, produisant des vins pétillants, vifs, mais clairets de couleur, et comme un raisin de table de premier ordre. Le *Grec rouge* ou *Gromier du Cantal*, *Monstrueux de Decandolle*, *Raisin du Pauvre*, est un cépage très vigoureux, assez fertile, produisant d'énormes grappes à grains ronds, cultivé pour la table plutôt que pour la cuve, et réussissant mieux en treille ou en cordons qu'en souche. Ces deux cépages sont, dans notre collection, fort différents et ne peuvent être confondus. Nous allons successivement les examiner.

Le **Barbaroux**, *Uva Barbarossa* du Piémont; *Rossea* des Alpes-Maritimes; *Brizzola* de la Ligurie (Odart), a été décrit, dit le comte Odart, par le comte Gallesio (Pomona Italiana) comme un des meilleurs raisins de table et de vendange. D'après M. Pellicot, président du Comice de Toulon (*Vigneron Provençal*, pag. 135), ce cépage est bien le *Barbaroux* du Var ou *Grec rose*, qu'on nomme *Rousselet* à Marseille. Il donne, dit-il, un vin clairet, agréable, hygiénique, hilarant, toujours vendu un prix élevé. Comme raisin de table, M. Pellicot constate qu'il est des plus estimés, comme le Tibouren, et qu'on le vend cher sur les marchés. Il ajoute que c'est un cépage très vigoureux, de longue durée, qui n'est pas prodigue de son fruit et qui ne donne pas des récoltes régulières.

Le *Barbaroux* de ma collection, que je tiens du comte Odart, a les caractères suivants :

Souche moyenne, vigoureuse; *Sarments* étalés, rouge foncé, court-noués; *Feuille* moyenne, plutôt petite, retournée en cornet, à sinus ouverts et profonds, lisse dessus, légèrement cotonneuse au revers; *Grappe* grande et grosse, cylindrique, allongée, à ailes serrées; *Grains* roses, assez gros, ronds ou globuleux, juteux et fermes, assez serrés, de très bon goût.

Il débourre en temps moyen, avec un bourgeon légèrement cotonneux, de couleur verte, et mûrit vers le 5 septembre.

Le Barbaroux n'est pas cultivé en Languedoc et dans le Roussillon. On lui préfère, comme raisins de table, les Spirans, le Cinsaut, le Terret, et, comme raisins de vendange, l'Aramon, la Carignane, le Grenache, etc.

Je l'ai trouvé sujet à l'Anthracnose ainsi qu'aux autres maladies cryptogamiques. Il est attaqué par les insectes ampélophages, et notamment par le Gribouri et le Phylloxera, auxquels il résiste peu.

Garidel l'a mentionné comme très répandu de son temps, sous les noms de *Barbaroux* ou *Grec* (*V. folio dilute viridi, Uva perampla, Acinis ruffescentibus, rotundis, dulcissimis*). Cette description correspond bien à notre Barbaroux. Olivier de Serres mentionne les *Grecs* parmi les cépages cultivés à l'époque où il écrivait son *Théâtre d'Agriculture*. Magnol cite le *Barberoux* parmi ceux des vignes de notre Midi.

Le **Grec rouge** ou *Raisin du Pauvre, Gros Gromier du Cantal, Monstrueux de Decandolle* (ODART); *Gros Barbaroux* (PELLICOT), connu aussi sous les noms de *Rousselet, Rossoly, Grec rose, Barbaroux*, ce qui l'a fait confondre avec le précédent, est un cépage à grosse *Souche*, très vigoureuse, fertile, dont les *Sarments*, demi-érigés, sont gros et forts, rouge foncé, à entre-nœuds moyens. Les *Feuilles* sont à sinus profonds, découpées comme celles du Grec rose, à sinus pétiolaires ouverts, mais plus grandes, lisses, à pétiole plus rouge; les *Grappes* atteignent parfois des dimensions énormes, de trois kilos et plus; elles sont allongées, ailées, cylindro-coniques, à *Grains* assez gros, surmoyens, ronds, rouge clair, peu serrés, à chair ferme, de bon goût, très comestible.

Le cépage est plus robuste que le Grec rose; il s'anthracnose peu, redoute moins les terrains humides et résiste bien aux attaques des insectes et aux maladies cryptogamiques. Il se greffe bien sur cep américain : Rupestris, Riparia, Taylor, etc. Aucun cépage ne m'a donné des grappes aussi volumineuses. Il exige un terrain frais et profond, bien ressuyé, et une chaude exposition.

Il convient de le cultiver en treille ou en cordons; il s'y développe mieux qu'en souche.

Il ne mûrit guère que du 15 au 20 septembre.

Je l'ai trouvé à Launac parmi les cépages qui résistent assez longtemps au Phylloxera.

Tribu des Espagnins. — Les Espagnins forment une tribu très caractérisée à raisins noirs, blancs et gris, qui ne diffèrent que par la couleur des fruits.

Olivier de Serres cite les *Espagnins* parmi les raisins de son temps.

L'*Espagnin noir* est cité par Garidel, qui le considère comme l'*Uva Duracina* des anciens. Magnol, de son côté, croit que le cépage qu'il désigne sous le nom de *Marrouquin* est «l'*Antiquorum Duracina*». Dans la statistique des Bouches-du-Rhône, l'*Espagnin noir* est cité sous le nom de *Marroquin*.

Le comte Odart a décrit l'*Espagnin noir* des Hautes-Alpes. C'est de lui que je le tiens, ainsi que sa variété blanche.

Espagnin noir[1], *Marocain noir* (Pyrénées-Orientales); *Prunella noir* (Lot-et-Garonne).

Belle *Souche*, forte, vigoureuse; gros *Sarments*, demi-érigés, à nœuds peu espacés, rouges, rayés; *Feuille* grande, presque pleine, plus longue que large, à gros pétiole, bien dentelée, un peu rugueuse dessus et au revers, légèrement cotonneuse, vert foncé teinté de jaune, sinus pétiolaire recroisé; belle *Grappe*, assez grande, cylindro-conique, à grandes ailes, à queue longue, ligneuse, bien détachée, garnie de beaux *Grains* olivoïdes ou ovalaires, de belle grosseur, surmoyens, d'un beau noir, fleuris, charnus, croquants, doux et fins, juteux, excellents à manger, peu serrés, retombants, portés sur un pédicelle assez long.

C'est un très beau cépage, probablement très ancien et cependant très vigoureux et fertile, qui mûrit du 10 au 15 septembre. Les raisins se conservent longtemps intacts sur la souche.

L'Espagnin blanc est pareil au noir pour les sarments, les feuilles et les raisins. Il a la même vigueur et la même fertilité.

L'Espagnin gris n'est qu'une variété de l'Espagnin noir, sur lequel on trouve des ceps portant à la fois des raisins noirs et des raisins gris, comme sur les Terrets, les Piquepouls, etc.

Les Espagnins me paraissent tout à fait distincts des Panses, des Olivettes, des Cinsauts ou Milhau ou Boudalès, des Œillades, avec lesquels on les a confondus, à cause de la beauté de leurs fruits, de la belle forme de leurs grains et de leur fertilité.

Les *Olivettes* et les *Panses* forment deux tribus distinctes, riches l'une et l'autre en cépages d'une grande beauté, et qui ont été assez souvent confondues à cause des similitudes que présentent leurs fruits.

D'après le comte Odart, les *Panses* proprement dites n'ont toutes qu'une saveur légère, et leur grain est plus ou moins allongé, se rapprochant par cette forme allongée des Olivettes, et dépassant même ces dernières puisqu'il range le raisin des Balkans parmi les Panses. D'après H. Bouschet, on ne confond jamais dans le Midi les *Panses* et les *Olivettes*, dont les caractères sont bien tranchés. Ainsi, chez les *Olivettes*, la forme du feuillage est arrondie, lisse, à dentelures émoussées, d'un vert jaune clair, entièrement nues en dessous. Les grains des *Olivettes* sont ovoïdes et presque pyriformes, gros au sommet, amincis à la base.

[1] D'après M. de Rovasenda, l'*Espagnin noir* serait improprement désigné, dans l'Ardèche, sous le nom de *Mourvèdre*, qui est tout différent; à Nice, d'après le même auteur, on désignerait, sous le nom d'*Espagnen* et d'*Espagnol noir*, le *Danugue* ou *Gros Guillaume*, qui ne ressemble nullement à l'*Espagnin*. Ce dernier a été confondu avec l'*Œillade* et le San *Antoni*, qui en diffèrent complètement.

Les *Panses* ont les feuilles très grandes, tourmentées, rugueuses, vert foncé, à dents longues, à lobes détachés, l'envers est feutré. La forme des grains, chez les *Panses*, est elliptique.

M. de Rovasenda fait justement observer que les ampélographes français ne sont pas d'accord sur l'application rigoureuse des mots *Panse* et *Olivette*. D'après M. Pellicot, l'Olivette a le grain du raisin plus allongé et même pointu; ce grain est beaucoup plus ferme que celui des Panses, qui est plus court quoique un peu allongé, n'est nullement pointu et beaucoup moins ferme.

Ces observations peuvent être plus ou moins fondées; néanmoins, conformément à l'opinion du comte Odart et de M. de Rovasenda, les caractères des Olivettes et des Panses ne nous paraissent pas nettement tranchés : ainsi l'*Olivette de Cadenet* ou *Tauron* a l'envers de sa feuille feutré; l'*Olivette jaune* ou *Eparse*, *Raisin de la Palestine*, a le grain ovale et la feuille un peu cotonneuse au revers.

Un des caractères qui différencient, à mon sens, les Panses des Olivettes est la propriété du grain des *Panses* de se dessécher et de se passeriller sans pourrir, propriété d'où elles tirent leur nom de Panse. De plus, les sinus de la feuille des Olivettes sont plus larges que dans celle des Panses, et leur sinus pétiolaire est largement ouvert. Ajoutons que les cépages auxquels on donne les noms de Panse ou d'Olivette sont d'une grande vigueur, et exigent la conduite en treille ou en cordons pour produire les beaux raisins de table et d'ornement qui les distinguent. Nous conserverons à ces beaux cépages les noms dont l'usage a prévalu.

Tribu des Olivettes. — Nous avons figuré deux Olivettes : la blanche, excellent raisin de conserve d'une grande beauté; et la noire, magnifique raisin d'un goût excellent, qui a des rapports avec la blanche, mais dont le type n'est pas pareil.

Olivette blanche (Provence et Languedoc). *Souche* forte, très vigoureuse; gros *Sarments*, demi-érigés, de couleur rouge clair, rayés; *Feuille* assez grande, lisse dessus et au revers, à sinus supérieurs profonds, sinus pétiolaire bien ouvert, à grosse denture inégale mais bien accusée, vert jaunâtre; belle *Grappe*, grande, lâche, allongée, à grandes ailes retombantes; *Grains* gros, blancs, jaunissant un peu à complète maturité, d'une belle forme ovalaire ou olivoïde, charnus, croquants, de bon goût, portés sur des pédicelles longs assez forts, à peau épaisse et résistante; se conserve bien en hiver. Débourre tard; mûrit fin septembre. Fertile.

Il convient de cultiver l'Olivette blanche en treille ou en cordons, dans un terrain assez profond pour ne pas craindre la sécheresse, bien ressuyé et bien exposé.

Elle craint les maladies cryptogamiques et la coulure dans les printemps humides. Elle est peu exposée aux ravages des insectes, mais elle a peu résisté aux attaques du Phylloxera.

Olivette noire, *Oulivien*, *Olivotte noire* (Provence et Languedoc); *Uva di Pergole* (environs de Rome) d'après le comte Odart.

Souche forte, très vigoureuse, assez fertile; gros *Sarments*, étalés, rouges, rayés; *Feuille* grande et forte, rugueuse dessus et au revers, sans coton, sinus supérieurs profonds, sinus pétiolaire bien ouvert, vert accusé, marquée de rouge sur les bords; *Grappe* superbe, conique ou cylindrique, rameuse, à grandes ailes, lâche, molle, pendante, à grains assez serrés, à queue assez longue; *Grains* gros, allongés en forme de datte, d'un noir bleuté, très fleuris, très beaux, charnus, croquants et assez juteux, sucrés, excellents à manger. Ce magnifique raisin, d'une incomparable beauté dans les années sèches et chaudes dans lesquelles il réussit, se conserve moins longtemps que celui de l'Olivette blanche; il peut cependant durer dans le fruitier jusqu'à la fin de décembre. Il mûrit du 15 au 20 septembre, et souvent plus tôt dans les sols d'alluvion, riches, frais, un peu sablonneux, dans lesquels il se plaît.

Sa fertilité n'est pas toujours soutenue, car il redoute la coulure des printemps humides et les maladies cryptogamiques.

Il convient de le cultiver en treille ou en cordons et de le tailler à longs sarments, avec branche à bois et branche à fruit. En souche, il est beaucoup moins fertile, et ses raisins n'atteignent pas la même grosseur et le même développement qu'en treille.

Il résiste mieux au Phylloxera que l'Olivette blanche; mais, s'il ne meurt pas, il perd sa fertilité.

Nous ne trouvons les Olivettes indiquées par leur nom d'Olivette ni dans Olivier de Serres ni dans Magnol, mais Garidel mentionne la blanche, comme assez commune, sous le nom d'*Aulivetto blanco* (*Vitis acinis albidis acuminatis*). Les Olivettes nous paraissent être des cépages très anciens.

Oulliven noir ou *Olivette noire de Roquevaire* (Provence).

Les caractères de ce beau cépage sont les suivants :

Souche forte, vigoureuse, fertile; *Sarments* demi-érigés, longs et fins, rouge cannelle, clairs, striés, à nœuds saillants, irrégulièrement espacés, plus rapprochés à la base; *Feuille* moyenne, d'un beau vert passant au jaune, à nervures jaunes, pédoncule court, jaune rose, tourmentée, lisse dessus, cotonneuse, blanchâtre au revers, à cinq lobes bien prononcés, sinus pétiolaire peu ouvert, à dents fortes et inégales; *Grappe* grande et forte, pyramidale, lâche et claire, molle et verte, rameuse comme celle de l'Olivette blanche; *Grains* gros, noirs, ovales, renflés à leur extrémité, très beaux, fleuris, charnus, juteux, doux, excellents à manger, peu sujets à pourrir.

Maturité : vers le 20 septembre. Se conserve bien dans le fruitier.

Elle se cultive également bien en souche et en treille. Plus fertile, mais moins belle que la précédente, et de meilleure conserve, elle est à la fois belle et bonne pour le pressoir et pour la table.

C'est un type remarquable d'Olivette noire, qui se rapproche des Panses par sa feuille et la forme de ses grains.

Olivette de Cadenet ou *Tenaron* (Vaucluse); *Crujidero* (Espagne).

Souche forte, très vigoureuse; gros *Sarments*, étalés, rouge clair; *Feuille* grande, forte, épaisse, à grands et larges sinus, boursouflée (bullée) à la face supérieure, cotonneuse, blanche au revers; belle *Grappe*, grosse, conique, ailée, rameuse, lâche, à queue longue et forte, ligneuse à l'origine; *Grains* beaux, gros, blancs, ambrés, ovoïdes, charnus, acidules, à chair ferme, juteuse, de bon goût, à peau épaisse et résistante, passant au jaune doré à l'époque de la grande maturité, qui est assez tardive, vers la fin de septembre.

Ce beau cépage est fertile et vigoureux, mais il a besoin, comme les autres Olivettes, d'un bon sol, profond, chaud, bien ressuyé. Il craint les maladies cryptogamiques et redoute la coulure et les humidités. Il vient bien en souche, mais produit davantage quand il est conduit en treille ou en cordons. Il appartient aux Panses plutôt qu'aux Olivettes par sa feuille et la forme de ses grains.

Olivette jaune à petits grains, *Eparse*, *Raisin de la Palestine* (Odart).

Souche assez vigoureuse, de médiocre fertilité; *Sarments* assez forts, rouge foncé; *Feuille* grande, vert jaunâtre, à sinus profonds, lisse dessus, un peu cotonneuse au revers; *Grappe* très grosse, claire, lâche, à grandes ailes, cylindro-conique, rameuse; *Grains* moyens, ovales comme ceux de la Clairette, mais plus gros, d'un blanc opalin, à chair ferme et juteuse, à peau assez épaisse. Ce raisin mûrit un peu tard, du 20 au 25 septembre. C'est un cépage peu fertile, qu'il faut conduire à long bois. Il redoute les humidités et les maladies cryptogamiques. Il n'a opposé aucune résistance aux attaques du Phylloxera. Ses fruits sont de médiocre qualité, et ne se distinguent guère que par leur énorme volume dans les années où ils réussissent.

Tribu des Panses. — Les Panses comprennent des cépages d'élite de premier ordre, parmi lesquels figurent la *Panse musquée* ou Muscat romain, Muscat d'Alexandrie, et la *Panse noire musquée* ou Muscat Hambourg, qui font aussi partie de la tribu des Muscats et qui ont été décrits plus haut. Par ordre de maturité, le premier cépage de cette tribu est

La Panse précoce ou *Sicilien* (Var) (Pellicot, Odart).

Souche forte, fertile; beaux *Sarments*, demi-érigés, rouge gris clair, rayés; *Feuille* assez grande, à grands sinus profonds, lisse et luisante dessus quoique un peu rugueuse, au revers présente quelques villosités; belle *Grappe*, assez grosse, surmoyenne, conique ou cylindro-conique, longue, pendante, ailée, molle, à queue assez forte; beaux *Grains*, gros, ovales, jaune doré, portés sur des pédicelles fermes, un peu charnus, juteux, fins, excellents.

Ce beau cépage mûrit du 1er au 5 septembre. Il convient de le cultiver en treille ou en cordons pour en obtenir des fruits plus volumineux, mais il est assez fertile pour être conduit en souche. On en obtient ainsi des raisins plus savoureux. Il est sujet aux maladies cryptogamiques et notamment à l'Oïdium, dont il souffre beaucoup à cause de la finesse de la peau des grains, dès qu'il en est attaqué. Il faut donc le tenir soigneusement soufré et lui donner des traitements cuivrés. Il résiste assez longtemps au Phylloxera.

Il faut le cultiver en sol assez profond pour résister aux sécheresses, et à bonne exposition chaude.

Il se greffe bien sur Riparia, Rupestris, Taylor, etc.

Panse jaune, *Occhivi* (Gard); *Raisin des Dames* (Vaucluse); *Bicane* (Indre-et-Loire). Improprement : *Chasselas Napoléon*, *Chasselas d'Alger*, dans quelques pépinières de Paris (Odart). Ce cépage n'a aucun rapport avec les Chasselas.

Souche grosse, forte, très vigoureuse; *Sarments* gros et forts, presque érigés, un peu coudés, rouges, rayés; *Feuille* moyenne, plutôt petite, à sinus larges et profonds, bien dentée, lisse et luisante dessus et au revers quoique légèrement chagrinée; belle *Grappe*, grande, pendante, un peu claire, cylindrique et rameuse, à longue queue un peu molle, ligneuse à l'insertion; *Grains* gros, ovoïdes, très beaux, d'un blanc opalin et fleuri qui passe au jaune, portés sur de longs pédicelles grêles, à chair assez ferme, juteuse, assez bons quoique un peu fades. *Maturité :* vers le 10 septembre.

Ce beau cépage est sujet à la coulure: il n'est pas d'une fertilité régulière, et se charge de grappillons de peu de valeur. Ses raisins sont très beaux lorsqu'ils réussissent. Il a besoin d'un sol fertile et bien ressuyé. Il se greffe avec succès sur sujet américain : Rupestris et Riparia. Il est sujet aux maladies cryptogamiques.

Panse commune (Provence, Languedoc).

Souche forte, vigoureuse, fertile; *Sarments* érigés, gros et forts, colorés en rouge clair, légèrement striés; *Feuille* grande, d'un vert jaune à l'arrière-saison, rugueuse dessus, très cotonneuse au revers, tourmentée, à cinq lobes bien découpés, sinus réguliers peu profonds, à dents grosses et fortes, sinus pétiolaire recroisé, pédoncules teintés de jaune rosé, grands et forts; *Grappe* grosse, longue, légèrement pyramidale, à queue ligneuse à la base, verte et molle, claire; beaux *Grains*, ovales, jaunes, ambrés, colorés en rose par le soleil, charnus, de saveur fine et relevée, se passarillant à la grande maturité, d'une conservation facile pour l'hiver.

Ce beau cépage, que j'ai reçu de Roquevaire (Provence), est robuste et résistant, fertile, et me paraît être un des meilleurs types de la tribu. Il a besoin d'un bon terrain, et réussit également en treille et en souche.

Panse noire de Roussillon. Ce vigoureux cépage a les caractères suivants :

Souche forte, fertile; *Sarments* demi-érigés, gros, à nœuds accusés peu espacés, fermes, de couleur rouge acajou; *Feuille* petite, à lobes bien accusés, sinus larges, sinus pétiolaire très ouvert, de couleur vert jaunâtre, tourmentée, un peu frisée, légèrement rugueuse dessus, cotonneuse et blanchâtre au revers, à dents grosses, inégales, assez aiguës; *Grappe* surmoyenne, ailée, conique, serrée, à queue longue et ligneuse, bien garnie de beaux *Grains*, noirs, obronds, surmoyens, un peu charnus, très doux, agréables, de bonne conservation.

Le raisin se passarille à la grande maturité, qui a lieu fin septembre. Cette Panse est à la fois un cépage cultivé pour la cuve et pour la table. Elle a besoin d'un sol substantiel. Elle est sujette aux maladies cryptogamiques, mais elle est peu attaquée par les insectes.

Perle rose, *Grosse Perle rose, Panse rose, Olivette rouge* (Bouches-du-Rhône); *Malaga rouge, Zibibbo rosso* de la Calabre, *Corazon de Gallo* (Espagne) (Odart).

Ce beau cépage, auquel le comte Odart a consacré, dans l'*Ampélographie universelle* (pag. 400), un article élogieux et une longue synonymie, porte à la fois le nom de Panse et d'Olivette. Son feuillage et la forme de ses fruits doivent le faire ranger parmi les Panses; c'est parmi elles qu'il a été classé dans l'*Ampélographie universelle*.

Les ceps de notre collection nous sont venus de la Dorée; ils ont les caractères suivants :

Souche forte, très vigoureuse; *Sarments* étalés, gros et forts, court-noués, rouge clair; *Feuille* moyenne, lisse dessus, un peu cotonneuse au revers, à lobes arrondis, sinus pétiolaire ouvert, plus large que longue; *Grappe* très belle, grande, longue, conique, ailée, pendante, garnie sans être serrée; beaux *Grains*, roses, gros, olivoïdes, peu serrés, fermes, charnus, de bon goût.

La Perle rose est fertile, surtout en treille; ses raisins ne mûrissent guère que fin septembre.

Elle se plaît dans les sols fertiles profonds, bien ressuyés, qui ne craignent pas la sécheresse. Comme presque toutes les Olivettes et les Panses, elle est sujette à la coulure et à l'Anthracnose dans les années humides. Elle redoute les maladies cryptogamiques et a besoin d'en être soigneusement défendue.

Le Rosaki de Smyrne, *Rosaki aspro, Rosaki blanc; Raisin de Karabournau*, d'après M. de Rovasenda.

Très beau cépage que j'ai reçu directement de Smyrne en 1856, sous le nom de *Rosaki* ou *Rosaki aspro*, et que j'ai souvent propagé. Il se rapproche des Olivettes par sa vigueur et sa foliation, mais la forme des grains, quoique allongée, n'est pas olivoïde. Nous ne le classerons pas pour ce motif parmi les Olivettes.

Souche forte, très vigoureuse; gros *Sarments*, demi-érigés, rouge clair, moyennement noués; *Feuille* grande, à grands sinus ouverts assez profonds, plus large que longue, sinus pétiolaire très ouvert, lisse sur les deux faces, sans coton, à dents bien accusées; *Grappe* magnifique, grande, grosse, forte, pendante, à grandes ailes pyramidales, bien garnie sans être serrée, à queue longue, tendre, bien détachée; *Grains* très beaux, ovoïdes, allongés, renflés vers la base, parfois incurvés, d'un blanc doré jaune de cire, charnus, croquants, sucrés, excellents. C'est un des meilleurs raisins de table de l'Asie Mineure et des Iles de l'Archipel.

Ce beau cépage doit être taillé à long bois; il est très fertile en treille et en cordons, mais il se développe mal en souche. Il mûrit du 1er au 5 septembre. Il ne se conserve pas longtemps dans le fruitier. C'est un de nos plus beaux raisins d'ornement, très agréable à manger.

Il est fort sujet à charbonner; il craint toutes les maladies cryptogamiques et résiste peu au Phylloxera malgré sa vigueur. Il a besoin d'un bon sol profond, bien ressuyé. Il se greffe bien sur Riparia et Rupestris.

Le **Sabalkanskoi**, *Raisin des Balkans*. Ce cépage se rapproche aussi des Olivettes par sa foliation, la grosseur et la forme des grains de ses fruits.

Souche forte, vigoureuse; *Sarments* demi-érigés, gros et forts, à longs mérithalles, rouges, rayés; *Feuille* grande, à larges sinus, lisse sur les deux faces, pleine, à grosse denture, sinus pétiolaire bien ouvert, d'un vert jaune; *Grappe* très grande, pendante, claire, à longue queue, à rafle molle et verte; *Grains* très gros, ovales, allongés, charnus, roses au soleil, vert clair à couvert. Ce cépage est curieux par la grosseur de ses fruits, dont la qualité est assez médiocre. Il débourre tard, comme le Carignane, et mûrit du 5 au 10 septembre.

Cultivé en treille ou en cordons et taillé à long bois, il est fertile, mais en souche il réussit moins bien. Il redoute les maladies cryptogamiques et surtout l'Anthracnose, dont il souffre beaucoup. Il a besoin d'un sol fertile profond et bien ressuyé.

Le **Cornichon blanc** (DUHAMEL); *Raisin Cornichon* (ODART); *Crochu Santa Paula* (Don SIMON-ROXAS CLEMENTE), en Andalousie; *Buttuna di Gaddu* en Sicile; *Kadin* ou *Chadym Barmak* (doigt de fille) sur toute la côte d'Afrique, en Syrie et à Astrakam, selon Pallas.

J'ai déjà cité ce curieux cépage (pag. 40) avec sa synonymie, telle que la donne le comte Odart dans l'*Ampélographie universelle;* j'y reviens pour faire ressortir ses rapports avec la tribu des Olivettes. C'est un cépage très ancien, connu sous de nombreuses dénominations, et très propagé, soit pour l'originalité de ses raisins, soit pour leur valeur comme fruit dans les contrées où il se plaît.

Souche forte, très vigoureuse; gros *Sarments*, étalés, coudés, rouges, à longs mérithalles; *Feuille* moyenne, un peu plus longue que large, à sinus larges et peu profonds, sinus pétiolaire très ouvert, lisse sur les deux faces, vert jaunâtre; *Grappe* grosse, pyramidale, à longue queue, molle, assez bien garnie de *Grains* gros, très allongés et recourbés, d'un beau blanc jaune ambré fleuri; selon les années, médiocre ou assez agréable à manger. *Maturité* du 15 au 20 septembre.

Le cep est peu fertile, même en treille ou en cordons. Il a besoin de la taille à long bois et d'un terrain substantiel profond, bien ressuyé. Il est très sujet à la coulure, aux maladies cryptogamiques et peu résistant aux attaques du Phylloxera. Le Cornichon blanc a une variété à raisin violet, qui lui ressemble d'ailleurs pour les sarments, les pampres et la disposition des fruits.

D'après le comte Odart, ce vigoureux cépage est mentionné, sous le nom de *Kadin-Barmak*, par Ebn-el-Beithar, auteur arabe, dans un grand ouvrage sur l'Agriculture, il y a près de sept siècles, ce qui prouve son ancienneté et la persistance des caractères des diverses variétés de la vigne.

Il est mentionné par Garidel sous le nom de *Crochu*.

Le **Cornichon blanc** ou *Pizzutelo di Roma* (ODART) est une variété du précédent, à fruits meilleurs et plus fins; il est aussi plus fertile. D'après Julien, dit le comte Odart, ce cépage serait très cultivé à Amélia, aux environs de Spolette, uniquement pour la table. Dans ma collection, ses beaux grains blancs, ambrés, légèrement dorés, charnus, croquants, de l'aspect le plus séduisant, sont excellents à manger et ornent bien un dessert. Il a les mêmes aptitudes culturales que le précédent.

Le **Sultanieh** des Turcs, *Sultan* sans pépin, *Couforogo* des Grecs, *Kechmish blanc* ou *Kechmish* en Crimée, de Pallas (ODART), *Sultanina, Ezékerdeksiz* des Turcs (PULLIAT).

Ce beau et vigoureux cépage me paraît encore, plus que les précédents, se rapprocher de la tribu des Olivettes; il en a la plupart des caractères. Son raisin est d'une remarquable beauté, moins par la grosseur de la grappe et des grains, qui sont moyens, que par leur forme élégante, allongée, leur couleur d'un blanc ambré transparent, leur goût excellent. Le défaut de ce beau cépage est la rareté de ses fruits. On le cultive en Orient comme raisin de table; c'est ainsi que je l'ai reçu de Smyrne en même temps que le *Tchaoux* ou *Chaouch*, et une belle Olivette blanche très rapprochée de la nôtre, sous le nom de *Raisin de conserve Amasia*.

Les caractères du *Sultanieh* sont les suivants :

Souche forte, très vigoureuse; longs *Sarments*, étalés, rouge clair, rayés, à mérithalles moyens; *Feuille* grande, large, luisante, lisse sur les deux faces, presque pleine, à sinus courts et larges, sinus pétiolaire très ouvert, à forte denture, d'une teinte vert jaunâtre; *Grappe* grande, pendante, conique, à longue queue, peu serrée; beaux *Grains*, blancs, surmoyens, de forme ovalaire, allongés, transparents, à peau fine, excellents à manger, souvent privés de pépins, se passarillant à la grande maturité.

Il mûrit vers le 5 septembre.

On ne peut le cultiver qu'en treille et à long bois; en souche, il est presque stérile. Greffé sur Rupestris et Riparia, il est plus fertile. Il est sujet à la coulure et aux maladies cryptogamiques, mais il résiste assez longtemps au Phylloxera. Il a besoin d'un sol riche et profond.

Le Chaouch ou *Chaous*, *Tchaoux*, d'Asie-Mineure, d'Égypte, d'Algérie; *Panse de Constantinople*, est un beau cépage à raisin blanc, dont les caractères sont ceux des Panses, et qu'on rencontre, cultivé comme raisin de table, dans les contrées où les Turcs se sont établis.

Ses caractères sont les suivants :

Souche forte, vigoureuse; *Sarments* érigés, moyens, rouges; *Feuille* grande, forte, tourmentée, plus longue que large, d'un beau vert foncé, cotonneuse et blanchâtre au revers, à cinq lobes très marqués, profondément découpés, à grosse denture inégale, sinus pétiolaire petit et fusiforme; *Grappe* belle, assez grosse, conique, à petites ailes, à queue longue et forte, ligneuse à l'insertion; *Grains* ovoïdes, d'une belle grosseur, inégaux, d'un beau blanc ambré, à la fois charnus et juteux, excellents à manger, doux et savoureux sans être fatigants, susceptibles de se passariller (se pansir), assez sujets à pourrir. Cet ensemble de caractères rapproche le Chaouch de la tribu des Panses.

Le raisin mûrit dès la fin d'août et dure tout le mois de septembre. Le cep est fertile, se cultive en souche et en treille. Il a besoin d'un sol fertile assez profond. Il est sujet, comme la plupart des Panses et des Olivettes, aux maladies cryptogamiques et à la coulure. Il se greffe bien sur Rupestris et Riparia et y donne de grands produits. C'est une bonne acquisition.

Le **Raisin de Calabre** est un beau et vigoureux cépage, à gros *Sarments*, érigés, rouges, rayés; grande *Feuille*, lisse sur les deux faces, dont les sinus sont larges et peu profonds, d'un beau vert frappé de rouge; *Grappe* grosse, forte, cylindro-conique, très belle, à longue queue ligneuse, bien garnie de *Grains* ronds ou obronds, surmoyens, blancs, très frappés par le soleil, charnus, croquants, à peau épaisse, bons à manger, disposés à se passariller. Le raisin mûrit du 20 au 25 septembre. Le cep est fertile et se développe bien en souche. Il a besoin d'un bon sol assez profond et fertile.

Le **Grèce blanc**, de l'Ariège et du Gers, est un beau et vigoureux cépage, dont les caractères tiennent à la fois des Olivettes et des Panses. Il est fertile et résistant au Phylloxera, mais ses raisins sont de maturité tardive.

Ses caractères sont les suivants :

Souche forte; *Sarments* étalés, moyens, coudés, rouges; *Feuille* moyenne ou sous-moyenne, à sinus larges très accusés, très découpée, lisse dessus, avec léger duvet au revers, d'un vert virant au jaune; *Grappe* assez grosse, conique, assez tassée, à queue ligneuse bien détachée; *Grains* gros, ovoïdes, courts, blancs, très fleuris, durs, charnus, croquants, acides, à peau ferme et épaisse. Le raisin est de conserve; il ne mûrit que dans les premiers jours d'octobre.

Le cep est fertile; il se cultive bien en souche à court bois, charge régulièrement et résiste au Phylloxera. Le Grèce blanc que j'ai reçu en 1859, en même temps que le *Tanat* de l'Ariège, partage avec ce dernier deux précieuses qualités : la fertilité et la résistance relative au Phylloxera.

On connaît, sous le nom de Damas, plusieurs cépages à gros raisins :

Le **Gros Damas noir**, *Gros Damas violet*, *Gros Ribier du Maroc*, *Ribier* d'Olivier de Serres.

Forte *Souche*; gros *Sarments*, demi-érigés; grande *Feuille*, rugueuse, tourmentée, lisse dessus, avec duvet cotonneux au revers, à grands sinus profonds, sinus pétiolaire recroisé; *Grappe* grosse, cylindro-conique, un peu lâche, à grosse rafle; *Grains* noirs, bien colorés, gros, olivoïdes, charnus, croquants, très doux, sucrés, savoureux, à peau épaisse.

Le raisin mûrit du 4 au 5 septembre. Le cep est fertile en souche. Ce serait à la fois un bon cépage pour le pressoir et pour raisins de table, dont les caractères se rapprochent de ceux des Panses.

Le **Gros Damas rose**, qui serait le *Zibibbo* des Italiens (Odart), le *Mervia rose* de Vaucluse, la *Santa Morena* d'Espagne, d'après M. de Rovasenda, est un magnifique cépage à très beaux raisins, qui se rapprocherait des Olivettes par le caractère de sa foliation.

Souche très forte; *Sarments* demi-érigés, gros, court-noués, rouge clair, rayés; *Feuille* moyenne, à grands sinus ouverts, aussi large que longue, à grosse denture, lisse sur ses deux faces; *Grappe* assez grosse, courte, cylindrique, assez serrée, à queue moyenne, ligneuse à son attache; *Grains* gros, d'un beau rose, glanduleux, très doux et juteux, excellents à manger. Le cep est fertile en souche et en treille. Le raisin mûrit dans les premiers jours de septembre.

Il a besoin, comme les cépages très vigoureux à fruits gros et développés, d'un bon sol assez fertile, profond et bien ressuyé.

Le **Colorado-Cohézon**, que j'ai trouvé identique à la *Cuenta de Hermitani* (collection du Luxembourg), est un très beau cépage à raisins roses, appartenant à la tribu des Panses par sa foliation et la forme de ses grains gros, allongés et renflés à leur extrémité. Il m'a été envoyé de la collection du Luxembourg en 1858. Il est assez fertile en souche, mais sujet à la coulure et à l'Anthracnose.

Parmi les gros raisins provençaux et languedociens qui se rapprochent des Panses et des Olivettes, et qui n'ont guère d'autre mérite que leur grosseur ou le volume de leurs grains, nous citerons :

Le **Danugue noir,** *Barlantin* (GARIDEL); *Plant de la Barre rouge* (Bouches-du-Rhône); *Mervin noir* (Vaucluse), souvent confondu avec le Gros Guillaume.

Les caractères du Danugue sont les suivants :

Souche forte, de grande vigueur; gros *Sarments*, érigés, rouges, striés, mérithalles et nœuds moyens; *Feuille* grande, à grands sinus peu profonds, plus large que longue, sinus pétiolaire très ouvert, à belle denture, luisante, lisse sur les deux faces; *Grappe* très grosse, cylindro-conique, rameuse, allongée; *Grains* très gros, ovoïdes, à chair ferme, peau épaisse et résistante, violets noirs, assez pruinés.

Le raisin ne mûrit guère que fin septembre ou dans les premiers jours d'octobre. Il est décoratif et se conserve assez longtemps dans le fruitier, mais, quoique mangeable, il est d'une maturité tardive. Je l'ai trouvé d'une fertilité médiocre. Il convient de le cultiver en treille ou en cordons, dans un sol fertile. Ses caractères principaux sont ceux des Panses.

Le **Gros Guillaume,** souvent confondu avec le précédent, est un cépage à *Souche* grosse et forte, dont les *Sarments* sont gros, court-noués, très étalés, teintés de rouge clair; la *Feuille* est sous-moyenne, assez petite, à grands sinus profonds, ouverts, à long pétiole rose, lisse sur les deux faces; la *Grappe* est grande, grosse, pyramidale, à grandes ailes tombantes, à queue longue, grosse et ligneuse; elle est bien garnie de *Grains* gros, glanduleux, charnus, croquants, acides, de couleur rouge bleuâtre peu foncée, à peau dure, peu agréable à manger.

Le raisin est encore plus tardif que le précédent et ne mûrit que du 5 au 10 octobre. Il est plus fertile, mais il faut le conduire en treille ou en cordons.

Le **Raisin de Poche** (Hérault), vigoureux cépage qu'on trouve en treille dans quelques jardins, où on le cultive pour la grosseur de ses fruits et leur longue conservation. Ses caractères le rapprocheraient des Olivettes, quoique ses grains roses soient peu allongés.

Souche forte, fertile en treille; *Sarments* demi-érigés, gros, couleur acajou clair, nœuds saillants peu espacés; *Feuille* moyenne, un peu plus longue que large, luisante, lisse sur les deux faces, à cinq lobes bien détachés, sinus pétiolaire bien ouvert, couleur d'un vert jaunâtre, à denture grosse et irrégulière; *Grappe* grosse, très longue, serrée, cylindrique, avec de petites ailes; *Grains* gros, serrés, obronds, roses, fleuris, durs, très charnus, à peau épaisse, de longue conservation. Il mûrit du 15 au 20 octobre.

Il résiste peu aux attaques du Phylloxera et des maladies cryptogamiques.

Le **Servan blanc** (Hérault); *Raisin d'hiver* (Avignon); *Verdal* (Var), d'après M. A. Pellicot. Cette dernière dénomination, qui pourrait le faire confondre avec le Spiran ou Verdal de l'Hérault et de l'Aude, ou avec la Malvoisie de Sitges, qui en diffèrent complètement l'un et l'autre, doit être réformée.

Le Servan blanc est un cépage très remarquable par la résistance qu'il oppose au Phylloxera. Il est certainement, comme le Colombaud, au premier rang des variétés de la *V. vinifera* qui lui résistent le mieux; il est fertile. Son raisin est de belle apparence et de longue conservation, mais il mûrit trop tard. Il a besoin d'un sol à la fois chaud et assez fertile.

Ses caractères sont les suivants :

Souche forte, très vigoureuse, fertile; gros *Sarments*, érigés, à entre-nœuds moyens, teintés de gris clair verdâtre; *Feuille* petite, colorée de vert jaune, frappée de jaune sur ses bords, à sinus très ouverts et à lobes bien détachés, recoquillée en dedans, lisse sur les deux faces; belle *Grappe*, moyenne, conique, peu épaisse, à queue longue, ligneuse; beaux *Grains*, ovales, assez gros, d'un blanc tirant sur le vert, très couverts de pruine blanche, teintés au soleil en gris léger, à peau ferme, croquants, acidules, agréables à manger, de longue conservation.

Ce vigoureux cépage est un de ceux dont le débourrement est des plus tardifs; il ne végète qu'après le Terret, aussi est-il rare qu'il soit atteint par la gelée blanche.

Il n'est sujet ni à la coulure ni aux attaques des insectes. Sa maturité, très tardive, n'a lieu que du 15 au 20 octobre. Il a besoin d'un sol chaud assez profond et de soufrages fréquents pour le défendre de l'Oïdium et du Mildiou et pour hâter sa maturité. Il convient de le cultiver en souche plutôt qu'en treille, pour en obtenir de meilleurs fruits.

Les **Corinthes** forment une tribu remarquable par l'absence de pépins de leurs grains. Cultivés en Grèce, dans les îles de l'Archipel et en Orient, ils donnent lieu à un immense commerce d'importation de raisins secs.

On distingue trois variétés de Corinthes appartenant au même type et une quatrième variété à grains blancs qui seraient un peu plus gros que ceux du type ordinaire, mais, comme eux, sans pépins.

Le **Corinthe noir,** *Uva passolina nera* (Italie méridionale); *Aiga passera* (Piémont et Nice) (Odart). Vulgairement *Passarilla* (Languedoc et Provence).

Souche forte, vigoureuse, fertile; *Sarments* demi-érigés, colorés de rouge, longs et forts; *Feuille* grande, presque pleine, rugueuse dessus, cotonneuse au revers, à long pédoncule; *Grappe* longue, cylindrique, à queue longue; *Grains* d'un noir rosé, très petits, sans pépins, ronds, juteux, à peau fine, très bons à manger. Se passit ou se passarille facilement.

Le **Corinthe rose** ressemble tout à fait au précédent, sauf la couleur du raisin d'un rose vif des plus agréables. C'est un raisin de dessert des plus distingués.

Le **Corinthe blanc,** *Passera*, *Passaretta bianca* des Italiens, est plus répandu en France, dans les jardins, que les précédents; il est aussi plus fertile, et ses grains m'ont paru plus gros. Il est excellent à manger. Il diffère peu des précédents, cependant ses sarments sont un peu plus érigés. Ses feuilles ont une teinte d'un vert plus jaune; elles sont plus cotonneuses, et leurs sinus sont plus accusés.

Sous le nom de **Corinthe blanc sans pépins,** le comte Odart cite une quatrième variété de Corinthe dont les grains seraient plus gros que ceux du précédent, mais un peu moins sapides. Il est, comme les précédents, sans pépins.

Les Corinthes mûrissent, dans ma collection, de la fin d'août aux premiers jours de septembre. Leurs grains sont trop petits pour donner, comme raisins de pressoir, un produit suffisant; mais le vin qu'ils produiraient serait probablement de haute qualité en les cueillant à une maturité suffisante.

L'absence de pépins dans leurs grains me paraît due à une modification spontanée du cépage, car j'ai fréquemment trouvé dans mes Corinthes des grains plus gros que les autres, contenant un ou deux pépins. Plusieurs cépages ont une tendance plus ou moins prononcée à perdre les pépins de leurs grains : le Sultanieh, notre Malvoisie de l'Hérault, le Jouannen, sont dans ce cas. La plupart des petits grains, mélangés aux grains plus gros de nos cépages, n'ont pas de pépins. Il est probable qu'il s'agit, dans ce cas, d'un fait de fécondation insuffisante.

J'ai eu l'occasion d'observer à Launac, dans une vigne de Malvoisie, des ceps dont les raisins étaient presque entièrement privés de pépins. En plantant les sarments qui portaient ces raisins, j'ai réussi à obtenir des souches à raisins sans pépins, dont les grains étaient sensiblement plus petits que ceux de notre Malvoisie. On pourrait ainsi créer une nouvelle variété, et trouver une des causes de l'absence de pépins chez les Corinthes. Le Phylloxera a malheureusement détruit les expériences que je poursuivais sur ces Malvoisies.

Le **Poumestre** ou *Aygras* de l'ancienne Provence. Le **Bourdelas** ou *Verjus* de la région centrale de la France; le *Bumestre* ou *Aygras* d'Olivier de Serres, *Bumasta* de Pline et de Virgile (Odart), est un très beau cépage qu'on trouve dans quelques jardins de la région sous la forme de ses deux variétés, blanche et noire, qui, sauf la couleur des raisins, sont identiques. Si leurs fruits ne mûrissent pas dans le centre de la France, ils deviennent très beaux dans la région méridionale, mais ils mûrissent tard, du 20 au 25 octobre, et sont plutôt appréciés pour leurs belles apparences et la forme allongée de leurs grains que pour la délicatesse et la finesse de leur goût. Ce sont des raisins à chair ferme et à peau épaisse, qui se conservent assez longtemps en hiver. Je les trouve identiques aux *Bumestra* ou *Bermestia* de l'Italie.

Leurs caractères sont ceux des Olivettes, parmi lesquelles ils doivent être classés. Ce sont les suivants :

Souche très vigoureuse, fertile; gros *Sarments*, demi-érigés, colorés en rouge clair, striés, court-noués; *Feuille* grande, peu découpée, luisante, lisse sur ses deux faces, teintée de vert jaune, frappée de jaune sur ses bords et ses nervures dans la variété blanche, et de rouge dans la variété noire, à grands sinus très larges, sinus pétiolaire bien ouvert; *Grappe* très grande, claire, allongée, à grandes ailes pendantes; *Grains* gros, blancs ou noirs violets, de forme ovoïde allongée, croquants, à chair dure, ferme, à peau épaisse. Le raisin rouge est encore plus beau que le blanc.

Ces deux cépages sont fertiles en souche et en treille. Ils sont devenus très beaux dans notre collection. Je les trouve assez résistants aux attaques du Phylloxera et aux maladies cryptogamiques.

Le comte Odart fait observer avec raison que ces deux cépages, dont l'origine remonte aux temps antiques, sont d'une vigueur et d'une fécondité qui contredisent l'opinion de la dégénération progressive et de l'affaiblissement des variétés de vigne.

Le **Frankenthal**[1] est un beau cépage étranger très cultivé, en serre chaude, en Angleterre, en Belgique et en Allemagne, depuis le Rhin jusqu'à Pesth. Il me paraît appartenir, par ses caractères généraux, à la tribu des Œillades ou des Cinsauts, Boudalès, Milhau, mais il est moins fertile, moins bon que notre Cinsaut; c'est probablement pour cette raison qu'on le rencontre peu ou point dans la région méridionale. Il est en effet inférieur en fertilité à la plupart de nos bons raisins de table.

Ses caractères sont les suivants :

Souche forte; *Sarments* demi-érigés, souvent coudés, de couleur rouge, à nœuds bien espacés; *Feuille* grande, tourmentée, rugueuse dessus, lisse au revers, presque pleine; belle *Grappe*, moyenne, conique, lâche, à queue longue, assez garnie de beaux *Grains*, noirs, pruinés, gros, obronds, portés sur de longs pédicelles, à chair juteuse et sucrée, à peau épaisse, résistante.

Le raisin mûrit du 10 au 15 septembre.

Le Frankenthal réussit peu dans notre région méridionale. Il a besoin d'être cultivé en treille ou en cordons pour être suffisamment productif.

Le **Corbel** de la Drôme, *Chatus* de l'Ardèche, *Corbesse*, *Vert chanu*, *Persagne Gamay* (Pulliat), est un cépage qu'on a essayé de cultiver dans l'Hérault, lors de la reconstitution des vignes phylloxérées, comme raisin de cuve ou de table, mais ces essais n'ont pas donné des résultats suffisants et comparables à ceux de l'Aramon, de la Carignane, du Cinsaut, etc.

Ses caractères sont les suivants :

Souche moyenne, fertile; forts *Sarments*, demi-érigés, rayés, teintés de rouge; *Feuille* grande, tourmentée, lisse dessus, tomenteuse au revers, sinus profonds, un peu recoquillée; *Grappe* assez grosse, conique, ailée; *Grains* moyens, serrés, ronds, juteux, astringents, à peau mince, résistant peu aux humidités.

Il mûrit, comme l'Aramon, du 5 au 10 septembre; comme lui, il donne des vins communs, mais en bien moindre quantité.

L'**Albourlbah rose** de Crimée, *Kirmisi Misk Isyum* (Odart), est un des plus beaux cépages orientaux de nos collections.

Ses caractères sont les suivants :

Souche forte et fertile; *Sarments* demi-érigés, court-noués, rouges, rayés; *Feuille* grande, pleine, épaisse, rugueuse dessus, légèrement cotonneuse au revers, tourmentée, retournée en cornet, dents aiguës, portée sur un pétiole coloré de violet; *Grappe* belle, surmoyenne, pendante, garnie sans être serrée; beaux *Grains*, obronds, surmoyens, teintés de rose clair, juteux et croquants, très légèrement musqués, d'un goût agréable et fin.

Le raisin mûrit du 10 au 15 septembre. Le cep est robuste et facile à défendre contre les insectes et les maladies cryptogamiques.

Je terminerai la série des raisins de table par deux cépages espagnols : l'*Hycalès blanc* d'Andalousie et le *Marbelli blanc* d'Alicante. Je les tiens l'un et l'autre du comte Odart (collection de la Dorée). Ils sont précoces et fertiles; leurs raisins sont de belle apparence et très bons à manger.

L'**Hycalès** a les caractères suivants :

Souche moyenne, fertile; *Sarments* demi-érigés, forts, court-noués, teintés de rouge; *Feuille* moyenne, d'un beau vert tacheté de jaune, cotonneuse au revers, assez pleine, sinus peu profonds; *Grappe* assez grande, cylindro-conique; jolis *Grains*, espacés, obronds, d'un blanc de cire tirant sur le jaune, à chair juteuse, assez ferme, d'excellent goût.

Le cep est précoce à débourrer, comme l'Aramon; les raisins mûrissent dès la fin d'août.

[1] La synonymie du Frankenthal est la suivante : *Schwartz* ou *Blauer Trolling*, *Welscher*, *Box Hodor*, *Lamber*, *Mohren-Dutten*, *Knevets Black Hambourg*, dans les serres anglaises.

Le **Marbelli blanc** a les caractères suivants :

Souche forte, fertile; *Sarments* très étalés, fins, colorés du rouge vif; *Feuille* sous-moyenne, colorée de vert clair passant au jaune, cotonneuse au revers, à larges sinus peu profonds; jolie *Grappe*, moyenne, cylindrique, à queue bien détachée, assez longue, à beaux *Grains*, moyens, de forme glanduleuse, d'un beau blanc tirant sur le jaune, charnus et juteux, d'un goût exquis. Le raisin mûrit du 25 août au 1er septembre.

Le cep se rapproche, par son fruit et ses allures, des Malvoisies.

Le Marbelli, d'après le comte Odart, ne mûrit pas en Touraine, à la Dorée, tandis qu'il est aussi précoce à Montpellier que l'Hycalès, qui mûrit bien en Touraine.

Nous pourrions indéfiniment prolonger la liste et la description des raisins de table, mais ce serait sortir de notre sujet. Nous croyons avoir mentionné et décrit ceux qui sont les plus estimés et les plus répandus dans notre région méridionale, en les classant dans les tribus principales auxquelles ils appartiennent et en décrivant, avec leurs caractères, le mode cultural qui leur convient le mieux ainsi que la fertilité qu'on peut en attendre. Ce sont des détails qu'on trouve peu dans les ouvrages qui traitent de l'Ampélographie, et qui cependant sont nécessaires pour connaître et apprécier la valeur de nos vignes cultivées.

Les planches, à l'exécution desquelles ont été apportés les plus grands soins, représentent, d'après nature, les types de nos cépages de culture et ceux des principales tribus dans lesquelles sont classés les meilleurs raisins de table : Muscats, Chasselas, Olivettes, Panses, Malvoisies, Clairettes, etc.

Nous avons ainsi complété la connaissance des vignes, qu'une description est souvent insuffisante à représenter.

Je terminerai ce travail par la description des cépages de la Corse; la plupart n'ont pas été décrits. Les possédant depuis plus de vingt-cinq ans, j'ai cherché à combler cette lacune. Peu d'entre eux sont cultivés dans la région méridionale de la France, malgré leur beauté et leur fertilité. Ils présentent donc un intérêt d'autant plus grand pour former, parmi nos cépages, un groupe intéressant.

Les cépages de la Corse les plus cultivés comprennent les variétés suivantes : *Montanaccio. Genovese. Biancolella. Criminese. Biancone. Rossola. Candia. Rossola bianca. Manferina. Friscularia. Cugliolla. Sciaccarello rosso et bianco. Cargagiola. Nigra gentile. Sirrochialo. Malvasia. Moscatello. Vermentino. Brustiano*[1].

Nous avons déjà parlé du *Vermentino* ou *Malvoisie à gros grains* (page 82).

Il en est de même de la *Malvasia*. décrite à la même page : *Malvasia bianca* du Piémont et de Nice.

Le *Moscatello* a déjà été décrit (page 76, tribu des Muscats) sous les deux formes de *Moscatella bianca* et *Moscatella nera* de Corse.

Le **Montanaccio** est un vigoureux cépage à *Souche* forte; *Sarments* étalés, longs et fins, gris clair; *Feuille* moyenne, un peu recoquillée, à sinus bien découpés, sinus pétiolaire cordiforme, lisse dessus, cotonneuse et blanchâtre au revers; belle *Grappe*, moyenne, cylindro-conique, à longue queue pendante, bien garnie de jolis *Grains*, noirs, moyens, oblongs, très fleuris, savoureux, croquants, excellents.

Assez fertile. *Maturité :* du 15 au 20 septembre.

Ce beau cépage, cultivé à Tallano, se rapproche de notre Cinsaut par ses sarments étalés et fins, la forme de la grappe et des grains, l'excellent goût et la belle apparence de ses fruits, mais il est moins fertile, et ses raisins sont moins volumineux, moins précoces et moins beaux. Il donne de très bon vin et des raisins de table estimés.

[1] Les cépages de la Corse et de la Sardaigne, mentionnés dans l'*Ampélographie universelle* du comte Odart (pages 544 et suivantes), sont : *Aleatico nero, Sciaccarello rosso et bianco, Cargagiola, Cortinese, Giro, Cannono, Monica, Nasco, Carnaccia*; et le *Brustiano* et le *Sébastiano*, considérés comme raisins de table (page 422). Les *Sciaccarello* et la *Cargagiola* sont les seuls cépages de la liste du comte Odart qui figurent aussi dans la mienne. On peut y joindre, à la rigueur, l'*Aleatico*, qui est un cépage Toscan plutôt que Corse. Il en est de même du *Vermentino*, de la *Malvasia*, du *Moscatello*. Je n'ai trouvé nulle part la description du *Montanaccio*, du *Genovese*, de la *Biancolella*, du *Criminese*, du *Biancone*, de la *Rossola*, du *Candia*, de la *Rossola bianca*, de la *Manferina*, de la *Friscularia*, du *Nigra gentile*, de la *Sirocchiola*, de la *Copolona*, qui tous végètent bien dans notre région méridionale et dont plusieurs, tels que le *Montanaccio*, le *Genovese*, la *Biancolella*, le *Criminese*, la *Rossa bianca*, le *Nigra gentile*, etc., donnent des produits de qualité et en quantité suffisante.

Les cépages que j'ai décrits sont dans ma collection depuis 1863, année de leur plantation. Ils me furent envoyés à cette époque par M. Carbuccia, président de la Société d'Agriculture d'Ajaccio, sur la demande de M. Gavini de Campile, alors préfet de l'Hérault et depuis député de la Corse. J'ai perdu depuis 1878, par les attaques du Phylloxera, la *Sirocchiola*, le *Nigra gentile*, la *Russola*, la *Candia* et le *Brustiano*.

Genovese[1], cultivé dans les vignobles du cap Corse, a les caractères suivants :

Souche sous-moyenne; *Sarments* demi-érigés, fins, de couleur rouge clair; petite *Feuille*, presque pleine, à revers blanc cotonneux; *Grappe* moyenne, cylindrique, claire, tombante; *Grains* moyens, blancs, ronds, très doux, excellents à manger. Le raisin se passarille à la grande maturité. Il mûrit du 5 au 10 septembre. Sa fertilité est moyenne. Raisin de table très distingué, il produit aussi d'excellent vin.

Ce remarquable cépage me paraît se rapprocher des Malvoisies.

Biancolella est une vigne à *Souche* forte, dont les *Sarments* sont demi-érigés, vigoureux, court-noués, rouge clair, rayés; *Feuille* moyenne, rugueuse, tourmentée en forme de cornet, à larges sinus peu profonds, avec grosse denture, à revers cotonneux; belle *Grappe*, grande, cylindro-conique, à grandes ailes, assez serrée, à queue courte, ligneuse à l'insertion; jolis *Grains*, blancs, moyens, olivoïdes, charnus, d'excellent goût.

Fertile; mûrit du 10 au 15 septembre.

Criminese est un cépage à *Souche* vigoureuse, avec de forts *Sarments* rouge clair, demi-érigés; la *Feuille* est assez grande, consistante, à larges sinus bien découpés, à fortes dents aiguës, lisse et luisante dessus, un peu cotonneuse au revers; jolie *Grappe*, moyenne, conique, à longue queue ligneuse, bien garnie de *Grains* ovales, moyens, noirs, de belle couleur, fermes, acidules.

Fertile; mûrit du 15 au 20 septembre.

Le Criminese a une variété blanche qui ne diffère du noir que par la couleur du raisin.

Biancone a une *Souche* moyenne; forts *Sarments*, vigoureux, érigés, d'un rouge gris clair; *Feuille* grande, vert jaunâtre, à sinus larges et profonds bien découpés, lisse et un peu luisante dessus, légèrement cotonneuse au revers; *Grappe* grosse, cylindro-conique, à ailes serrées, à grosse queue forte et ligneuse; *Grains* moyens, ronds, peu serrés, très juteux, assez doux, blancs, colorés par le soleil.

Fertile; mûrit du 15 au 20 septembre.

Rossola est un cépage à raisins blancs musqués. Il a une *Souche* moyenne; *Sarments* rayés, rouge clair, demi-érigés; *Feuille* moyenne, d'un vert jaune, à sinus assez larges peu profonds, à dents aiguës comme celle des Muscats; jolie *Grappe*, cylindrique, sous-moyenne, parfois ailée, à queue ligneuse bien détachée; jolis *Grains*, moyens, ronds, assez serrés, blancs tachés par le soleil, d'un goût musqué très fin, doux, juteux, excellents.

Raisin remarquable par sa finesse et la couleur blanche légèrement jaune de ses grains.

Assez fertile; mûrit du 5 au 10 septembre.

Candia, cépage à raisins blancs. *Souche* forte, vigoureuse; forts *Sarments*, presque étalés, de couleur rouge cendré; *Feuille* grande, tourmentée, gaufrée, à larges sinus peu profonds, cotonneuse au revers; belle *Grappe*, conique, allongée, ailée, serrée, à queue bien détachée, ligneuse à l'insertion; *Grains* petits, blancs, transparents, ronds ou obronds, à peau fine, très juteux, excellents, sujets à pourrir à cause de la finesse de leur peau.

Cépage distingué, fertile; mûrit du 10 au 15 septembre.

Rossa bianca, cépage à raisins d'un blanc roux, est caractérisée par une *Souche* moyenne, assez fertile; vigoureux *Sarments*, étalés, colorés de rouge grisâtre; *Feuille* moyenne, à sinus très ouverts et échancrés, vert foncé, panachée de jaune, lisse dessus, cotonneuse au revers; *Grappe* moyenne, à grandes ailes, claire, assez consistante, à queue ligneuse, garnie de jolis *Grains*, obronds, moyens, d'un blanc roux, transparents, très fins, très juteux, à peau fine, doux, excellents, sujets à pourrir.

Mûrit du 5 au 10 septembre.

Manferina, cépage à raisins blancs. *Souche* moyenne; jolis *Sarments*, étalés, fins, rouge clair; *Feuille* assez grande, presque ronde, plus large que longue, rugueuse dessus, assez consistante, pavillonnée, très cotonneuse (blanche) au revers; *Grappe* moyenne, cylindrique, allongée, assez claire, à queue longue; jolis *Grains*, blancs, sous-moyens, obronds, très fins de goût, se passarillent à la grande maturité. Fait de très bon vin; a les caractères d'une Malvoisie.

Fertile; mûrit du 10 au 15 septembre.

[1] Le comte Odart mentionne, parmi les cépages de la Ligurie, *Uva Albarola* ou *Bianchetta Genovese* ou *Calcatella* (*Ampélographie universelle*, page 551), qui serait peut-être notre *Genovese corse*. Ils ont, l'un et l'autre, les grains ronds, blancs, très doux. Ils différeraient par le volume de la grappe, caractère très variable. Les autres caractères du *Genovese* ne sont pas indiqués dans l'*Ampélographie universelle*. Ni M. Pulliat, ni M. de Rovasenda ne les ont décrits.

Friscularia, cépage à raisins noirs. *Souche* forte, vigoureuse; longs *Sarments*, rouge clair, demi-érigés, à nœuds espacés; *Feuille* grande, assez allongée, presque pleine, à sinus très ouverts peu prononcés, d'un vert jaune, un peu rugueuse dessus, cotonneuse au revers; *Grappe* grosse, cylindrique, à grandes ailes, assez serrée, à longue queue ligneuse à l'insertion, bien garnie de beaux *Grains*, surmoyens, obronds, noirs, acidules, juteux.

Assez fertile; mûrit du 10 au 15 septembre.

Cugliolla, beau cépage à raisins blancs, ressemble beaucoup à l'*Olivette de Cadenet* ou *Tenerone de Vaucluse* ou *Crujidero d'Espagne*.

Sciaccarello rosso, beau cépage à raisins rouges. *Souche* moyenne; *Sarments* demi-érigés, rouge clair, assez court-noués; *Feuille* moyenne, lisse et luisante dessus et au revers, vert jaunâtre; jolie *Grappe*, moyenne, conique, serrée, à queue bien détachée, ligneuse; beaux *Grains*, rouges, oblongs, surmoyens, charnus, croquants, de bon goût, acidules, excellents, d'une belle couleur rouge.

Fertile; mûrit du 15 au 20 septembre.

Ce beau cépage me paraît, par ses allures, se rapprocher du Cinsaut (tribu des Milhau, Boudalès).

Le comte Odart l'a mentionné, dans l'*Ampélographie universelle* (page 546), parmi les meilleurs cépages de la Corse.

Il a bien réussi à Launac, où il est planté depuis 1863.

Sciaccarello bianco, variété blanche du Sciaccarello rosso, présente, sauf la couleur du raisin, des caractères analogues.

Cargagiola, cépage à raisins noirs. *Souche* vigoureuse, de fertilité moyenne; forts *Sarments*, érigés, noués-court, de couleur gris clair, pruinés; *Feuille* moyenne, à grands lobes, recoquillée en dehors, d'un vert foncé qui se frappe de rouge, rugueuse dessus, très cotonneuse au revers; *Grappe* moyenne, ailée, serrée, à queue courte et ligneuse; *Grains* petits, oblongs, doux et savoureux, noirs, très colorés, à peau épaisse, chargés de matière colorante. Mûrit du 5 au 10 septembre.

Le comte Odart mentionne la Cargagiola (page 547 de l'*Ampélographie universelle*) comme un des bons cépages de la Sardaigne, qui, dans les vignobles de Bonifacio, porte le nom de *Bonifacienco*.

Nigra gentile, beau cépage à raisins noirs. *Souche* forte, vigoureuse et fertile; beaux *Sarments*, érigés, rouge clair, à nœuds espacés; *Feuille* moyenne, presque pleine, plus longue que large, d'un vert jaune panaché de rouge, retournée en cornet; à revers cotonneux; *Grappe* belle, de grosseur moyenne, cylindro-conique, ailée, à queue longue et ligneuse, bien garnie de beaux *Grains*, surmoyens, bien noirs, oblongs, croquants, un peu charnus, d'excellent goût. Mûrit du 10 au 15 septembre.

Ce beau cépage présente des analogies avec notre Œillade. Je ne le trouve mentionné dans aucun ouvrage.

Sirocchiola, cépage à raisins blancs. *Souche* de force moyenne, peu fertile; longs *Sarments*, étalés, gris clair; *Feuille* petite, presque pleine, à revers blanc très cotonneux; *Grappe* ailée, claire, assez grande; petits *Grains*, ronds, blancs, très doux et fins.

Mûrit du 12 au 15 septembre.

La Sirocchiola est sujette à l'Anthracnose, et ses fruits sont souvent millerandés.

Copolona, beau cépage à raisins noirs, est caractérisé par une *Souche* moyenne, assez fertile; *Sarments* assez gros, vigoureux, rouge clair, étalés; *Feuille* assez grande, d'un vert jaune, presque pleine, à long pétiole, lisse dessus, blanche et très cotonneuse au revers; *Grappe* belle quoique moyenne, allongée, claire, pendante, à longue queue; *Grains* surmoyens, inégaux, obronds, clairs, portés sur de longs pédicelles, d'un beau noir, pruinés, croquants, très bons à manger, un peu acidules. Mûrit du 15 au 20 septembre.

Brustiano, beau cépage à raisins blancs, très cultivé aux environs d'Ajaccio comme raisin de table (Odart).

Ses caractères sont les suivants : *Souche* très vigoureuse, fertile; *Sarments* longs, forts, demi-érigés; *Feuille* grande, à larges sinus, lisse dessus, tomenteuse au revers, d'un beau vert; belle *Grappe*, grande, cylindro-conique, bien garnie, sans être serrée, de beaux *Grains*, blancs, légèrement oblongs, assez gros, teintés par le soleil, à chair ferme, juteuse, d'excellent goût. *Maturité :* du 5 au 10 septembre.

Ce remarquable cépage est sujet aux maladies cryptogamiques, et a besoin de soufrages et de traitements cupriques réitérés.

Il a succombé assez vite aux atteintes du Phylloxera malgré sa grande vigueur.

TABLE DES MATIÈRES

TABLE DES PLANCHES

TABLE ALPHABÉTIQUE

DES

CÉPAGES MENTIONNÉS ET DÉCRITS

A

B

C

Q

R

S

T

U

V

Y

Z

Montpellier. — Typographie CHARLES BOEHM.

Pl. 1.

CARIGNANE

St Ange Noël del. et lith. | Camille Coulet, Éditeur. | Lith. Boehm & Fils Montpellier

Pl. 2

ESPAR

Camille Coulet, Éditeur

Lith. Boehm & fils, Montpellier

Pl. 3.

MORRASTEL

Camille Coulet, Éditeur.

Lith. Boehm & fils Montpellier

Pl. 17

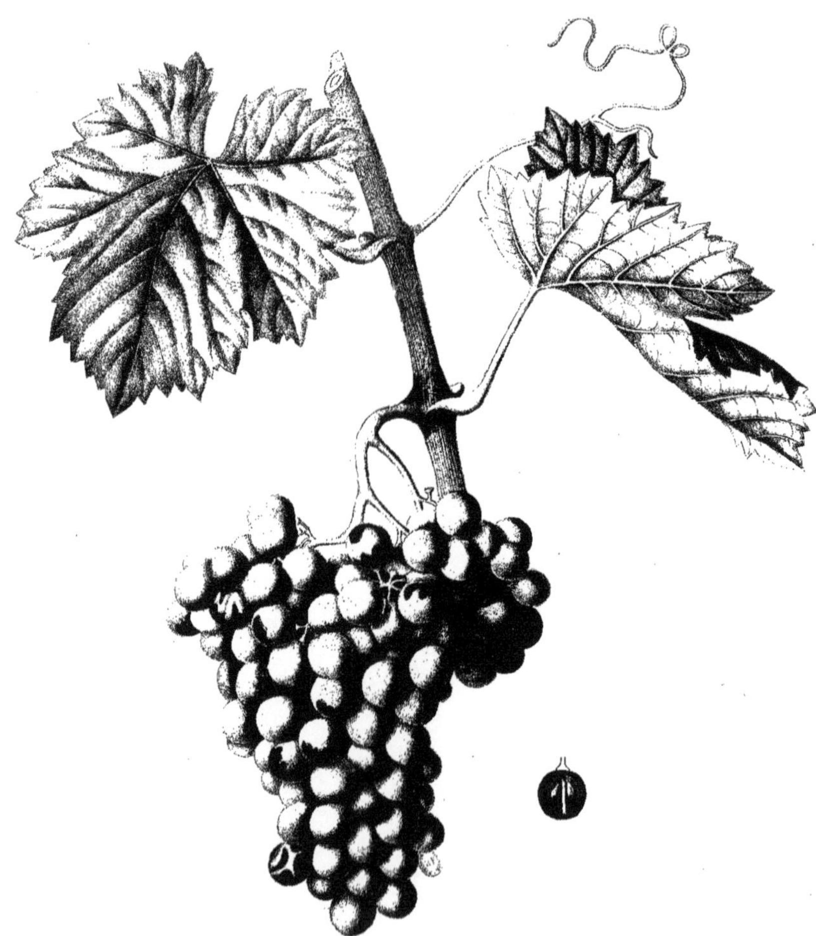

GRENACHE, ALICANT

St Ange Node, del. et lith.

Lith. Boehm et fils, Montpellier.

ARAMON

St Ange Node, del. & lith. — Camille Coulet, Editeur. — Lith. Boehm & Fils, Montpellier

Pl.VI.

St Ange Noël del. & lith.

UGNI BLANC

Lith. Boehm & Fils, Montpellier

Camille Coulet Éditeur.

ŒILLADE — NOIRE

St Ange Nude, del. Camille Coulet Éditeur. Lith. L. Combet, Montpellier.

Pl. VIII.

TERRET NOIR

St Ange Node. del.   Camille Coulet, Editeur   Lith. Combes Montpellier

Pl. IX.

TERRET GRIS ou TERRET BOURRET

St Ange Nade. del. — Camille Coulet, Editeur — Lith. L. Combes Montpellier

CINSAUT

Sᵗ Ange Node, del. Camille Coulet, Éditeur. Lith. I. Combes, Montpellier.

PETITE SYRRAH (Hermitage)

St Arge Node del. Camille Coulet, Éditeur Lith L. Combes, Montpellier

Pl. XII.

JOUANNEN

St Ange Rolle, del. Camille Coulet, Editeur Lith. L. Combes Montpellier

Pl. XIII

ASPIRAN

St Ange Nodu, del — Camille Coulet, Éditeur — Lith. J. Combes, Montpellier

Pl. XIV.

PIQUEPOUL ROSE ou GRIS.

St Ange Node del. Camille Coulet, Éditeur Lith. L. Combes, Montpellier

Pl. XV.

BRUN FOURCA

St Ange Node, del. | Camille Coulet, Editeur | Lith. L. Combes, Montpellier

Pl. XVI.

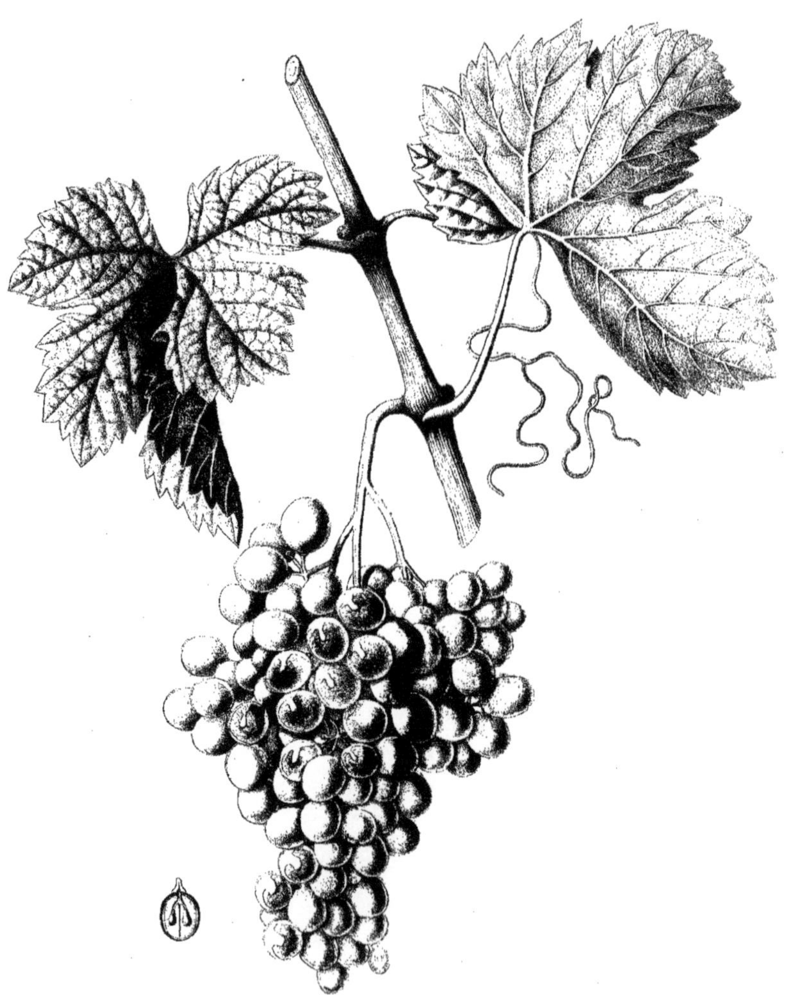

CLAIRETTE ROSE

MACCABÉO DU ROUSSILLON

St Ange Node. del. Camille Coulet, Editeur. Lith. L. Combes. Montpellier.

Pl. XVIII

CHASSELAS DORÉ DE FONTAINEBLEAU

St Ange Node. del. Camille Coulet, Éditeur Lith. L. Combes, Montpellier

MALVOISIE BLANCHE

St Ange Node. del. | Camille Coulet, Éditeur | Lith. J. Combes, Montpellier.

Pl. XX.

CHARGE-MULET, FOUÏRAL, Tribu des Calitors.

St Ange Rode, del. | Lith. L. Combes Montpellier.

MUSCAT DE FRONTIGNAN

Camille Coulet, Editeur   Lith. L. Combes Montpellier

Pl. XXII

MUSCAT D'ALEXANDRIE ou M^t D'ESPAGNE

St Ange Node del. — Camille Coulet Éditeur — Lith. L. Combes Montpellier

MUSCAT D'HAMBOURG

Marsal, Pinxt — Camille Coulet, Éditeur — Lith. L. Combes Montpellier

OLIVETTE NOIRE

Marsal, Pinx.ᵗ Camille Coulet, Éditeur Lith. L. Combes, Montpellier.

PETIT BOUSCHET

E. Marsal. Pinx[t] | Camille Coulet, Éditeur | Lith. Combes. Montpellier

Pl. XXVI

ALICANT - BOUSCHET.

E. Marsel. pinx.

Camille Coulet Éditeur.

Pl. XXVII.

PASSARILLE BLANCHE ou GIBY

Camille Coulet Éditeur

COLOMBAUD

E. Marsal, Pinx.　　Camille Coulet, Éditeur　　Lith. L. Cerbes, Montpellier

FURMINT DE HONGRIE

S.t Ange Nodet del.   Camille Coulet, Éditeur   Lith. Combes Montpellier

Pl. XXX

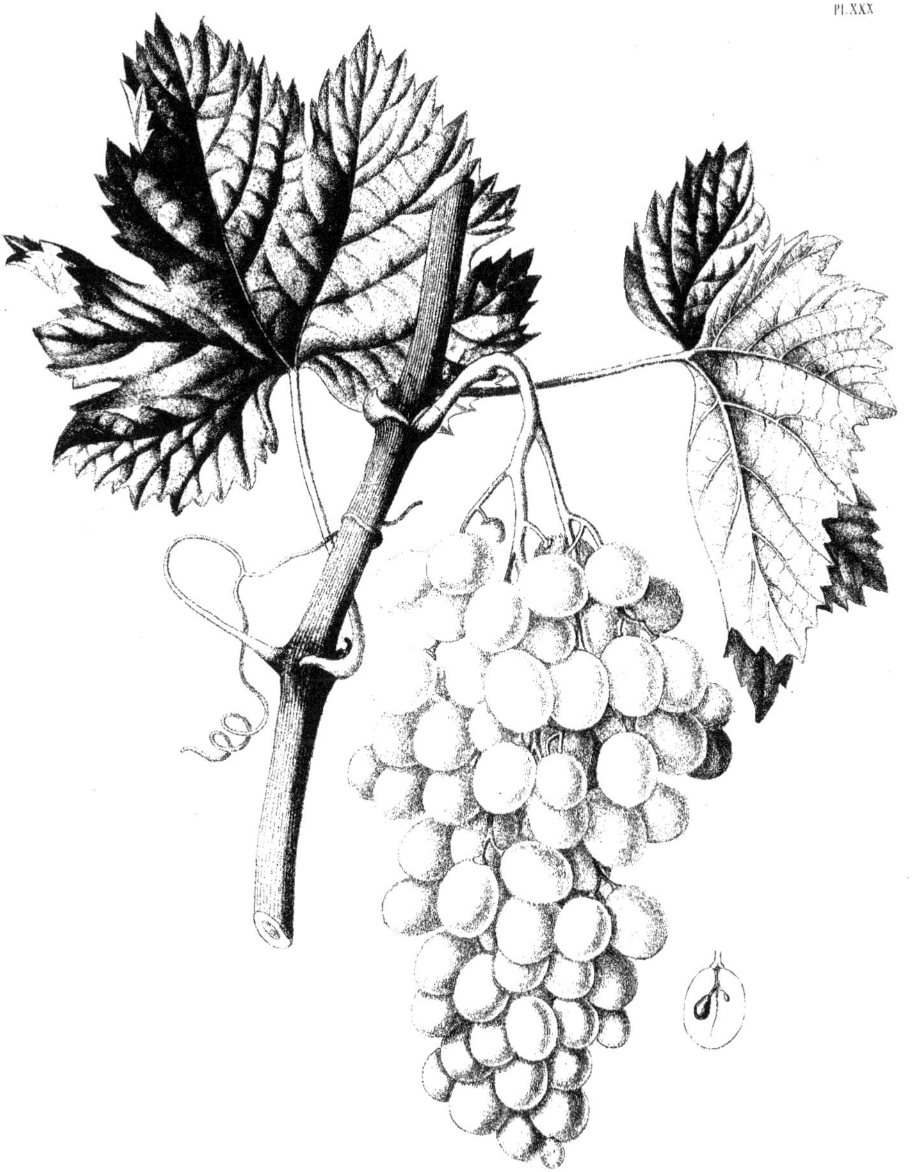

OLIVETTE BLANCHE

Lith. Boehm & Fils Montpellier.

Vauge Nale, del. & lith.

www.ingramcontent.com/pod-product-compliance
Ingram Content Group UK Ltd.
Pitfield, Milton Keynes, MK11 3LW, UK
UKHW020140200726